110kV 变电站低碳技术

应用图集

国网福建省电力有限公司经济技术研究院　组编

中国电力出版社
CHINA ELECTRIC POWER PRESS

内 容 提 要

本书充分总结、吸收变电站绿色建造技术应用创新成果，对装配式建筑物单元式一体化墙板、屋面光伏系统技术、并联型直流电源系统等22项低碳技术进行标准化设计，并系列介绍各项技术的技术特点、技术对比、低碳性能分析、应用范围、应用案例、设计要点等内容，结合典型设计方案编制标准化设计图纸，形成标准化图集，以指导低碳技术应用，促进低碳技术的推广，提高绿色建造水平。

本书可供变电站工程技术、研发和管理人员使用。

图书在版编目（CIP）数据

110kV 变电站低碳技术应用图集 / 国网福建省电力有限公司经济技术研究院组编. —北京：中国电力出版社，2023.7

ISBN 978-7-5198-8031-6

Ⅰ. ① 1… Ⅱ. ①国… Ⅲ. ①变电所 – 设计 – 图集 Ⅳ. ① TM63-64

中国国家版本馆 CIP 数据核字（2023）第 143277 号

出版发行：	中国电力出版社	印 刷：	三河市万龙印装有限公司
地 址：	北京市东城区北京站西街 19 号	版 次：	2023 年 7 月第一版
邮政编码：	100005	印 次：	2023 年 7 月北京第一次印刷
网 址：	http://www.cepp.sgcc.com.cn	开 本：	880 毫米 ×1230 毫米 16 开本
责任编辑：	赵 杨 薛 红	印 张：	12
责任校对：	黄 蓓 郝军燕	字 数：	368 千字
装帧设计：	张俊霞	印 数：	0001—1000 册
责任印制：	石 雷	定 价：	68.00 元

《110kV变电站低碳技术应用图集》编委会

主　　　　任	罗克伟							

主　　　　任　罗克伟

副　主　任　肖方顺　黄永忠

主　　编　王春丽

副　主　编　武奋前　黄　靖　高　献　姚重苗　王晓蓉　林少远

编　写　人　员

国网福建省电力有限公司经济技术研究院	王春丽	王　亮	颜　琰	郭　威	张成炜	张　娜	黄　鑫	陈熙隆
	林晓宁	林婧璇	黄典祖	陈军筠	陈晓敏	谢　震	王鹏飞	张劲波
	杨迪珊	程　诺						
福建亿兴电力设计院有限公司	黄怡毅	姚重哲	王志鹏	林水来	松润锋	刘　军	庄赟	黄坚福

审　查　人　员　冯仁祥　王黎彦　丁腾波　林　荫　罗维求　王雄文　高　巍　林美东　连国汉　陈清俊

前　言

为全方位提高变电站低碳设计和低碳建造水平，助力实现"双碳"目标，国网福建省电力有限公司（简称国网福建电力）组织国网福建省电力有限公司经济技术研究院和泉州亿兴电力工程建设有限公司，充分结合国家电网有限公司（简称国网公司）发布的绿色建造指引2.0及模块化2.0新技术、国网福建电力发布的绿色建造技术应用目录以及绿色建造相关的低碳技术，总结、吸收变电站绿色建造技术创新成果，结合地区新技术应用的工程实践经验，对22项110kV变电站低碳技术应用进行标准化设计，并结合工程应用实践，从差异化和标准化两个方面编制图纸，形成标准化图集，以指导低碳技术应用，促进低碳技术的推广，提高绿色建造水平。

本书共4篇，第1篇总论，第2篇一次专业低碳技术，包括8项低碳技术；第3篇二次专业低碳技术，包括7项低碳技术；第4篇土建专业低碳技术，包括7项低碳技术。各个技术的介绍内容涵盖技术简介、技术对比、低碳性能分析应用范围、应用案例、设计要点和设计图纸。

全书由肖方顺策划组织，由王春丽负责书籍构思和统稿，由武奋前、黄靖、高献、姚重苗、王晓蓉、林少远等负责组织协调和协助统稿。本书的第1篇由王春丽编写，第2篇由王春丽、郭威、林水来、黄坚福、林晓宁、松润锋、林婧璇、王鹏飞等编写，第3篇由王亮、姚重哲、张成炜、黄鑫、王志鹏等编写，第4篇由颜琰、张娜、庄赟、陈熙隆等编写。全书由林婧璇、陈晓敏和谢震校稿，本书编著过程中，得到了冯仁祥、王黎彦、丁腾波、林荫、罗维求、王雄文、高巍、林美东、连国汉、陈清俊等专家的指点和帮助，在此表示感谢。

由于作者时间和水平有限，不妥之处在所难免，敬请读者批评指正。

编　者

2023年6月

目　录

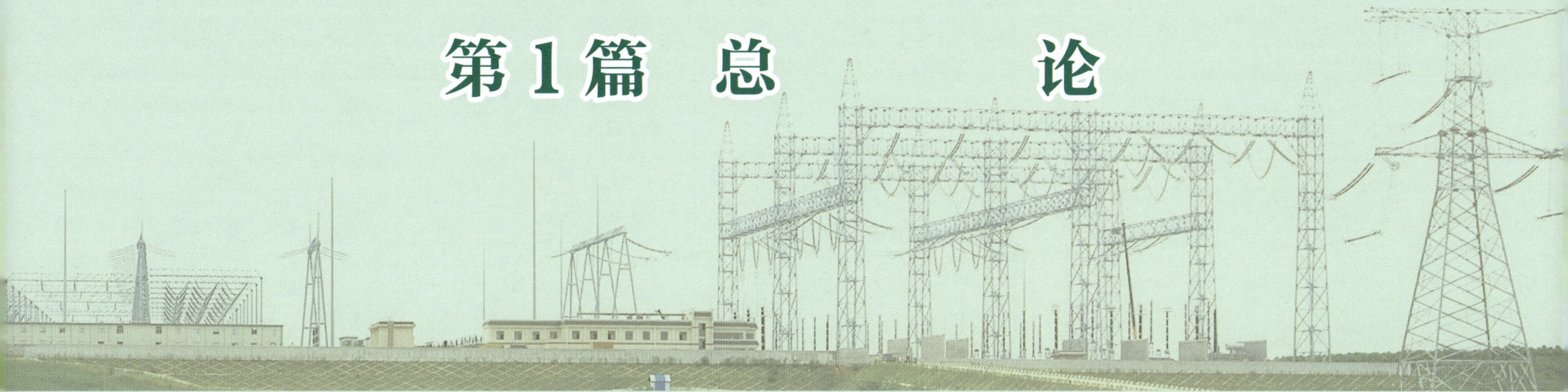

第1篇　总　　　论

第1章 概　　述

1.1 编制说明

2020 年，我国正式提出 2030 年前碳达峰、2060 年前碳中和的战略目标。2021 年 3 月 15 日，习近平总书记在中央财经委员会第九次会议上提出"要构建清洁低碳安全高效的能源体系，控制化石能源总量，着力提高利用效能，实施可再生能源替代行动，深化电力体制改革，构建以新能源为主体的新型电力系统"，进一步明确了新型电力系统在实现"双碳"目标中的基础地位，为我国能源电力发展提供了根本遵循。

本书结合国网公司发布的绿色建造指引 1.0 及模块化 2.0 新技术、国网福建电力发布的绿色建造技术应用目录，以及考虑"双碳"目标下新能源接入比例持续升高可能会应用的新技术，同时结合电网的实际应用需求，提炼了适用于新型电力系统建设的低碳技术，作为本书选取介绍的低碳技术。

本书对低碳技术进行技术经济对比和低碳性能论述，说明设计要点、适用范围并给出应用案例，从差异化和标准化两个方面编制图纸，以指导低碳技术应用，促进低碳技术推广，提高绿色建造水平。

1.2 编制原则

（1）本书重点从指导低碳技术设计和工程应用方面进行编写，既能指导可研、初设阶段的方案确定和专题撰写，亦可指导施工图阶段的图纸编制。

（2）本书重点从差异化和标准化方面进行图纸绘制，一方面在设计上对比与常规技术有差异的部分，绘制出相应图纸，与常规通用设计、通用设备一致的不再赘述；另一方面对于相对成熟的低碳技术，总结设计过程中出现的问题，开展标准化设计。

第2章 编写依据

2.1 政府文件

《国务院关于印发 2030 年前碳达峰行动方案的通知》（国发〔2021〕23 号）

《工业和信息化部等五部门联合印发加快电力装备绿色低碳创新发展行动计划的通知》（工信部联重装〔2022〕105 号）

2.2 国网公司文件

《国网基建部关于发布基建技术应用目录的通知》（基建技术〔2022〕14 号）

《变电站模块化建设 2.0 版技术导则》（基建技术〔2021〕31 号）

《国家电网有限公司关于全面推进输变电工程绿色建造的指导意见》（国家电网基建〔2021〕367 号）

《国网基建部关于印发新型数字智能电网建设试点工程技术导则的通知》（基建技术〔2022〕38 号）

《国家电网有限公司关于推进新型数字智能电网建设的通知》（国家电网基建〔2022〕463 号）

《国网福建电力关于印发新型数字智能电网建设方案的通知》（闽电建设〔2022〕624 号）

《国家电网公司十八项电网重大反事故措施》（修订版）（国家电网设备〔2018〕979 号文）

《国家电网公司标准化建设成果（35～750kV 输变电工程通用设计、通用设备）应用目录（2023 年版）》

2.3 相关指南标准

《2006 年 IPCC 国家温室气体清单指南》

《2019 年度中国区域电网二氧化碳基准线排放因子 OM 计算说明》

《中国电网企业温室气体排放核算方法与报告指南（试行）》

《2019 年度中国区域电网二氧化碳基准线排放因子 OM 计算说明》

GB/T 50378—2019《绿色建筑评价标准》

GB/T 51366—2019《建筑碳排放计算标准》

变电站建设、设计、运维的现行标准规范

第3章 适 用 范 围

本图集适用于 110kV 变电站全户内、半户内、户外设计方案。

假定环境条件如下：

海拔：＜1000m。

环境温度：−25～+40℃。

最热月平均最高温度：35℃。

覆冰厚度：10mm。

设计风速：≤30m/s（50 年一遇 10m 高，10min 平均最大风速）。

设计基本地震加速度：0.05～0.2g。

平均雷暴日：＜50 日；近 3 年雷电监测系统记录平均落雷密度：＜3.5 次/（km^2·年）。

第4章 使 用 方 法

4.1 使用方法

应用相同或类似新技术的工程，可引用书中论述，并参照本书中的设计图纸、设计要点开展设计。技术经济对比和低碳性能分析、适用范围、设计要点、应用案例等内容有助于设计人员在可研、初设阶段对低碳技术进行专题分析，从而明确某项技术是否适用。设计图纸均为施工图深度，可直接参考或引用。

本书所列技术为低碳技术或适用于新型电力系统的新技术，每项技术均有其适用范围，无法全部应用于一个变电站工程，具体应用时需根据实际情况甄选。

4.2 低碳技术编号

各专业低碳技术所对应的设计卷册按专业习惯进行排序，每个技术中的图纸按图 X-1、图 X-2 顺编。

第2篇　一次专业低碳技术

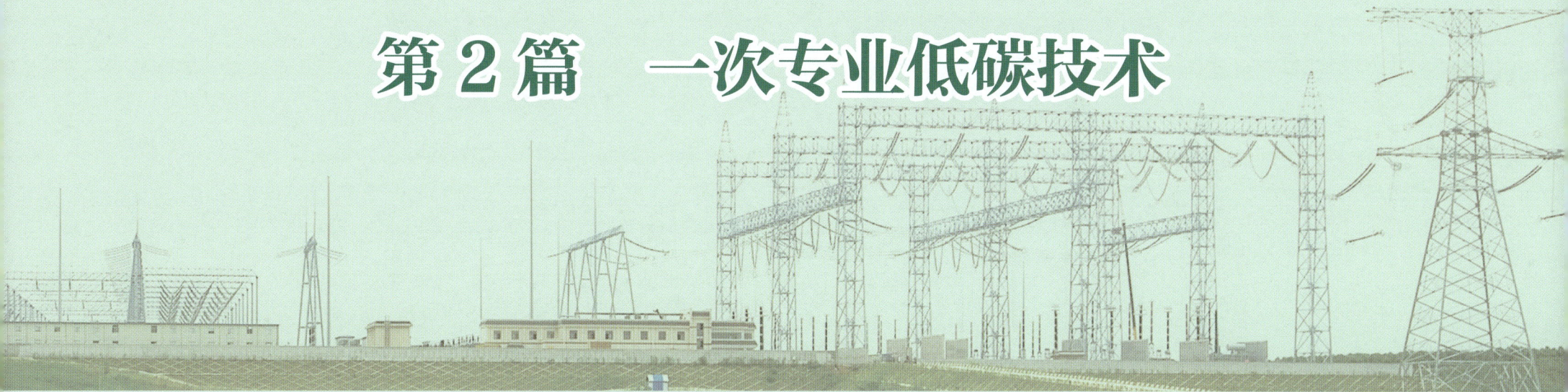

第5章 低碳技术及图纸目录

一次专业低碳技术及图纸目录见表 5-1。

续表

表 5-1 一次专业低碳技术及图纸目录

章号	技术名称	图纸目录
第6章	混合气体 GIS	图 6-1 卷册说明 图 6-2 110kV GIS 配电装置接线图（A2-4/A3-3 方案） 图 6-3 110kV GIS 配电装置电气平面图（A2-4/A3-3 方案） 图 6-4 110kV GIS 配电装置接线图（A1-2 方案） 图 6-5 110kV GIS 配电装置电气平面图（A1-2 方案）
第7章	110kV 节能变压器	—
第8章	110kV 低噪声变压器	—
第9章	10kV 非晶合金变压器	—
第10章	动态无功补偿 SVG	图 10-3 SVG 一次系统接线图 图 10-4 户内风冷 SVG 外形图 图 10-5 户外风冷 SVG 外形图 图 10-6 户外水冷 SVG 外形图
第11章	屋面光伏系统技术	图 11-2 光伏阵列布置说明 图 11-3 光伏并网一次接线图 图 11-4 屋面光伏平面布置图 图 11-5 屋面光伏接线布置图 图 11-6 屋面光伏防雷接地平面布置图
第12章	光储投光灯	—
第13章	深斜井接地	图 13-1 全站接地平面布置图 图 13-2 深斜井接地极安装图

第6章 混合气体 GIS

6.1 技术简介

在 GIS 高压开关设备中，SF_6 气体因绝缘性能较好得到了广泛应用。但 SF_6 气体被公认为是一种对大气环境具有较大危害的温室气体，其温室效应潜在值是 CO_2 的 2.3 万倍左右。

针对上述问题，目前较好的解决方案是选择一种替代气体，选取绝缘性能与 SF_6 气体相当且对环境没有污染的气体，与 SF_6 组成混合气体，甚至不含 SF_6 气体，作为 110kV GIS 的绝缘介质。在选取替代 SF_6 气体的研究中，国内外专家通过大量的试验，已经取得了阶段性成果。SF_6/N_2 混合气体是一种可被安全使用，具备推广应用条件的绝缘气体。该混合气体是在纯 SF_6 气体中，按照比例加入 N_2 气体，N_2 气体具有液化温度低、成本低、环保性能好等优点。SF_6/N_2 混合气体以其优良的绝缘性能、较低的温室效应等优点受到学者的青睐，因此，选用 SF_6/N_2 混合气体替代 SF_6 气体绝缘，具有深远的社会意义。

6.2 技术经济对比与低碳性能分析

6.2.1 技术经济对比

混合气体组合电器相对常规设备的优势分析见表 6-1。

表 6-1 混合气体组合电器相对常规设备的优势分析

项目	对比结果	项目	对比结果
技术优势	减少一半以上的 SF_6 排放量	检修	相同
安装	相同	可靠性	相同
运维	相同	费用	相同

6.2.2 低碳性能分析

混合气体组合电器的应用，能减少 110kV GIS 组合电器中 SF_6 的使用量。对于 A2-4（A3-3）方案，能减少约 55% SF_6 的使用量（大约减少 700kg）；对于 A1-2 方案，能减少约 60% SF_6 的使用量（大约减少 800kg），为降低全球温室效应做出贡献。

6.3 应用范围 / 适用条件

适用于有 110kV GIS 组合电器的变电站。

6.4 应用案例

泉州玉兰 110kV 变电站新建工程采用混合气体的 GIS，厂家为山东泰开高压开关有限公司。漳州社头 110kV 变电站新建工程采用混合气体的 GIS，厂家为上海思源有限公司。

6.5 设计要点

混合气体组合电器设计要点同常规纯 SF_6 组合电器的设计要点。

6.6 设计图纸

设计图纸如图 6-1～图 6-5 所示。

一、设计范围

本卷册设计内容包括110kV GIS配电装置电气一次接线、电气平面布置图。混合气体组合电器与纯SF₆气体组合电器设备基本一致，断面图参照通用设计。

二、设计说明

1. 110kV GIS配电装置：110kV接线本期及远期均采用扩大内桥接线，本期一次建成考虑设计。

2. 110kV GIS设备额定电流3150A，额定开断电流为40kA，母线与GIS均为三相共箱。

3. 根据国网福建省电力有限公司《110kV模块化变电站通用设计》执行要求，福建地区110kV变电站基本按照A1-2、A2-4、A3-3三个方案执行。

其中A2-4/A3-3方案，110kV接线采用扩大内桥方式；A1-2方案，110kV接线可根据项目的实际需求，采用单母线分段或扩大内桥方式。本方案110kV接线暂时按扩大内桥的接线考虑设计。

4. 110kV断路器气室采用充纯SF₆气体，其余气室采用N₂/SF₆的混合气体。混合气体中，按N₂占比70%、SF₆占比30%设计。

三、电气设备外绝缘爬距

根据《福建省电力系统污区分布图》（2020年版）文件要求执行。

四、强制性条文执行情况

所有电气设备及金属构件等，均应按GB 50065—2011《交流电气装置的接地》要求接地，其施工应满足GB 50147—2010《电气装置安装工程高压电器施工及验收规范》和GB 50169—2016《电气装置安装工程接地装置施工及验收规范》规定。

五、标准工艺执行情况

本设计严格执行《国家电网公司输变电工程标准工艺（六）标准工艺设计图集（变电工程部分）》（2022年版），具体应用的标准施工工艺编号、名称及部位如下：

序号	工艺标准编号	工艺标准名称	工艺标准具体应用部位
1	第3章第十一节	气体绝缘金属封闭开关设备（GIS）	组合电器
2	第5章第二节	就地控制柜安装	智能汇控柜
3	第6章第六节	电缆终端制作及安装	电缆终端

图6-1　卷册说明

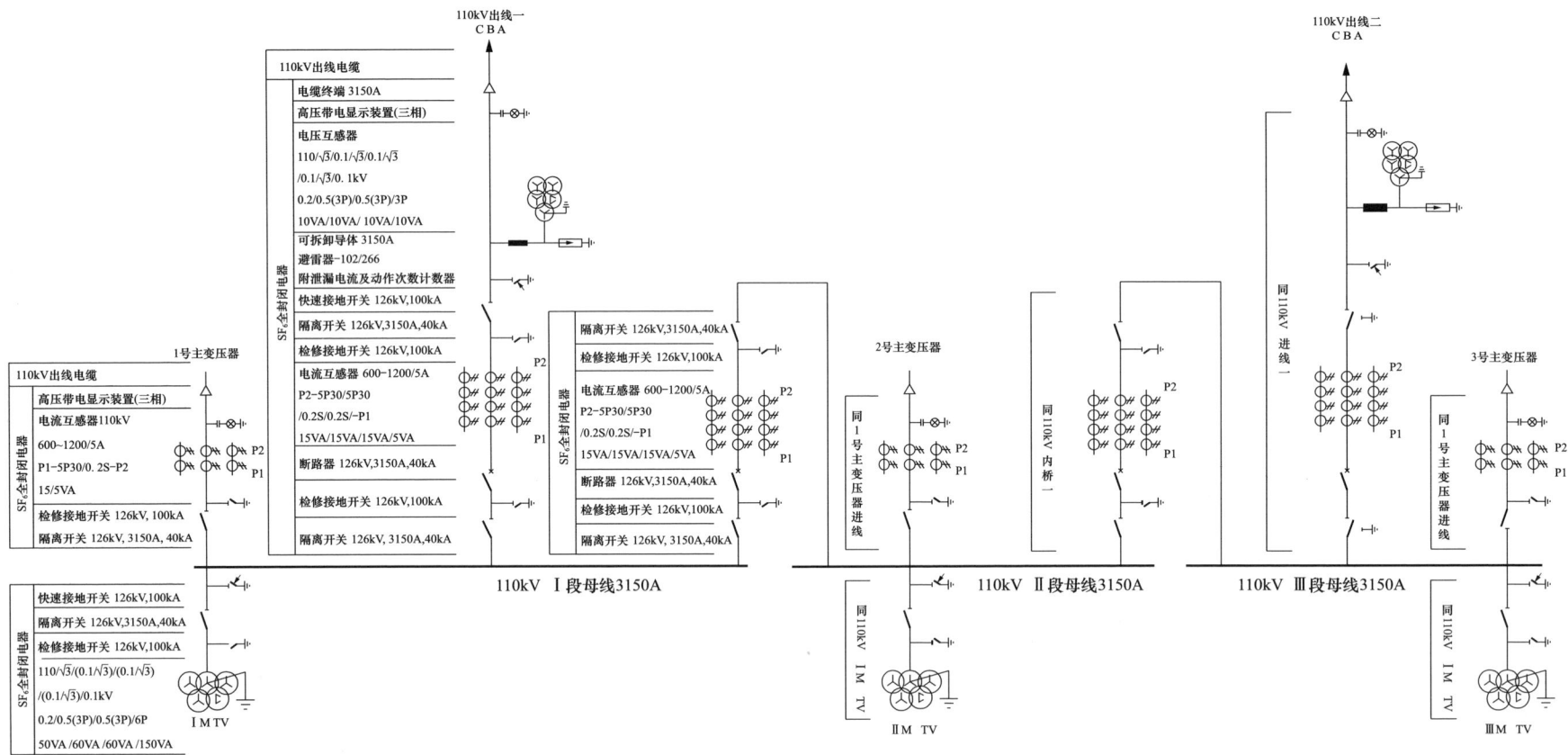

110kV出线一
C B A

110kV出线电缆

| 电缆终端 3150A |
| 高压带电显示装置(三相) |
| 电压互感器 |
| 110/√3/0.1/√3/0.1/√3 |
| /0.1/√3/0.1kV |
| 0.2/0.5(3P)/0.5(3P)/3P |
| 10VA/10VA/10VA/10VA |
| 可拆卸导体 3150A |
| 避雷器-102/266 |
| 附泄漏电流及动作次数计数器 |
| 快速接地开关 126kV,100kA |
| 隔离开关 126kV,3150A,40kA |
| 检修接地开关 126kV,100kA |
| 电流互感器 600~1200/5A |
| P2-5P30/5P30 |
| /0.2S/0.2S/-P1 |
| 15VA/15VA/15VA/5VA |
| 断路器 126kV,3150A,40kA |
| 检修接地开关 126kV,100kA |
| 隔离开关 126kV,3150A,40kA |

SF₆全封闭电器

1号主变压器

110kV出线电缆

| 高压带电显示装置(三相) |
| 电流互感器110kV |
| 600~1200/5A |
| P1-5P30/0.2S-P2 |
| 15/5VA |
| 检修接地开关 126kV,100kA |
| 隔离开关 126kV,3150A,40kA |

SF₆全封闭电器

P2
P1

| 快速接地开关 126kV,100kA |
| 隔离开关 126kV,3150A,40kA |
| 检修接地开关 126kV,100kA |
| 110/√3/(0.1/√3)/(0.1/√3) |
| /(0.1/√3)/0.1kV |
| 0.2/0.5(3P)/0.5(3P)/6P |
| 50VA/60VA/60VA/150VA |

SF₆全封闭电器

I M TV

110kV Ⅰ段母线3150A

隔离开关 126kV,3150A,40kA
检修接地开关 126kV,100kA

SF₆全封闭电器

电流互感器 600~1200/5A
P2-5P30/5P30
/0.2S/0.2S/-P1
15VA/15VA/15VA/5VA
断路器 126kV,3150A,40kA
检修接地开关 126kV,100kA
隔离开关 126kV, 3150A,40kA

P2
P1

2号主变压器

同1号主变压器进线

110kV Ⅱ段母线3150A

同110kV内桥一

P2
P1

同110kV Ⅰ M TV

Ⅱ M TV

110kV出线二
C B A

同110kV进线一

110kV Ⅲ段母线3150A

3号主变压器

同1号主变压器进线

P2
P1

同110kV Ⅰ M TV

Ⅲ M TV

说明：1. 隔离开关和接地开关采用三工位开关。
　　　2. 本工程智能终端、合并单元除母线设备间隔外，优先采用一体化装置。
　　　3. 汇控柜至设备本体配预制电缆，由厂家提供。
　　　4. 线路避雷器、线路电压互感器前设置可拆卸导体作为隔离装置，可拆卸导体置于独立气室中。

图 6-2　110kV GIS 配电装置接线图（A2-4/A3-3 方案）

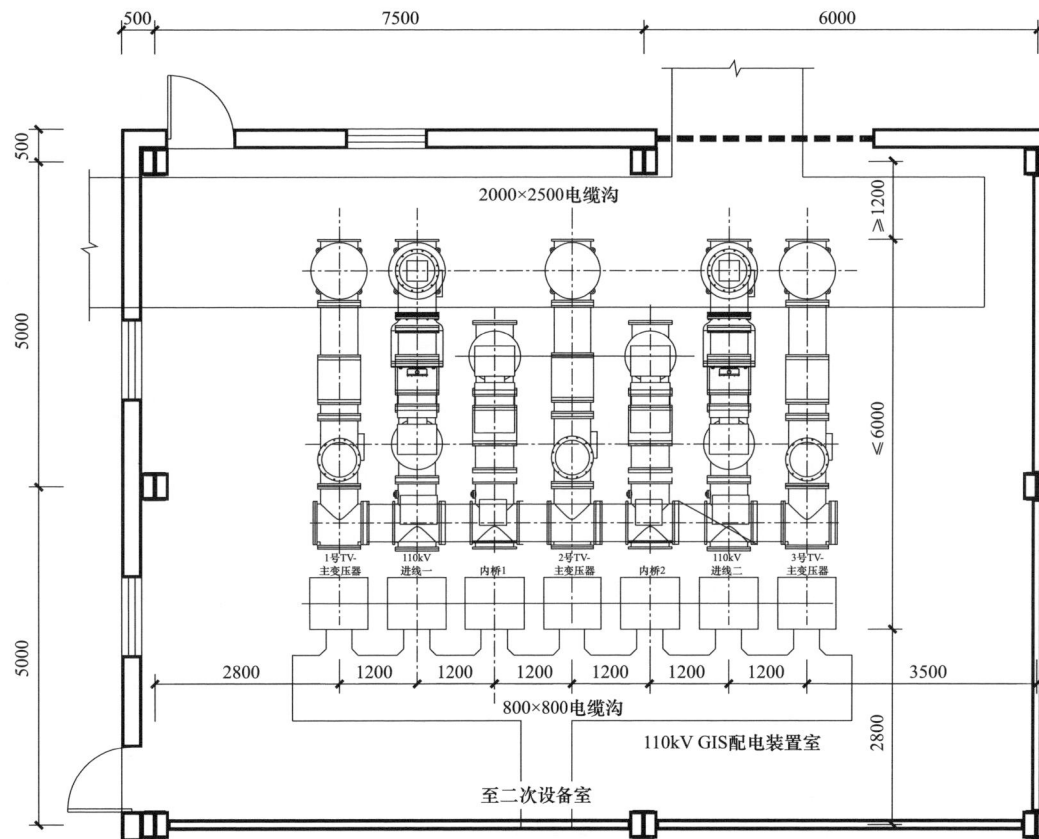

说明：1. 智能控制柜应具备温度、湿度调节功能，附装空调、加热器或其他控温设备，柜内湿度应保持在 90% 以下，柜内温度应保持在 +5～+55℃之间。
2. 断路器气室采用充纯 SF_6 气体，其余气室采用 N_2/SF_6 的混合气体，其中 N_2 占比 70%、SF_6 占比 30%。
3. 为了防止充气时发生误充气室的情况，建议混合气体的充气接口和 SF_6 充气接口应不一致。
4. 110kV GIS 间隔之间的距离，视现场实际情况而定。
5. 110kV GIS 配电装置室卷帘门的位置视站区进站道路的方向而定。

图 6-3 110kV GIS 配电装置电气平面图（A2-4/A3-3 方案）

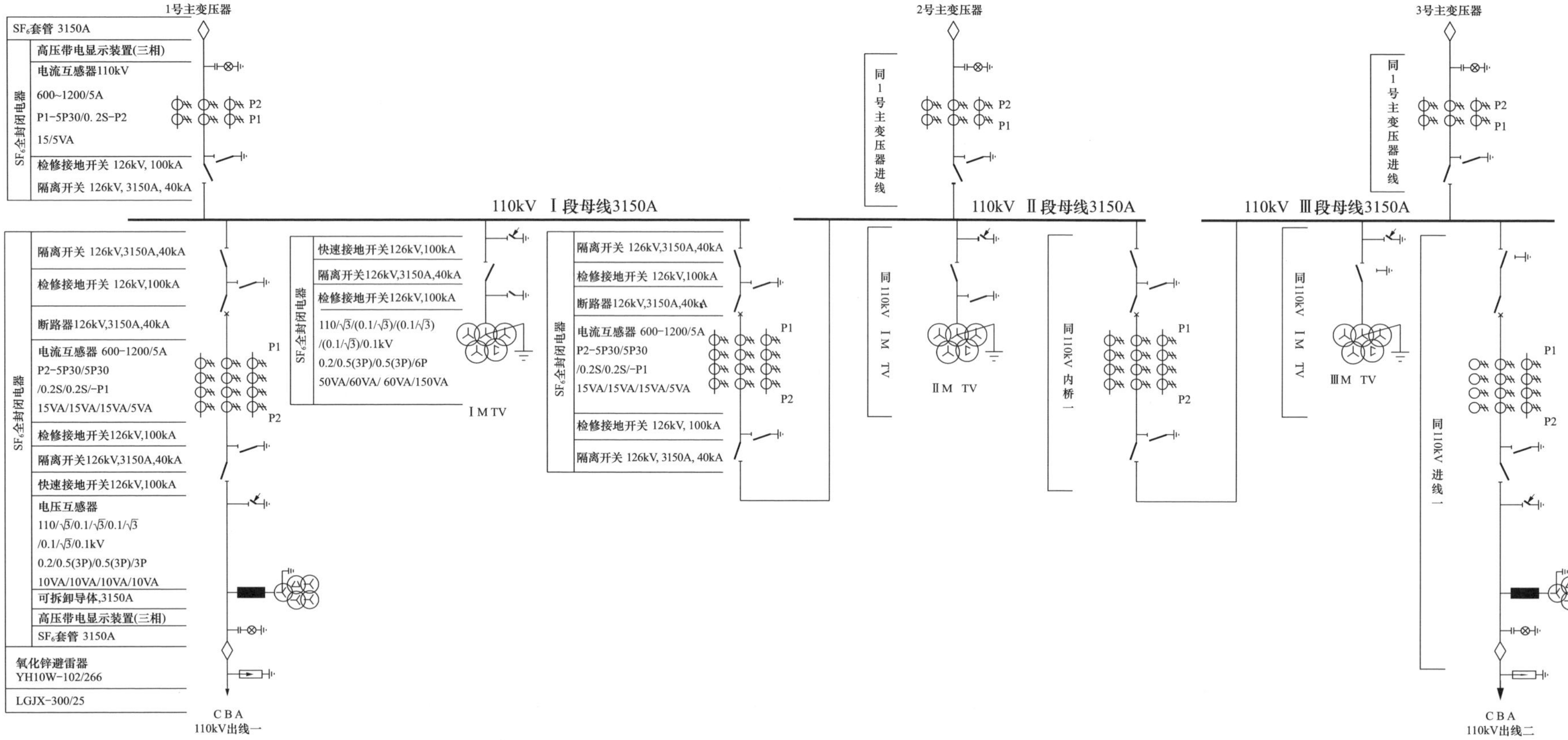

1号主变压器

SF₆套管 3150A
高压带电显示装置(三相)
电流互感器110kV
600~1200/5A
P1-5P30/0.2S-P2
15/5VA
检修接地开关 126kV, 100kA
隔离开关 126kV, 3150A, 40kA

SF₆全封闭电器

110kV Ⅰ段母线3150A

隔离开关 126kV,3150A,40kA
检修接地开关 126kV,100kA
断路器126kV,3150A,40kA
电流互感器 600~1200/5A
P2-5P30/5P30
/0.2S/0.2S/-P1
15VA/15VA/15VA/5VA
检修接地开关126kV,100kA
隔离开关126kV,3150A,40kA
快速接地开关126kV,100kA
电压互感器
110/√3/0.1/√3/0.1/√3
/0.1/√3/0.1kV
0.2/0.5(3P)/0.5(3P)/3P
10VA/10VA/10VA/10VA
可拆卸导体,3150A
高压带电显示装置(三相)
SF₆套管 3150A

SF₆全封闭电器

氧化锌避雷器
YH10W-102/266
LGJX-300/25

P1
P2

快速接地开关126kV,100kA
隔离开关126kV,3150A,40kA
检修接地开关126kV,100kA
110/√3(0.1/√3)/(0.1/√3)
/(0.1/√3)/0.1kV
0.2/0.5(3P)/0.5(3P)/6P
50VA/60VA/ 60VA/150VA

SF₆全封闭电器

Ⅰ M TV

隔离开关 126kV,3150A,40kA
检修接地开关 126kV,100kA
断路器126kV,3150A,40kA
电流互感器 600~1200/5A
P2-5P30/5P30
/0.2S/0.2S/-P1
15VA/15VA/15VA/5VA
检修接地开关 126kV, 100kA
隔离开关 126kV, 3150A, 40kA

SF₆全封闭电器

P1
P2

C B A
110kV出线一

2号主变压器

同1号主变压器进线

110kV Ⅱ段母线3150A

同110kV Ⅰ M TV

P2
P1

Ⅱ M TV

同110kV 内桥一

P1
P2

3号主变压器

同1号主变压器进线

110kV Ⅲ段母线3150A

P2
P1

同110kV Ⅰ M TV

Ⅲ M TV

同110kV 进线一

P1
P2

C B A
110kV出线二

说明: 1. 隔离开关和接地开关采用三工位开关。
    2. 本工程智能终端、合并单元除母线设备间隔外, 优先采用一体化装置。
    3. 汇控柜至设备本体配预制电缆, 由厂家提供。

图 6-4 110kV GIS 配电装置接线图（A1-2 方案）

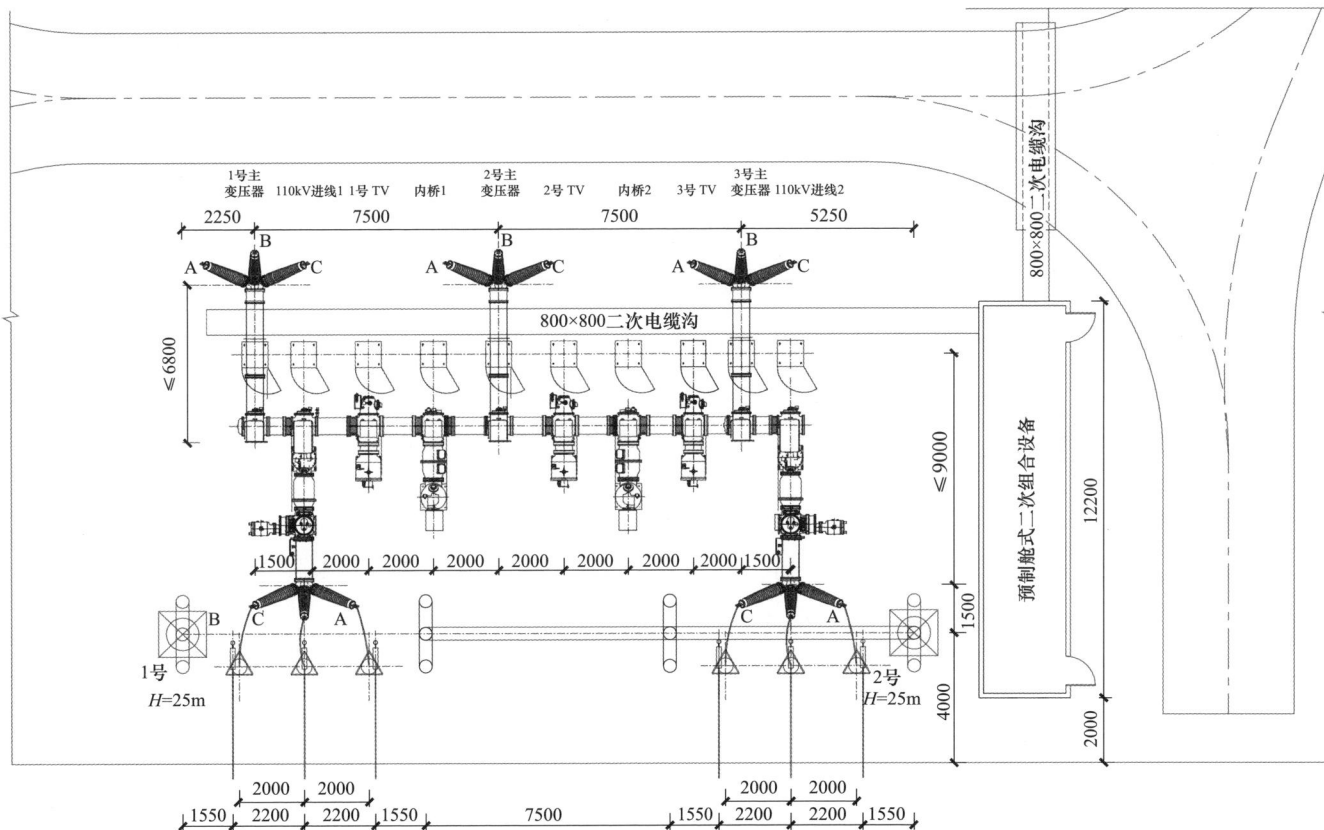

图 6-5　110kV GIS 配电装置电气平面图（A1-2 方案）

说明：1. 智能控制柜应具备温度、湿度调节功能，附装空调、加热器或其他控温设备，柜内湿度应保持在 90% 以下，柜内温度应保持在 +5～+55℃ 之间。

2. 断路器气室采用充纯 SF_6 气体，其余气室采用 N_2/SF_6 的混合气体，其中 N_2 占比 70%、SF_6 占比 30%。

3. 为了防止充气时发生误充气室的情况，建议混合气体的充气接口和 SF_6 充气接口应不一致。

4. 110kV GIS 间隔之间的距离，视现场实际情况而定。

第 7 章　110kV 节能变压器

7.1　技术简介

节能变压器是指通过更加科学的设计、选材、制造等基本方法，通过导体材料、铁芯材料以及结构的改进来降低变压器的空载损耗与负载损耗的技术。大多数情况下，电能的电压等级自发电站到用户至少要经过 5 级变压器，才能输送到低压用电设备（380V/220V）。虽然变压器本身效率很高，但因其数量多、容量大，总损耗不可低估。据估计，我国变压器的总损耗占系统发电量的 10% 左右，如损耗降低 1%，每年可节电上百亿千瓦时，因此降低变压器损耗是势在必行的节能措施。

7.2　技术经济对比与低碳性能分析

7.2.1　技术经济对比

（1）110kV 三相三绕组变压器。结合 GB 20052—2020《电力变压器能效定值及能效等级》的能效要求，针对 110kV 三相三绕组变压器（50MVA，110/35/10，阻抗比 10.5/18/6.5），3 种能效等级的 110kV 三相三绕组变压器空载和负载损耗等对比情况见表 7-1。

表 7-1　3 种能效等级的 110kV 三相三绕组变压器空载和负载损耗等对比情况

序号	项目	1 级能效	2 级能效	3 级能效
1	空载损耗（kW）（≤）	25	29.6	36.4
2	负载损耗（kW，75℃）高压—中压，主分接（≤）	192	192	202
3	负载损耗（kW，75℃）高压—低压，主分接（≤）	192	192	202
4	价格	较 2 级能效变压器高 10%～15%	—	较 2 级能效变压器低 10%～15%

续表

序号	项目	1 级能效	2 级能效	3 级能效
5	全寿命周期经济性对比	较 2 级能效变压器节约 8.5 万元	较 3 级能效变压器节约 128 万元	—
6	安装维护可靠性等	基本相同		

全寿命周期经济性对比，按变压器平均运行年限 30 年、年最大负荷运行小时数 5000h 计，每千瓦时电 0.5 元，2 级能效三绕组变压器价格按 260 万元考虑，经调研，1 级、2 级能效变压器分别比 2 级、3 级能效变压器价格高 10%，高压—中压、高压—低压的负荷分配按 80%、20% 考虑，依据系统手册变压器损耗计算公式，1 级相对 2 级能效变压器节约的费用为

$$0.5 \times [29.6 - 25 + (192 - 192) \times 0.8^2 + (192 - 192) \times 0.2^2]$$
$$\times 5000 \times 30 \times 10^{-4} - 260 \times 10\% = 8.5 （万元）$$

2 级相对 3 级能效变压器节约的费用为

$$0.5 \times [36.4 - 29.6 + (202 - 192) \times 0.8^2 + (202 - 192) \times 0.2^2]$$
$$\times 5000 \times 30 \times 10^{-4} + 260 \times 10\% = 128 （万元）$$

可见，2 级能效变压器相比 3 级的能效变压器全寿命周期经济效益明显，1 级能效变压器相比 2 级能效变压器效益不明显，可优先推广 2 级能效变压器。

（2）110kV 三相双绕组变压器。结合某电网公司公开招标的能效要求，110kV 三相双绕组变压器（50MVA，110/10，阻抗比 17%），3 种能效等级的 110kV 三相双绕组变压器空载和负载损耗等对比情况见表 7-2。

表 7-2　3 种能效等级的 110kV 三相双绕组变压器空载和负载损耗等对比情况

序号	项目	1 级能效	2 级能效	3 级能效
1	空载损耗（kW）（≤）	14.9	24.8	34.3

序号	项目	1级能效	2级能效	3级能效
2	负载损耗（kW，75℃） 高压—低压，主分接（≤）	111	175	184
3	价格	较2级高 10%~15%	较3级高 10%~15%	—
4	全寿命周期经济性对比	较2级能效节约 532.25万元	较3级能效节约 160.75万元	—
5	安装维护可靠性等	基本相同		

全寿命周期经济性对比，2级能效三绕组变压器价格按220万元考虑，高压—低压负荷分配相同，其余计算条件与三绕组变压器相同，依据系统手册变压器损耗计算公式，1级相对2级能效变压器节约的费用为

$$0.5 \times (24.8 - 14.9 + 175 - 111) \times 5000 \times 30 \times 10^{-4} - 220 \times 10\% = 532.25（万元）$$

2级相对3级能效变压器节约的费用为

$$0.5 \times (34.3 - 24.8 + 184 - 175) \times 5000 \times 30 \times 10^{-4} + 220 \times 10\% = 160.75（万元）$$

可见，对110kV双绕组变压器，1级能效变压器相对2级能效变压器的全寿命周期经济效益明显，2级能效变压器相比3级能效变压器效益亦较可观，可优先推广1级或2级能效变压器。

7.2.2 低碳性能分析

结合表7-1中110kV三相三绕组变压器能耗数据，从全生命周期角度分析节能变压器的降碳效益。

按照《生态环境部关于商请提供2018年度省级人民政府控制温室气体排放目标责任落实情况自评估报告的函》，福建区域每千瓦时电的碳排放因子为0.3910kg CO_2 e/kWh，按变压器平均运行年限为30年且年最大负荷运行小时数5000h进行计算，仅节能方面，不同类型变压器的降碳情况如下：

（1）110kV三相三绕组变压器。

1级能效变压器相比2级能效变压器降低的碳排放量为

$$0.391 \times [29.6 - 25 + (192 - 192) \times 0.8^2 + (192 - 192) \times 0.2^2]$$
$$\times 5000 \times 30 \times 10^{-3} = 269.79(t)$$

2级能效变压器相比常规变压器降低的碳排放量为

$$0.391 \times [36.4 - 29.6 + (202 - 192) \times 0.8^2 + (202 - 192) \times 0.2^2]$$
$$\times 5000 \times 30 \times 10^{-3} = 797.64(t)$$

从计算结果看，2级能效变压器比3级能效变压器降碳效果更为显著，1级能效变压器较2级能效变压器略优。

（2）110kV三相双绕组变压器。

1级能效变压器相比2级能效变压器降低的碳排放量为

$$0.391 \times (24.8 - 14.9 + 175 - 111) \times 5000 \times 30 \times 10^{-3} = 4334.24(t)$$

2级能效变压器相比常规变压器降低的碳排放量为

$$0.391 \times (34.3 - 24.8 + 184 - 175) \times 5000 \times 30 \times 10^{-3} = 1085.03(t)$$

综上所述，应用节能变压器可明显降低碳排放量，1级能效变压器比2级能效变压器降碳效果更为显著。

7.3 应用范围/适用条件

适应于各类新建或改扩建变电站，在负荷中心区域、负载率较高区域推荐应用节能变压器。

在高电价区域，新建工程项目应当应用节能变压器，在低电价区域，有条件的情况下尽可能应用节能变压器。

节能变压器还可用于旧变压器的改造，结合发展规划和建设需求，将高能耗变压器更换为节能变压器。

7.4 应用案例

因1级能效变压器价格相对较高，且多处于试点应用阶段，国网公司已推广应用2级能效变压器。

7.5 设计要点

安装工程方面与常规变压器相同。

物资采购方面，2 级能效变压器已推广应用，可根据需要选用固化 ID；1 级能效的 110/37/10.5 三绕组变压器，亦已有固化 ID，可进行物资申报。

7.6 设计图纸

由于节能变压器各项参数均属通用设备参数，与常规设备安装图纸设计差异不大，故不再附图。

第8章　110kV 低噪声变压器

8.1　技术简介

变压器噪声是由电力变压器本体（铁芯、绕组）的振动及冷却装置（冷却风扇、油泵）的振动所引起的。低噪声变压器是通过控制变压器设备内部构件噪声振动的产生和传递，采用避免共振、低噪声硅钢片、降低磁通密度、工艺和结构改进、减小油箱箱壁的振动和冷却系统噪声等技术来进行降噪，使得设备本体低频噪声声级处于较低水平的技术。

国网公司通用设备中 110kV 双绕组变压器噪声水平要求在 60dB（A）以下，110kV 三绕组变压器噪声水平要求在 65dB（A）以下。低噪声变压器的噪声水平以用户需求为准，一般 110kV 低噪声变压器噪声可降至 52dB 以下。

8.2　技术经济对比与低碳性能分析

8.2.1　技术经济对比

低噪声变压器相对常规设备优势分析见表 8-1。

表 8-1　低噪声变压器相对常规设备优势分析

项目	对比结果	项目	对比结果
技术优势	噪声降低 5～10dB	可靠性	相同
安装、运维、检修	相同	经济性	比常规设备价格高 10%～15%

8.2.2　低碳性能分析

通过低噪声变压器的应用，降低周围居民关于噪声问题的投诉率，从而减少变压器对周边居民的影响，提高变电站的社会认可度，有利于选址等工作的开展，减少重复选址等方面产生的碳排放。

8.3　应用范围 / 适用条件

根据 GB 22337—2008《社会生活环境噪声排放标准》，住宅区的噪声白天不能超过 50dB，夜间应低于 45dB，若超过这个标准，就会对居民健康产生危害。

低噪声变压器适用于主变压器户外布置、周边缺少遮挡物，与居民区距离较近且不满足噪声排放标准的变电站。对于城市户内变电站，如周边居民对噪声要求严格，采用常规变压器不满足噪声排放要求的，可考虑采用低噪声变压器。对于噪声较大的老旧变压器，如周边居民对噪声要求严格，可考虑更换为低噪声变压器。

噪声按照 DL/T 1518—2016《变电站噪声控制技术导则》进行计算，一般按照围墙外 1m 不高于 50dB 进行控制。对于室内布置的变压器，由于建筑墙体对噪声的衰减作用较明显，一般可满足 I 类区噪声要求，无须应用低噪声变压器。对于室外变压器，由于变电站围墙一般为实体围墙，围墙本身可降低噪声，如居民生活区域低于围墙高度，亦无须采用低噪声变压器。如室外布置的变压器，居民生活区域高于围墙高度，即两层及以上民用建筑，则根据距离情况，进行噪声计算，当不满足时，可采用低噪声变压器或增加围挡设施进行降噪。

8.4　应用案例

2018 年，天津城东真理道地区因为地段原因，变电站周边建起了居民楼，但变压器的噪声较大，影响了居民的正常生活。为此，国网天津市电力公司采用了低噪声变压器，要求距本体 0.3m 处噪声（声压级）≤49dB（A）。这是目前 110kV 变压器噪声水平要求较为严格的项目之一。

8.5 设计要点

变压器支墩上设减振垫可降低振动产生的噪声，需结合厂家图，提供土建预埋固定圆钢。

低噪声变压器在采购时需编制技术规范书，其中声级水平［dB（A）］（声压级）一项对应的数值65dB或60dB需改为需求的噪声限值，如55、52dB等。

8.6 设计图纸

低噪声变压器比常规变压器外形稍大，基础仅增加减振垫，与常规变压器设计相差不大，故不再附安装图纸。

第9章　10kV 非晶合金变压器

9.1　技术简介

　　非晶合金变压器是一种低损耗、高能效的电力变压器。此类变压器以铁基非晶态金属作为铁芯，同时掺入少量的硼、碳、硅、磷等元素。由于该材料不具有长程有序结构，其磁化及消磁能力均较一般磁性材料有所提高。因此，非晶合金变压器与一般采用硅钢作为铁芯的传统变压器相比，铁损（即空载损耗）降低 70%～80%，励磁功率降低 50%，具有很好的低碳节能特性。以单台变压器为例，一台 10kV、500kVA 的非晶合金变压器比同容量 S9 型变压器空载损耗低 80%，可降低损耗 0.77kW，一年可节电近 7000kWh，相当于节省原煤 3t，在 20 年使用周期内可节电 13.5 万 kWh，相当于节省原煤 60t。非晶合金变压器内部构造与外形如图 9-1 所示。

(a) 内部构造图　　　　　　　　　(b) 外形图

图 9-1　非晶合金变压器内部构造与外形图

9.2　技术经济对比与低碳性能分析

9.2.1　技术经济对比分析

　　在同等磁通密度下，硅钢片材料铁芯的损耗为非晶合金材料铁芯的 6～7 倍，电阻率为非晶合金材料的 1/3，最大磁导率为非晶合金材料的 1/6，损耗明显大于非晶合金材料。非晶合金与硅钢的主要物理性能对比见表 9-1。

9.2.2　低碳性能对比分析

　　非晶合金变压器与硅钢变压器的低碳性能指标对比见表 9-2。由表中数据可知，非晶合金变压器在损耗、运行成本、耗电量以及综合能效费用等代表性低碳性能指标上均优于传统的硅钢片变压器，特别是在空载损耗上表现尤为显著，表明在轻载运行条件下非晶合金变压器的低碳节能优势更为明显。

表 9-1　非晶合金与硅钢的主要物理性能对比

性能指标	非晶合金	冷轧硅钢	性能指标	非晶合金	冷轧硅钢
饱和磁感应强度（T）	1.54	2.03	电阻率（μΩ·cm）	130	45
铁芯损耗（W/kg）	0.18	1.2	最大磁导率（H/m）	25×10^4	4×10^4

表 9-2　非晶合金变压器与硅钢变压器的低碳性能指标对比

低碳性能指标	非晶合金变压器	硅钢变压器	低碳性能指标	非晶合金变压器	硅钢变压器
空载损耗	降低 50%～75%	—	年损耗电量	少 30%	—
负载损耗	降低 20%	—	年运行成本	少 20%	—
效率	98.6%～99.5%	98%～99%	综合能效费用	少 20%	—

9.3　应用范围 / 适用条件

非晶合金变压器具有空载损耗小的特点，适用于各类变电站的 10kV 站用变压器。

9.4　应用案例

（1）青海汉东（南朔）330kV 变电站：采用非晶合金站用变压器。
（2）福建泉州通港 500kV 变电站：采用非晶合金站用变压器。

9.5　设计要点

同常规 10kV 变压器。

9.6　设计图纸

与常规设备安装图纸设计差异不大，故不再附图。

第 10 章　动态无功补偿 SVG

10.1　技术简介

SVG 的核心部分是利用可关断大功率电力电子器件（如 IGBT）构成电压源型逆变器，并经过电抗器或者变压器将其并联到电网之中。适当地调节逆变器交流侧输出电压的幅值和相位，或者直接控制其交流侧电流，就可以使得该电路吸收或者发出满足系统要求的无功电流，从而实现动态无功补偿的目的。SVG 接线示意图见图 10-1。

SVG 系统装置可提供连续快速可调的感性和容性无功，装置动态补偿调节范围大，响应速度快，整机响应时间短。该装置主要用于增大系统功率因数，并稳定电网电压、降低线损率，满足电能质量改善需求。对外部（如光伏的接入等）引起的电压波动、功率因数降低、电能质量下降有很好的抑制效果，从而减少系统损耗，实现变电站的低碳运行。不同运行模式下 SVG 的波形和相量图见图 10-2。

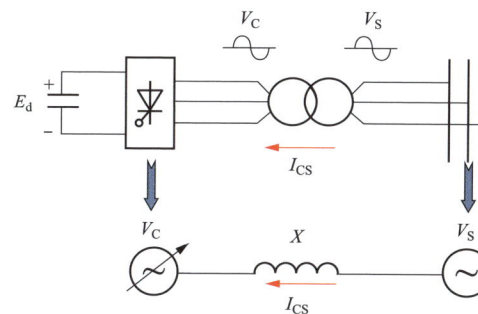

图 10-1　SVG 接线示意图

运行模式	波形	相量图	说明
空载运行模式	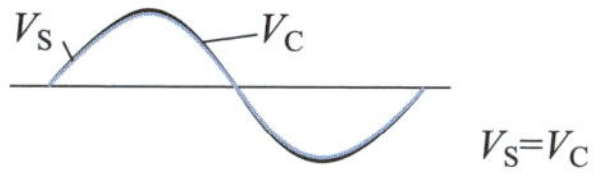 V_S　V_C　$V_S=V_C$	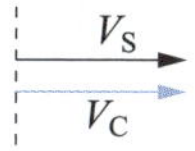 V_S　V_C	若 $V_S=V_C$，则 $I_{CS}=0$，SVG 不吸收也不发出无功
容性运行模式	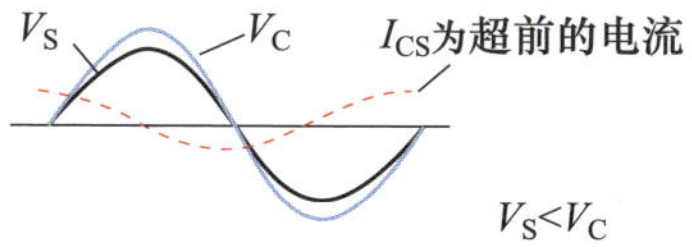 V_S　V_C　I_{CS} 为超前的电流　$V_S<V_C$	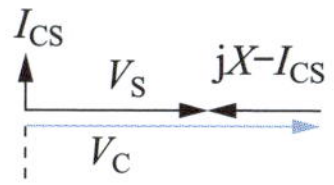 I_{CS}　V_S　$jX-I_{CS}$　V_C	若 $V_C>V_S$，则 I_{CS} 为超前的电流，且幅值可通过调节 V_C 连续控制。SVG 发出可调无功
感性运行模式	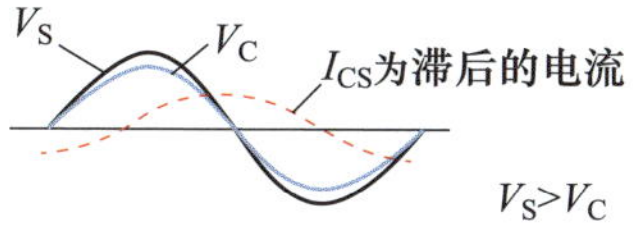 V_S　V_C　I_{CS} 为滞后的电流　$V_S>V_C$	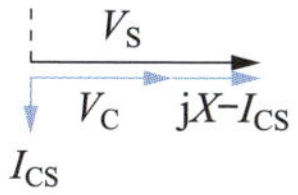 V_S　V_C　$jX-I_{CS}$　I_{CS}	若 $V_C<V_S$，则 I_{CS} 为滞后的电流。SVG 连续控制吸收无功

图 10-2　不同运行模式下 SVG 的波形和相量图

10.2　与常规设备的对比

10.2.1　与常规并联电容器组的技术经济比较

SVG 与并联电容器组的技术经济对比见表 10-1。

10.2.2　与常规并联电容器组的发热对比

由于 SVG 负载在某一临界条件下，其发热量基本与负载无关，按容量设计；在临界条件下，其发热量会显著下降，但不与负载呈线性关系。表 10-2 为 SVG 与常规并联电容器组发热量对比。

表 10-1　SVG 与并联电容器组的技术经济对比

设备类型	动态无功补偿装置（SVG）	并联电容器 + 并联电抗器	对比结果
技术路线	采用 IGBT 电能变换技术实现的无功补偿，以大功率电压型逆变器为核心，通过调节逆变器输出电压的幅值和相位，或者直接控制交流侧电流的幅值和相位，迅速吸收或发出所需的无功功率，实现快速动态调节无功功率的目的	通过并联电容器 + 并联电抗器补偿或平衡电气设备的容性或感性无功功率。只能人为地分级调节	SVG 可实现无功功率的自动调节
谐波治理功能	SVG 采用先进的链式电路拓扑结构和多电平 PWM 技术来消除低次谐波输出电压、电流谐波畸变率均小于 3%，不需要安装谐波滤波器支路；在不增加硬件成本的情况下可实现低次谐波滤波功能	几乎无	SVG 的谐波治理功能更加直接且可靠，响应速度快，能更好地抑制电压波动和闪变
三相平衡能力	对于电网中出现的谐波三相不平衡，进行主动的滤除、治理，保障电网的平稳安全运行	无	SVG 对于电网中出现的谐波三相不平衡治理非常好
调压能力	SVG 具有电流源的特性，输出容量受母线电压的影响很小，无功补偿能力与系统电压无关。SVG 可以看作是一个可控恒定的电流源，系统电压降低时，仍能输出额定无功电流	无	SVG 输出的无功电流与系统电压无关，低电压特性好，用于电压控制时具有较大优势，具备较强的过载能力
补偿灵活性	SVG 可以实现吸收、发出容性无功的双向可调，灵活性非常好	并联电容器 + 并联电抗器只能整组投切，灵活性差	SVG 可实现感性到容性无功的双向连续调节，补偿方式更优，灵活性更好
现场安装工作量	适合做成柜式或集装箱式，根据客户需求进行现场拼接，安装工作量小，时间短	目前的框架式并联电容器 + 并联电抗器需要在现场进行组装，安装工作量大，时间长	SVG 安装简单，大部分器件出厂已经预装完成，现场只需就位固定即可
占地面积	小	由于是两套设备，占地面积大	SVG 风冷占地面积小，水冷占地面积相近
运维、检修复杂性	SVG 采用模块化设计满足 IGBT 功率模块 N-1 运行方式，有效提高系统可靠性，减少维护量	并联电容器 + 并联电抗器由于采用多个元器件组装，故障率高，维护工作量大	SVG 的模块化设计，安装、维护整体更换，简单快捷
设备的损耗	SVG 由于采用全控型器件（IGBT）电能变换技术，设备发热大，自损耗大	自损耗小	SVG 设备发热大，自损耗大
费用	投资造价高	投资造价低	同容量的 SVG 是常规并联电容器 + 并联电抗器的 2～3 倍

表 10-2　SVG 与常规并联电容器组发热量对比

设备容量（kvar）	动态无功补偿装置（SVG）发热功率（kW）	常规并联电容器 + 电抗器发热功率（kW）	设备容量（kvar）	动态无功补偿装置（SVG）发热功率（kW）	常规并联电容器 + 电抗器发热功率（kW）
4000	40	17.096	6000	60	24.552
5000	50	21.37	8000	80	32.736

若实际散热效果、粉尘颗粒不满足要求，还需采用空调散热，空调的额定功率按 SVG 散热量的 100%～120% 选取。

10.3 应用范围 / 适用条件

SVG 系统装置可提供连续快速可调的感性和容性无功，装置无极动态补偿调节范围大，动作速度快，整机响应时间短。同时控制灵活，可单独补偿电压、无功功率、功率因数，各种模式可无缝切换，适用于各电压等级变电站的电网无功补偿及谐波治理的要求，满足电能质量改善需求。同时，SVG 可提高母线电压水平，进而达到稳定电网电压、降低线损率的效果，对电压频繁波动且波动较大的有很好的抑制效果，从而实现变电站的经济运行。

本书采用了户内风冷、户外风冷、户外水冷等三种常见的布置形式，适用于 110kV 变电站的选型，用户可根据具体情况，选用合适的 SVG 方案。

10.4 应用案例

泉州三安半导体研发与产业化项目的 110kV 变电站工程，采用桂林电力电容器有限责任公司产品，该项目已投产。

10.5 设计要点

（1）该装置主要用于满足电能质量改善需求、稳定电网电压、降低线损率，对电压频繁波动且波动较大的有很好的抑制效果，适用于新能源接入站。

（2）当变电站感性和容性无功配置组数过多、无功分组容量过小时，经技术经济比较，宜采用 SVG。

（3）由于 SVG 自损耗大，价格昂贵，建议采用固定补偿 +SVG 方案配置无功补偿方案。

（4）由于 SVG 发热量大、设备精密度高，设计时应注意进风量、空气质量等是否满足要求，若不能满足要求，需采取相应措施（如加装空调方案等）。

10.6 设计图纸

设计图纸如图 10-3～图 10-6 所示。

10kV母线

1QF

10kV母线TV

隔离开关 12kV/400A

真空交流接触器 12kV/250A

缓冲电阻 150W/5.1kJ

电流互感器

户内控制柜

三相电抗器L

电抗器

功率单元
(根据容量需求配置)

户内功率柜

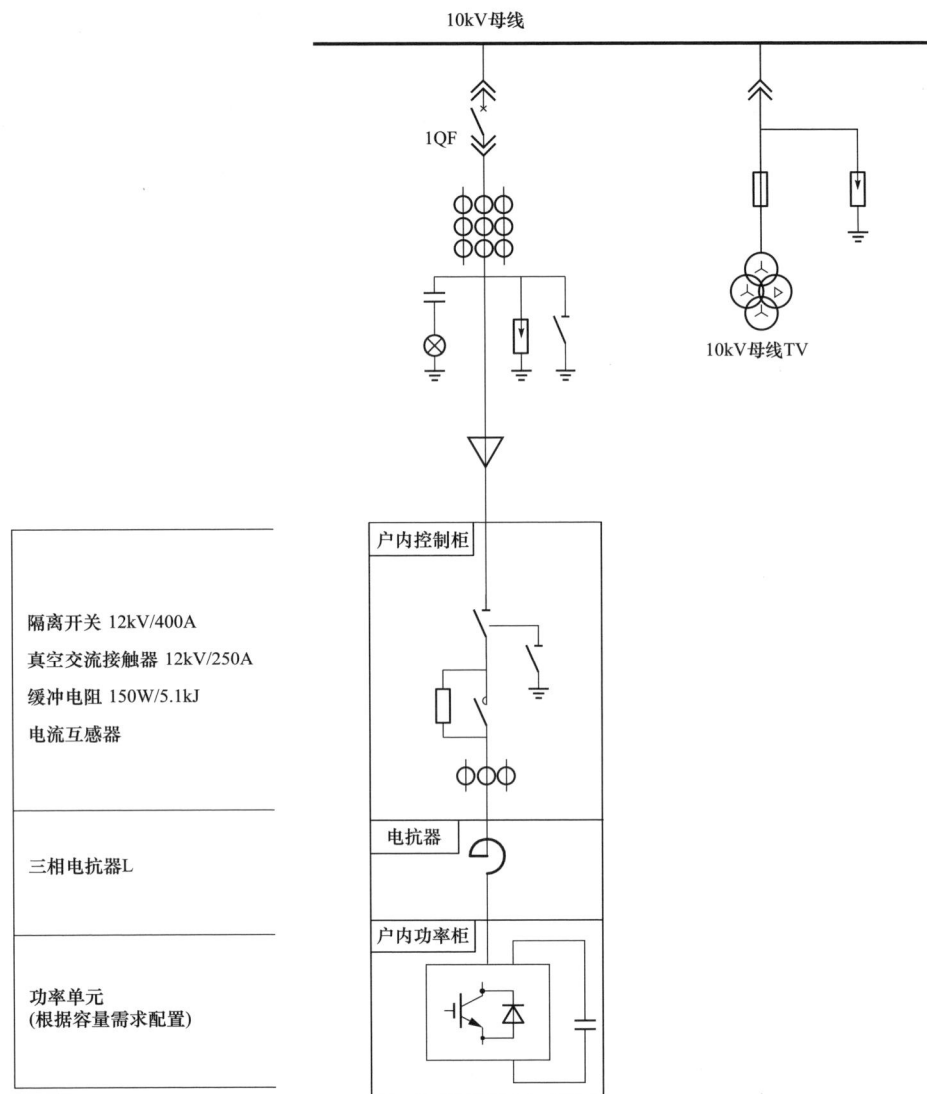

图 10-3 SVG一次系统接线图

110kV变电站低碳技术应用图集

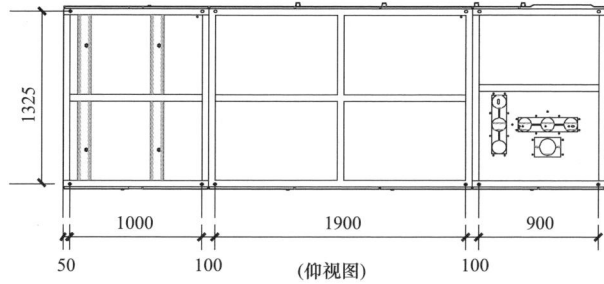

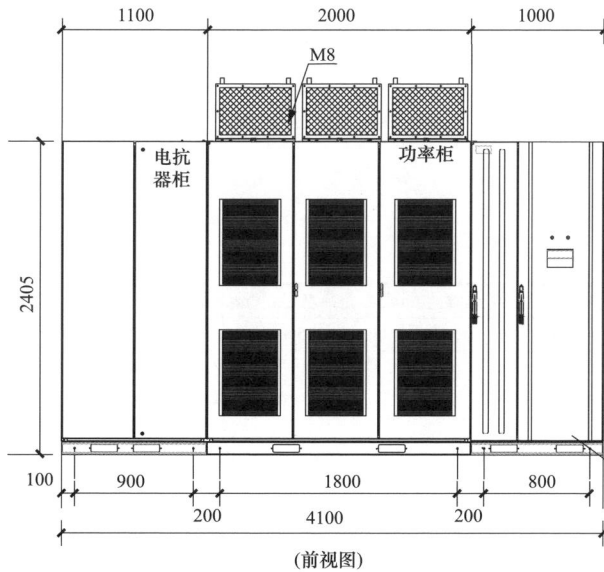

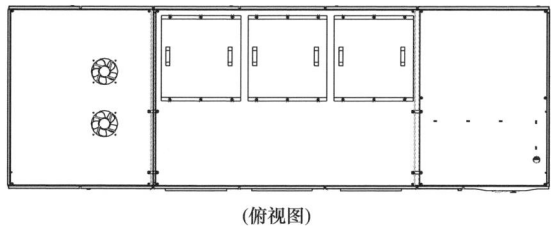

编号	规格型号	整机质量（kg）	总发热量（kJ）	风量（m³/h）	进风面积（m²）
1	10kV 1.0M	2750	10	3500	不小于 0.61
2	10kV 1.5M	2970	15	5000	不小于 0.8
3	10kV 2.0M	3150	20	5000	不小于 0.8
4	10kV 3.0M	3600	30	10500	不小于 1.55
5	10kV 4.0M	4000	40	15000	不小于 2.4
6	10kV 5.0M	4500	50	24000	不小于 3.85
7	10kV 6.0M	2500	60	33000	不小于 5.25
8	10kV 7.0M	6000	70	25000	不小于 3.9
9	10kV 8.0M	6350	80	40000	不小于 6.72
10	10kV 9.0M	3900	90	55000	不小于 7.8
11	10kV 10.0M	4050	100	55000	不小于 7.8
12	10kV 11.0M	4350	110	48000	不小于 7.68
13	10kV 12.0M	4550	120	48000	不小于 7.68

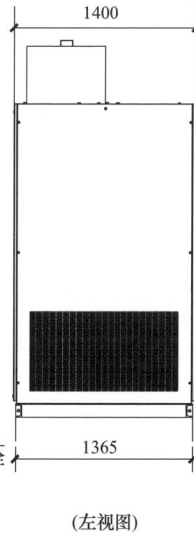

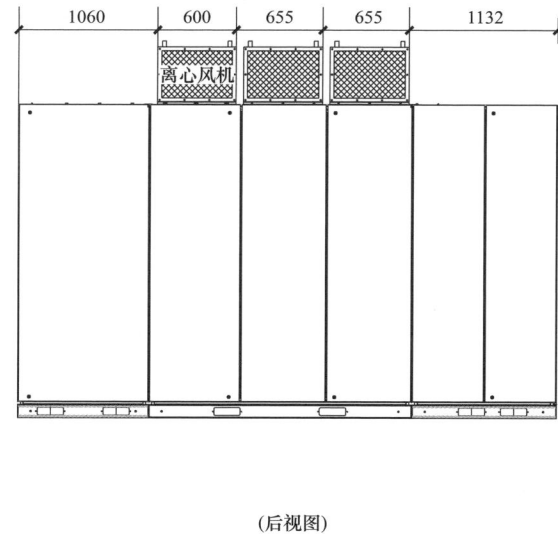

组装要求：

1. 整机共分 3 节柜子，组装时柜子间缝隙不得大于 2mm。

2. 地基须平整，柜体高度差不得大于 2mm，前后须平齐，误差不大于 2mm。

3. 柜体并接后，设备槽钢与预埋槽钢焊接在一起。

4. 柜体安装后须进行可靠接地。

图 10-4　户内风冷 SVG 外形图

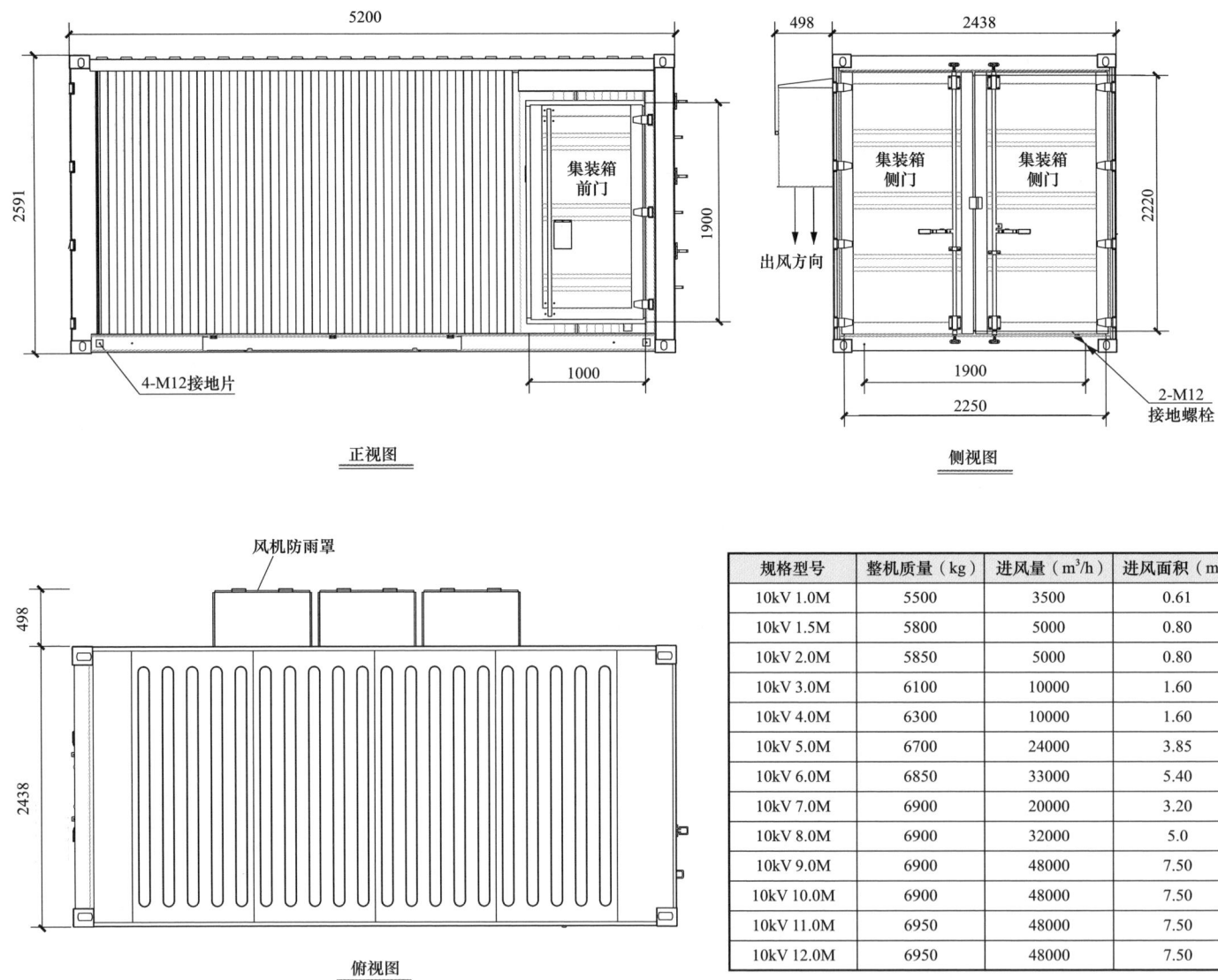

正视图

5200

2591

集装箱
前门

1900

1000

4-M12接地片

正视图

498

2438

集装箱
侧门

集装箱
侧门

2220

出风方向

1900

2250

2-M12
接地螺栓

侧视图

风机防雨罩

498

2438

俯视图

规格型号	整机质量（kg）	进风量（m³/h）	进风面积（m²）
10kV 1.0M	5500	3500	0.61
10kV 1.5M	5800	5000	0.80
10kV 2.0M	5850	5000	0.80
10kV 3.0M	6100	10000	1.60
10kV 4.0M	6300	10000	1.60
10kV 5.0M	6700	24000	3.85
10kV 6.0M	6850	33000	5.40
10kV 7.0M	6900	20000	3.20
10kV 8.0M	6900	32000	5.0
10kV 9.0M	6900	48000	7.50
10kV 10.0M	6900	48000	7.50
10kV 11.0M	6950	48000	7.50
10kV 12.0M	6950	48000	7.50

技术要求：

1. 务必定期清理本体设备上空气过滤器的灰尘，防止灰尘堵塞滤网影响进风。

2. SVG 外形尺寸：5200mm×2438mm×2591mm。

图 10-5　户外风冷 SVG 外形图

A—A视图

B—B视图

电缆沟以实际为准

A相

B相

C相

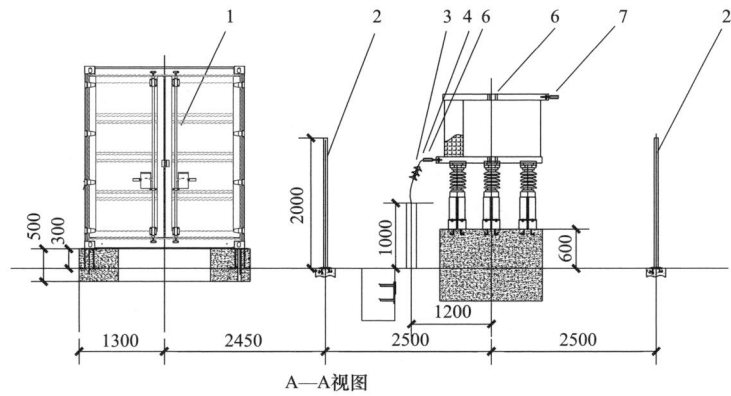

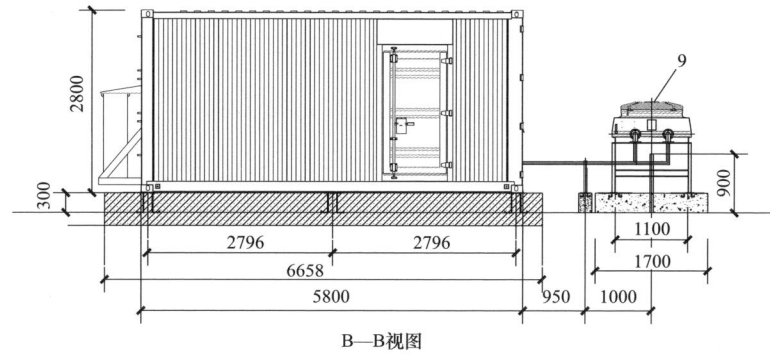

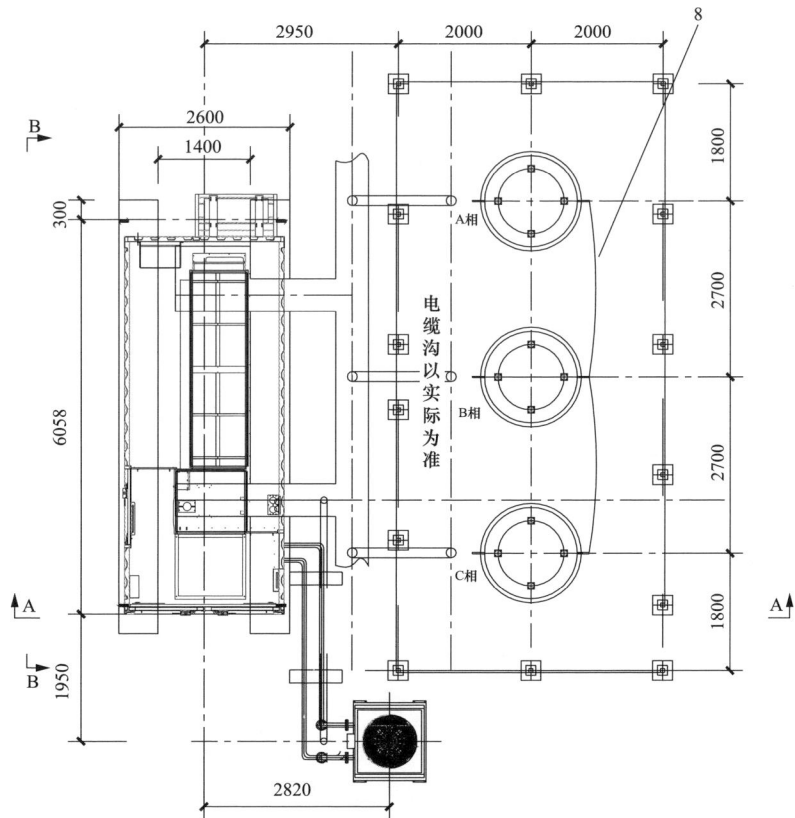

序号	名称	规格型号	单位	数量	备注
1	SVG 集装箱	5800mm×2438mm×2800mm	台	1	—
2	围栏	高度 1900mm，网孔 40×40	套	1	—
3	单芯电缆接线头	WLS−15/1.3Z	件	3	—
4	单芯电缆	ZR−YJV62−8.7/15（1×150）	根	3	—
5	铜铝接线鼻	DLT−150	件	3	—
6	空心电抗器	LKGKL−10kV	台	3	—
7	铝设备线夹	SY−240/30C（80×80−2）	件	4	—
8	钢芯铝绞线	LGJ−240/30	根	2	—
9	换热器	75kW	台	1	—

图 10−6　户外水冷 SVG 外形图

第 11 章 屋面光伏系统技术

11.1 技术简介

屋面光伏发电系统的主要部件包括太阳能光伏电池组、交/直流逆变器和并网接入系统。在变电站屋面安装太阳能电池组件，利用太阳能电池组件的光生伏特效应产生直流电。直流电经过并网逆变器转换成符合市电电网要求的交流电之后直接接入变电站的低压侧供电，并网系统中光伏方阵所产生的电力除了供给交流负载，多余的电力反馈给电网。太阳能光伏发电作为站内交流电源的补充，降低了站用变压器负载率。图 11-1 为屋面光伏组件布置图。

图 11-1 屋面光伏组件布置图

11.2 技术经济及降碳成效分析

屋面光伏系统应用的太阳能与常规化石能源的技术经济对比见表 11-1。

屋面光伏系统每发 1kWh 电量，可相应节约标准煤 304.9g，减少 CO_2 排放量 832g，减少 SO_2 排放量 0.16g，减少 NO_2 排放量 0.179g，减少碳粉尘排放量 0.032g。

表 11-1 屋面光伏系统应用的太阳能与常规化石能源的技术经济对比

能源种类	屋面光伏系统应用的太阳能	化石能源
储量	太阳能是可再生资源，可以不断利用	化石能源是非可再生资源，会随着人们的利用而减少
分布	太阳能分布广，可以就地开发利用，不存在运输问题	化石能源分布受地质条件影响，分布具有不均匀性
清洁性	太阳能是清洁能源，其开发利用时几乎不产生任何污染	化石能源的利用不仅造成环境污染，同时还排放大量的温室气体
经济性	随着科技的发展以及利用太阳能技术的突破，太阳能利用的经济性将会更明显	随着储量的减少、开采难度的增大，化石能源利用的成本将逐步提高

11.3 应用范围/适用条件

变电站屋面光伏系统是一种新型的、具有广阔发展前景的发电和能源综合利用方式。适用于大部分新建的变电站。

11.4 应用案例

屋面光伏系统作为分布式光伏发电系统的一种，已广泛应用于工商业企业及城市公共建筑屋面，应用场景涉及地面、车棚、斜屋顶、平屋顶、钢结构彩钢瓦屋面等。

11.5 设计要点

11.5.1 光伏阵列布置

光伏阵列布置主要包括光伏组件选型、光伏组件连接方式、光伏支架结构方案、光伏组件设计倾角和阵列行距等方面，应结合太阳辐照度、风速、雨水、积雪等气候条件及建筑朝向、屋顶结构等因素进行设计，经过技术经济比较后确定最佳的布置方式。

11.5.2 光伏并网电气设计

屋面光伏系统的并网点内侧应采用易于操作、可闭锁且具有明显断开点的并网总断路器。同时应具备快速检测孤岛并立即与电网断开连接的能力,其防孤岛保护应与电网侧线路保护相配合。

11.5.3 屋面光伏系统土建设计

光伏支架及基础的建筑结构设计应结合主体结构,根据光伏有关设计规范进行设计。

安装光伏系统的配电装置楼屋面应设置供光伏组件清洗维护的给水设施,同时应设置相应的消防设施。

11.6 设计图纸

设计图纸如图 11-2~图 11-6 所示。

光伏阵列布置应参照以下原则:
(1)光伏组件应根据类型、峰值功率、转换效率、温度系数、组件尺寸和重量、功率辐照度特性等技术条件进行选择。在同等条件下,应优先选用参数较优的太阳能电池组件,以提高单位发电效率。
(2)光伏支架应结合工程选用材料、设计结构方案和构造措施,应满足强度、稳定性和刚度要求,并符合抗震、抗风和防腐等要求。
(3)宜采用变电站所在地最佳倾角和方位角进行设计,可结合当地风荷载、雪荷载及项目建筑朝向等因素,根据实际情况适当降低光伏组件安装倾角,以减小受风面,增加抗风能力。最佳安装倾角可参考表1,各地市应根据实际情况确定。
(4)光伏方阵各排、列的布置间距,均应保证全年 9:00~15:00(当地真太阳时)时段内互不遮挡。应充分避开周边及光伏阵列与阵列之间遮挡。在光伏组件布置时,应预留检修通道,并与主变压器泄压通道、排风机等保持足够的安全距离。
(5)光伏阵列布置应充分考虑安装、汇线、维护、清洗的便利性。

表 1   全国各大城市光伏阵列最佳倾角参考值

城市	纬度 Φ(°)	斜面日均辐射量(kJ/m²)	日辐射量(kJ/m²)	独立系统推荐倾角(°)	并网系统推荐倾角(°)
上海	31.17	13691	12760	Φ+3	Φ-7
南京	32.00	14207	13099	Φ+5	Φ-4
合肥	31.85	13299	12525	Φ+9	Φ-5
杭州	30.23	12372	11668	Φ+3	Φ-4
南昌	28.67	13714	13094	Φ+2	Φ-6
福州	26.08	12451	12001	Φ+4	Φ-7
济南	36.68	15994	14043	Φ+6	Φ-2
郑州	34.72	14558	13332	Φ+7	Φ-3

注   数据来源《附录 B 光伏阵列最佳倾角参考值》(GB 50797—2012《光伏发电站设计规范》)。

图 11-2   光伏阵列布置说明

变电站0.4kV低压母线段(交流屏或照明箱)

1QF

反孤岛装置

1QS WVh FK DSJ 计量 负控

2QF 测量，防孤岛

3QF SPD

4QF 5QF

AC/DC AC/DC

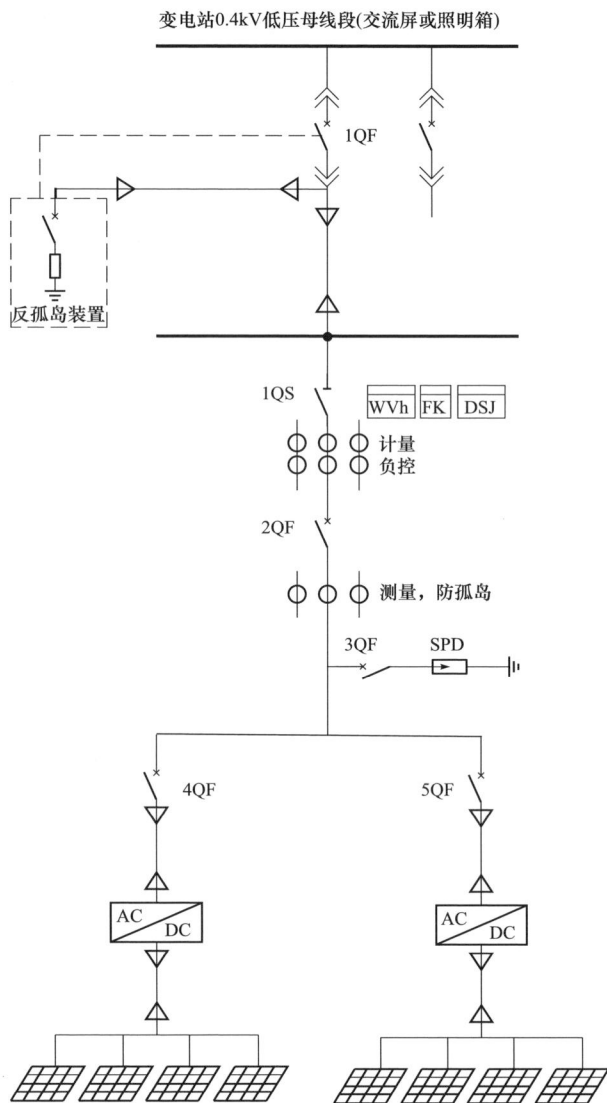

并网容量			50kWp 及以下	51~100kWp	101~150kWp	151~200kWp	备注
变电站交流馈电屏 1QF	1	智能型塑壳断路器	I_n=100A/3P	I_n=160A/3P	I_n=250A/3P	I_n=350A/3P	可根据工程需求配置
反孤岛装置	1	反孤岛装置箱	380V/25kW（反孤岛容量 100kW）		380V/50kW（反孤岛容量 200kW）		

并网容量			50kWp 及以下	51~100kWp	101~150kWp	151~200kWp	备注
0.4kV 并网计量柜	1	隔离刀闸 1QS	200A/4P	200A/4P	400A/4P	400A/4P	可根据工程需求配置
	2	电流互感器—计量	50/5A（75/5A）0.2s	100/5A（150/5A）0.2s	200/5A（250/5A）0.2s	300/5A（400/5A）0.2s	
	3	电流互感器—负控	50/5A（75/5A）0.2s	100/5A（150/5A）0.2s	200/5A（250/5A）0.2s	300/5A（400/5A）0.2s	
	4	光伏并网专用断路器 2QF	I_n=100A/4P	I_n=160A/4P	I_n=250A/4P	I_n=350A/4P	
	5	电流互感器—测量，防孤岛	75/5A 0.5 级	150/5A 0.5 级	250/5A 0.5 级	400/5A 0.5 级	
	6	塑壳断路器 3QF	I_n=100A/4P	I_n=100A/4P	I_n=100A/4P	I_n=100A/4P	
	7	浪涌保护器 SPD	T1 试验级 /4P	T1 试验级 /4P	T1 试验级 /4P	T1 试验级 /4P	
	8	塑壳断路器 4QF	I_n=100A/3P	I_n=160A/3P	I_n=160A/3P	I_n=160A/3P	
	9	塑壳断路器 5QF	I_n=100A/3P	I_n=160A/3P	I_n=160A/3P	I_n=160A/3P	

并网容量		50kWp 及以下	51~100kWp	101~150kWp	151~200kWp	备注
1	组串式逆变器	36KTL/60KTL	60KTL/100KTL	60KTL/100KTL	60KTL/100KTL	可根据工程需求配置
2	光伏组件	550Wp	550Wp	550Wp	550Wp	

说明：1. 具体配置方案可根据实际工程情况配置。

2. 当并网容量超过所接入变压器容量的 25% 时，需装设反孤岛装置。

3. 站用交流系统 2 个低压进线开关应增设与光伏并网开关 2QF 闭锁关系，当站用交流系统 2 个低压进线开关同时处于分闸时，光伏并网开关 2QF 应启动跳闸回路，防止孤岛情况发生。

图 11-3 光伏并网一次接线图

北

① ② ③ ④ ⑤ ⑥ ⑦

40000

100 500 6100 6100 5750 7250 7250 6550 500 100

B

5.050(结构标高)

5%(结构找坡)

不上人屋面

日照阴影分界线

4.500(结构标高)

A

100 2350 6100 6100 5750 2000 7250 7250 6550 2350 500
16150 16150
500 40000 500

① ② ③ ④ ⑤ ⑥ ⑦

图例：

日照阴影

光伏组件

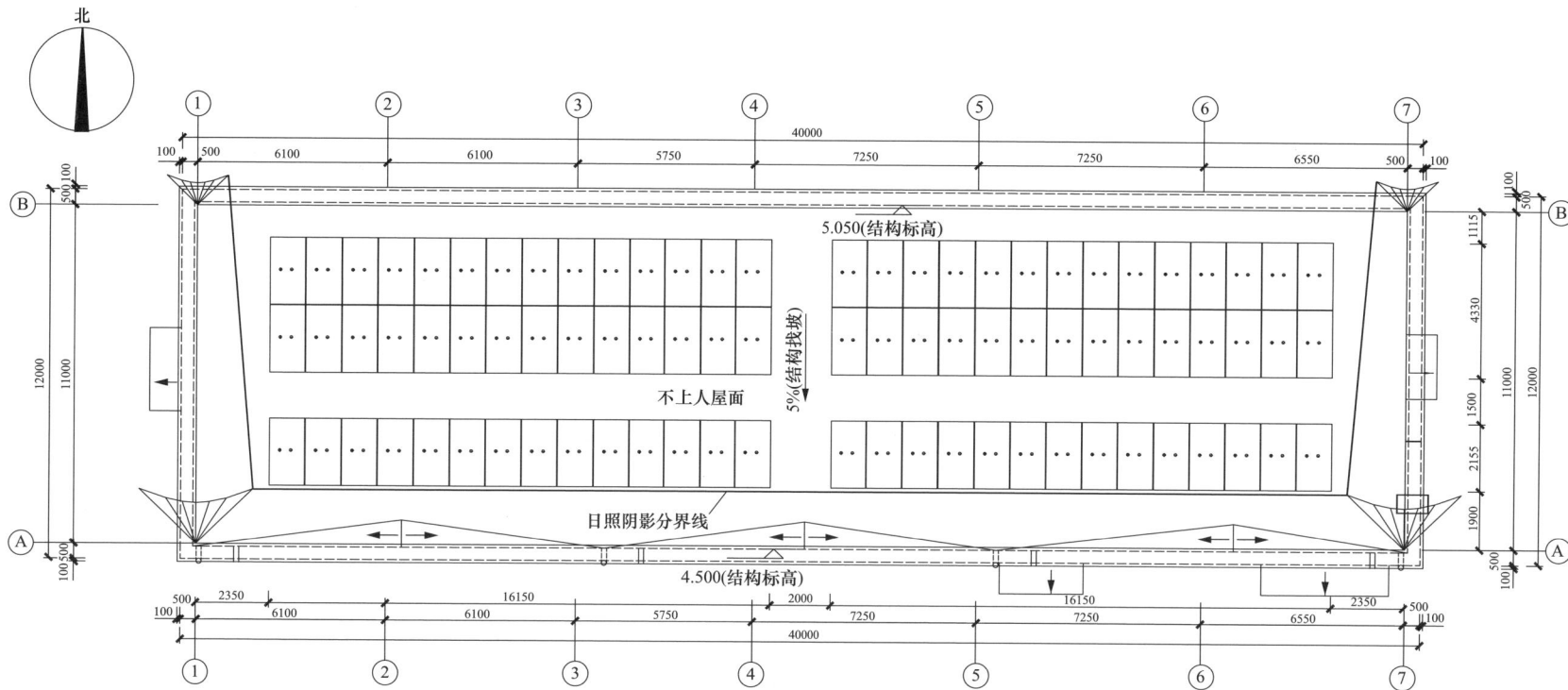

说明：1. 光伏组件之间用组件自身带的电缆及插头相连接，前后排之间用 PV1-F-1×4mm 线及插头相连，PV1-F-1×4mm 线裸露部分需穿管敷设，管的两端用扎带固于支架上，组件自身的电缆也需用扎带固定于支架上，最后引出带插头的两根端头，标出正负极及串号。

2. 逆变器进线处不得裸露在外面，采用沿桥架敷设。逆变器采用壁挂式安装于侧墙。

3. 逆变器引出的交流电缆沿屋顶电缆桥架敷设，然后从图示处沿屋面敷设至并网计量柜，施工单位应根据现场实际情况调整电缆走向。

4. 进行电缆敷设时，若一、二次电缆使用同一位置电缆孔时，一次电缆应始终敷设于二次电缆下方。在桥架中，电力电缆需与控制电缆分类放置，并隔开。

5. 电缆敷设完毕后，应对电缆孔进行防火封堵，具体由施工单位根据现场实际情况进行施工。

6. 金属桥架本体厚度不小于 1.5mm，采用 304 不锈钢材质。屋面光伏桥架抬高 100mm，做好防水处理。

7. 不同组件数量的组串不得接入同一 MPPT，当 MPPT 数量大于或等于组串数量时，每串组串单独接入不同 MPPT 回路。

8. 本图仅以 A1-2 典型方案，福州地理位置：北纬 26° 08′ 00″（26.0800），东经 119° 28′ 00″（119.2800）；方位角：正北为例。具体工程应根据现场实际情况进行调整。

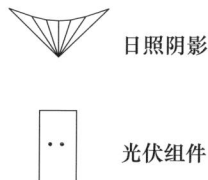

系统规格	系统容量	组件数量	组件规格	组件尺寸	安装倾角	组件间隙	组件重量	组串方式 / 组串数量
	46.2kW	84	550W	2279mm × 1135mm × 35mm	19	20mm	28.5kg/ 片	串联 /6

图 11-4 屋面光伏平面布置图（1：200）

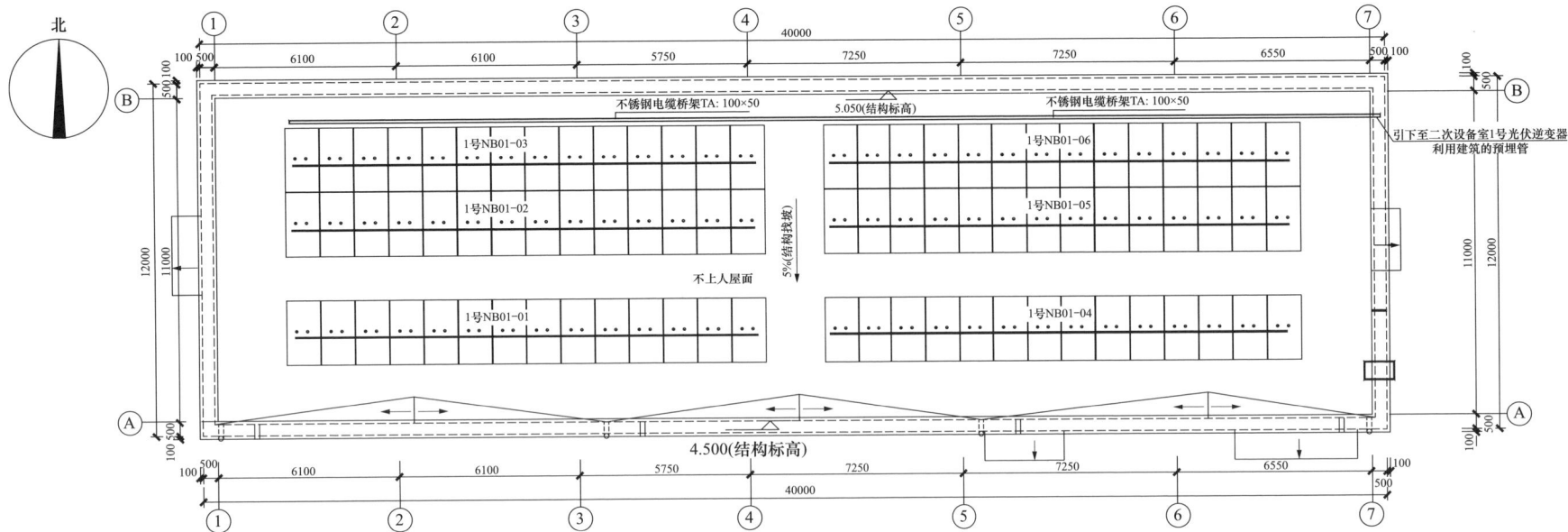

北

不锈钢电缆桥架TA：100×50　　　5.050(结构标高)　　　不锈钢电缆桥架TA：100×50

1号NB01-03

1号NB01-06

1号NB01-02

1号NB01-05

5%(结构找坡)

不上人屋面

1号NB01-01

1号NB01-04

引下至二次设备室1号光伏逆变器
利用建筑的预埋管

4.500(结构标高)

图例：

⸬ 光伏组件　　　　NB** 逆变器　　　HL** 汇流箱　　　▭ 电缆桥架

1号逆变器（1号NB01）（60KTL）			
编号	对应组串	对应组件数（片）	MPPT 编号
1	1号NB10-01	14	MPPT1（PV1）
2	1号NB10-02	14	MPPT2（PV3）
3	1号NB10-03	14	MPPT3（PV5）
4	1号NB10-04	14	MPPT4（PV7）
5	1号NB10-05	14	MPPT5（PV9）
6	1号NB10-06	14	MPPT6（PV11）
合计		84	

主要材料汇总表

序号	名称	规格	单位	数量	备注
1	组串式逆变器	60KTL	台	1	—
2	电缆桥架	TA：100×50	m	50	—

说明：1. 光伏组件之间用组件自身带的电缆及插头相连接，前后排之间用PV1-F-1×4mm线及插头相连，PV1-F-1×4mm线裸露
　　　　部分需穿管敷设，管的两端用扎带固于支架上，组件自身的电缆也需用扎带固定于支架上，最后引出带插头的两根端头，
　　　　标出正负极及串号。
　　　2. 逆变器进线处不得裸露在外面，采用沿桥架敷设。逆变器采用壁挂式安装于侧墙。
　　　3. 逆变器引出的交流电缆沿屋顶电缆桥架敷设，然后从图示处沿屋面敷设至并网计量柜，施工单位应根据现场实际情况调整
　　　　电缆走向。
　　　4. 进行电缆敷设时，若一、二次电缆使用同一位置电缆孔时，一次电缆应始终敷设于二次电缆下方。在桥架中，电力电缆需
　　　　与控制电缆分类放置，并隔开。
　　　5. 电缆敷设完毕后，应对电缆孔进行防火封堵，具体由施工单位根据现场实际情况进行施工。
　　　6. 金属桥架本体厚度不小于1.5mm，采用304不锈钢材质。屋面光伏桥架抬高100mm，做好防水处理。
　　　7. 不同组件数量的组串不得接入同一MPPT，当MPPT数量大于或等于组串数量时，每串组串单独接入不同MPPT回路。
　　　8. 本图仅以A1-2典型方案，福州地理位置：北纬26° 08′ 00″（26.0800），东经119° 28′ 00″（119.2800）；方位角：正北为例。
　　　　具体工程应根据现场实际情况调整。

图 11-5　屋面光伏接线布置图（1：200）

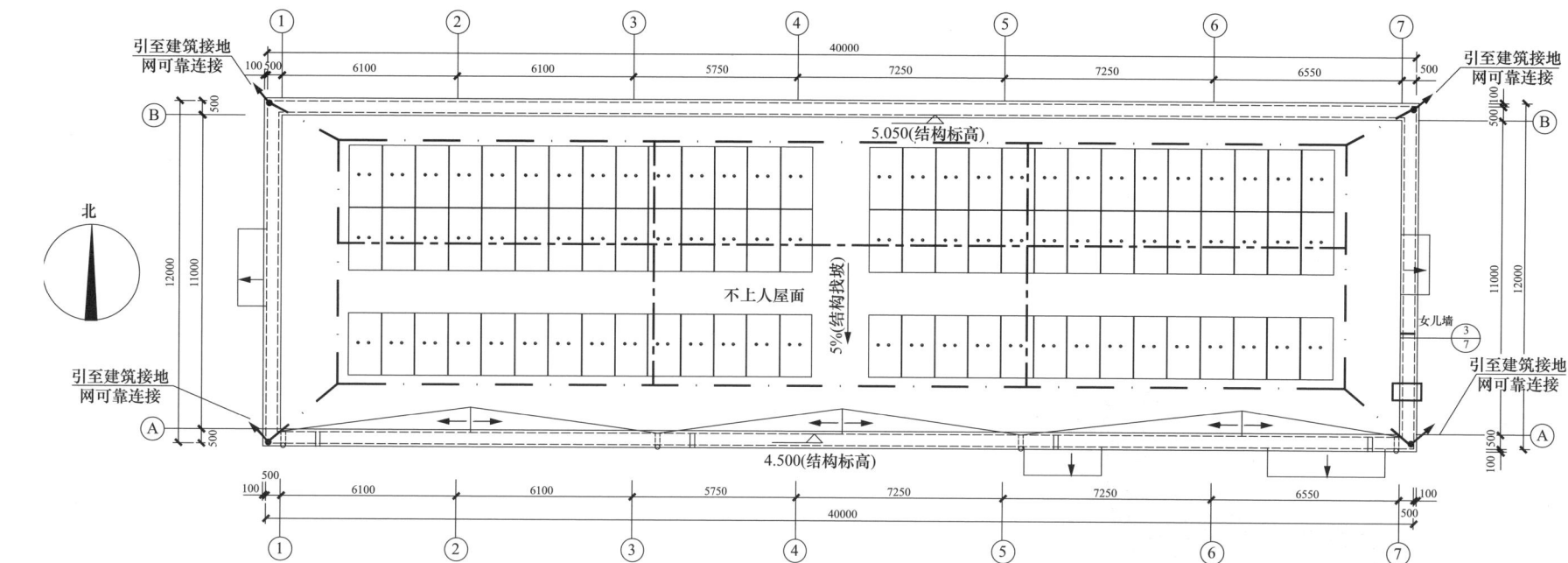

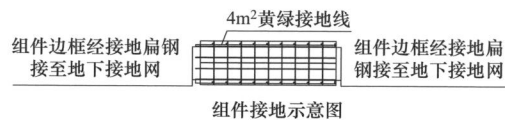

引至建筑接地网可靠连接

引至建筑接地网可靠连接

引至建筑接地网可靠连接

北

5.050(结构标高)

不上人屋面

5%结构找坡

女儿墙

引至建筑接地网可靠连接

4.500(结构标高)

图例：

组件边框经接地扁钢接至地下接地网　4m² 黄绿接地线　组件边框经接地扁钢接至地下接地网

组件接地示意图

—·—·— 屋面主接地线(60×6热镀锌扁钢)

—··—··— 接地干线(40×4热镀锌扁钢)

↗ 引至建筑接地网可靠连接

主要材料汇总表

序号	名称	规格	单位	数量	备注
1	水平接地线	热镀锌扁钢 -40×4	m	60	按需配置
2	水平接地线	热镀锌扁钢 -60×6	m	120	按需配置

说明：

1. 防雷系统设计

（1）要求光伏发电系统直流侧的正负极均悬空、不接地。直流和交流配电柜内设置浪涌保护器，防止雷电引起的线路过电压。直流和交流配电柜内设置浪涌保护器，防止雷电引起的线路过电压。

（2）光伏组件利用其金属边框作为防雷接闪器，利用金属支架作为防雷接地引接的方式进行防雷保护。

2. 接地系统设计

（1）屋面组件的接地系统，在阵列周边敷设一圈 60×6 的如镀锌扁钢作为防雷接地网，施工时实测，接地电阻小于 4Ω，

如果不满足要求，则继续增加人工接地至满足要求为止。人工接地级采用每隔一定距离用 2.5m 长的 5 号角钢作为垂直接地体，角钢之间采用 40×4 的热镀锌扁钢可靠连接。屋面接地网格不应超过 20m×20m 或 24m×16m。

（2）为保证人身安全，所有电气设备（组件、汇流箱、逆变器等）外壳都应通过 BVR-1×16 的多股铜芯软线就近接至专设的接地干线。

（3）屋面光伏组件接地方式：方阵内同一行相邻组件之间通过 BVR-1×4mm 的多股铜芯软线连接，一行中两端的光伏组件再分别通过 BVR-1×4mm 的多股铜芯软线连接至光伏组件支架檩条，光伏组件支架檩条之间采用热镀锌扁钢 -40×4mm 连接，最终接至建筑物原有防雷接地系统。

（4）逆变器采用镀锌扁钢或 16m² 软线与接地网相连，屋面所有外露可导电部分、金属线槽等不得少于两处与接地线进行连接。

（5）桥架及支架全长应不少于 2 处与接地干线相连；桥架连接板两端跨接铜芯导线或编织铜带的截面积不小于 4cm²；桥架间连接板的两端可作接地跨接，但每块连接板应有不少于两个有防松动垫圈的连接固定螺栓。桥架应每隔 20m 做一处接地。

（6）该工程采用的所有接地接地材料均需经热镀锌处理，且接地干线之间及接地引下线与接地干线之间的连接应采用四面焊接，接地网电焊连接长度不应小于扁钢宽度两倍，焊接的接口要用防锈漆和沥青等材料进行防腐、防锈处理。螺栓连接时，应把檩条镀锌层清除，连接后刷防腐漆。

（7）防雷接地做法参照《建筑电气通用图集》。

（8）其他未尽事宜根据 DL/T 620《交流电气装置的过电压保护和绝缘配合》、DL/T 621《交流电气装置的接地》和 GB 50057《建筑物防雷设计规范》执行。

3. 本图仅以 A1-2 典型方案，福州地理位置：北纬 26°08'00″（26.0800），东经 119°28'00″（119.2800）；方位角：正北为例。具体工程应根据现场实际情况进行调整。

图 11-6　屋面光伏防雷接地平面布置图（1:200）

第 12 章　光储投光灯

12.1　技术简介

户外投光灯采用光储一体的 LED 灯具。白天利用太阳能发电给灯具供电，多余的电能储存在灯具一体化储能设备中，无需敷设供电线路；夜间利用储能设备中的电能给户外投光灯供电。该技术能节省变电站区户外照明用电，达到节能减排效果。太阳能投光灯示意图见图 12-1。

图 12-1　太阳能投光灯示意图

12.2　技术经济对比与低碳性能分析

12.2.1　技术经济对比

太阳能投光灯与常规投光灯的技术经济对比见表 12-1。

表 12-1　太阳能投光灯与常规投光灯的技术经济对比

能源种类	太阳能投光灯（无源式）	常规投光灯
安装	无需预设管道及线路，安装方便，对建构筑物破坏小，安装简单	需要敷设管道及线路，预制基础，工作量烦琐

续表

能源种类	太阳能投光灯（无源式）	常规投光灯
节能	可再生能源，节能经济性最佳	需要消耗站用电能源，占用站用变压器容量，电费高昂
运维检修	需要日常检修维护，由于不需敷设电缆及外部接线，故障率低	线路复杂，需长期不间断地对线路进行检修
可靠性	视具体厂家产品质量而定	视具体厂家产品质量而定
安全性	内部为 12～24V 低压，无触电等危害	站内投光灯具安装于一般低于 1.6m 的支架或草坪上，需要从配电箱敷设 400V 电缆，可能有漏电危险等安全隐患
初始投资	稍贵，由于配上太阳能板及蓄电池，200～800 元 / 套	较低，100～300 元 / 套
全生命周期成本（LCC）比较	高	低

12.2.2　低碳性能分析

太阳能投光灯与常规投光灯低碳性能对比见表 12-2。

表 12-2　太阳能投光灯与常规投光灯低碳性能对比

低碳性能指标	太阳能投光灯	常规投光灯
发光效率	90%	90%
年损耗电量	少 10% 以上	811kWh（200W 投光灯按每晚工作 10h 计算）
年运行成本	少 10% 以上	—
综合能效费用	少 10%	—

12.3　应用范围 / 适用条件

太阳能投光灯太阳能板可调节角度，可采用多种安装方式，如壁装、地装及上杆都可以，适用于变电站内多个场所，如草坪、道路围墙、配电室等，不受外界环境限制，可以满足工业景观照明、检修照明等需求。

12.4 应用案例

太阳能投光灯作为成熟产品，已经广泛应用于市政、住宅等工程，应用场景包括广场、道路、小区等公共场所。

12.5 设计要点

太阳能投光灯的支架一般为厂家根据业主需求提供各种高度和款式。其功率一般用于变电站的有 50、100、200W 等常用规格。设计单位应与厂家在发货前及时沟通，交代地面安装条件、场地光源条件等。

目前常规投光灯为甲供物资，在电商平台中可选购，建议今后争取将太阳能投光灯列入电商平台采购。

12.6 设计图纸

太阳能投光灯具的安装与常规投光灯具无差异，接线方面由于采用无源式，无需敷设电缆及接线，仅需简单安装。故设计图纸采用传统投光灯具安装图纸即可，无需单独出具出版图纸。

第13章 深斜井接地

13.1 技术简介

深斜井接地在施工上采用向外倾斜一定角度钻孔、设置长度为几十米乃至几百米的接地极、灌注降阻填充物的方法，将接地极与站内主接地网相连接。灌注的降阻填充物应选择长效防腐物理型降阻剂，施工时降阻剂宜均匀、坚实地包裹接地极或接地体。

深斜井接地利用周边地下深处土壤电阻率较低的原理进行外引。采用非开挖导航技术，从站内向站外打斜井，外延接地线进行敷设，通过扩大接地网面积降低接地电阻。

13.2 技术经济对比与低碳性能分析

13.2.1 降阻方案技术对比

常规采用的接地降阻方法主要有降低土壤电阻率（换土、填充降阻剂、设置缓释型离子接地极、设置接地块）、扩大接地面积（外引接地网、利用自然接地极）、增加接地装置的深度（常规深井接地、深斜井接地、增加接地网的埋深）等，降阻方案技术比较见表13-1。

表13-1 降阻方案技术比较

序号	降阻方案	技术比较
1	换填土	受限于场地的布置形式，若为全户内变电站，换填的面积受限，且换填土的土壤电阻率也不易确定
2	降阻剂	降阻剂成型基本是固化或胶状，实际降阻效果是增大接地导体的截面，改善接地体和土壤的接触，降阻剂的持续效果有待验证
3	外引接地网	需要扩大变电站的征地面积，会增加项目投资，而且辅助安全措施难以保障实施
4	缓释型离子接地极	离子接地极不适用于对土壤环境质量要求较高的地区

续表

序号	降阻方案	技术比较
5	深井接地	适用于深层土壤电阻率比上层土壤电阻率低的情况。当深层地质结构基本是岩石时，电阻率超过上层，接地效果较差
6	深斜井接地	在不增加征地面积的同时，扩大接地网面积、增加接地极的深度，降阻效果较好，降低跨步电位，避免了高电位引出可能的人身伤害

13.2.2 低碳性能分析

采用深斜井接地，相比于外引接地网，可以减少变电站站区围墙外的征地面积，减少对站址周边地表的开挖和修复的工程量，降低开挖造成的水土流失，相比于缓释型离子接地极，不会对土壤质量造成影响。因此，在高土壤电阻率地区，采用深斜井接地，具有更好的经济效益和低碳效益。

13.3 应用范围/适用条件

站址位于高土壤电阻率地区，因征地困难无法实施常规外引，且采用常规降低方案仍无法满足接地电阻要求，当周边有较低电阻率的土壤时，可采用深斜井接地。

13.4 应用案例

泉州玉兰110kV变电站工程电阻率适中，经接地计算，接地电阻偏大。由于站址面积较小，且周边有燃气管道，外引较为困难，在变电站周边设置2口深斜井接地，有效降低接地电阻，目前该项目在施工中。

宁德大厅110kV变电站工程位于高土壤电阻率地区，采取在征地红线内设置外引接地网等常规降阻措施后，接地电阻无法满足规程规定。在外引接地网的边缘设置5口深斜井接地极后，接地电网满足要求，目前该项目已投产。

13.5 设计要点

深斜井的数量和单口深斜井的长度根据接地计算的结果进行设置，位置结合站区的实际情况进行布置。

深斜井接地方式中设置的接地极与地面垂直方向的夹角宜为30°～60°，可结合工程实际情况调整，孔径为100～200mm，深度≥5000mm，单井长度约为100m，井中可安装截面积为185mm²的铜覆钢绞线作为接地极。若站内不具备条件，可将深斜井位置移至站外征地红线范围内，保持斜井长度总和不变。

13.6 设计图纸

设计图纸如图13-1和图13-2所示。

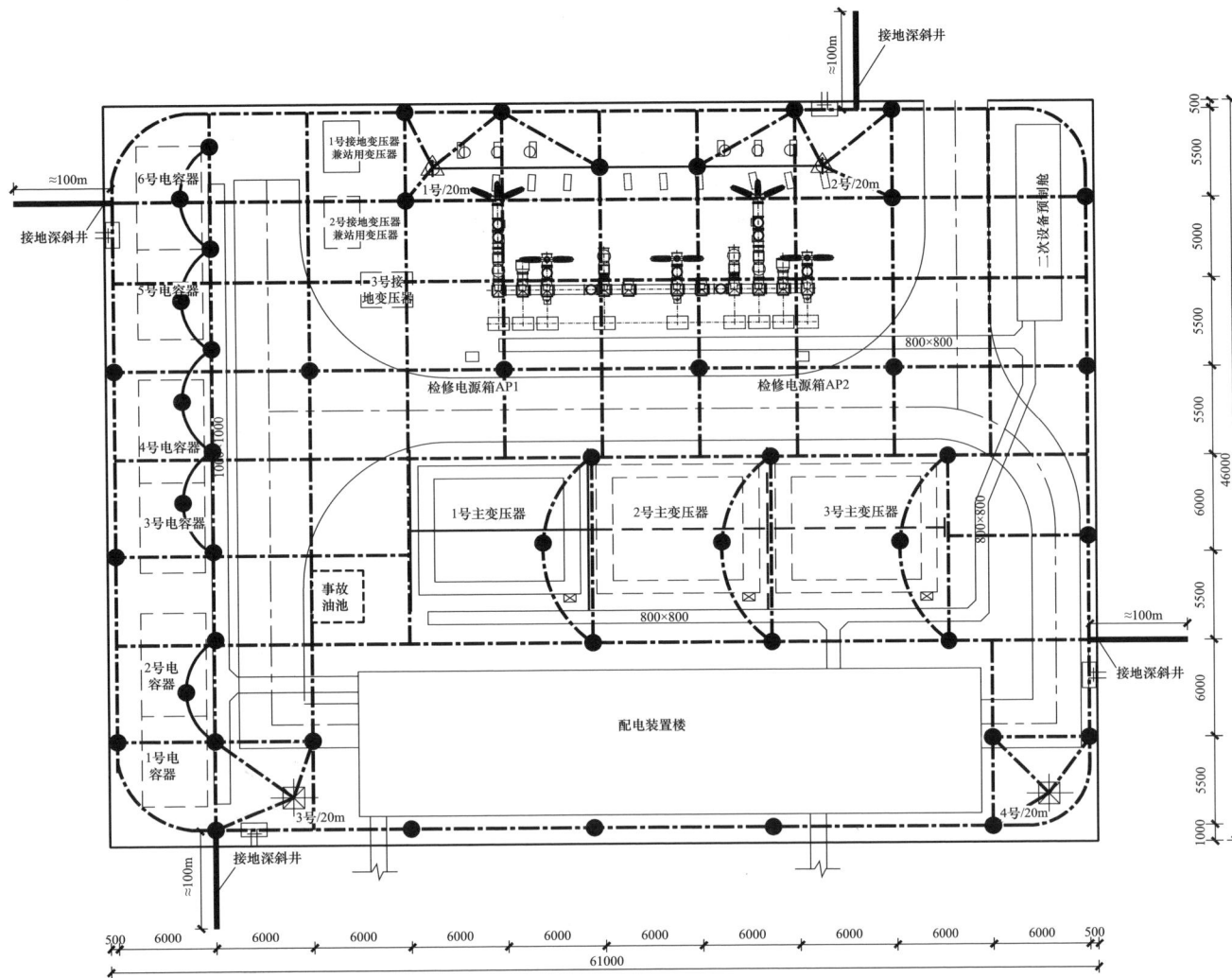

说明：1. 为降低接地电阻，在站区地网边缘四个方向向外钻探4口斜井。斜井内采用185mm²的铜覆钢绞线作为接地极。具体做法详见图13-2深斜井接地极安装图。

2. 图例：

—————— 主地网

● 垂直接地极

⊞ 接地测量井

▬▬▬ 接地深斜井

设备材料表

编号	名称	型号及规范	单位	数量	备注
1	接地深斜井	孔径100～200mm	口	4	—
2	接地深斜井钻孔	长度100m，φ100～300	眼	4	—

图 13-1　全站接地平面布置图

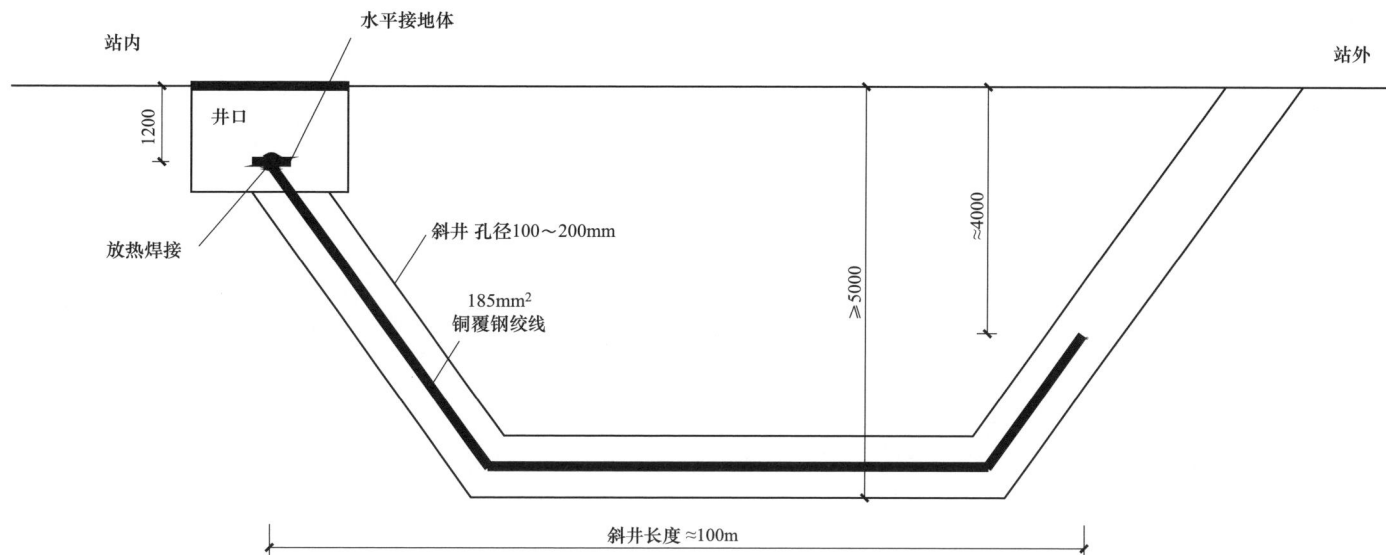

站内　　　　　水平接地体　　　　　　　　　　　　　　　　　　　　　　　　　　　站外

1200

井口

放热焊接

斜井 孔径100～200mm

185mm² 铜覆钢绞线

≥5000

≈4000

斜井长度≈100m

设备材料表

编号	名称	型号及规范	单位	数量	备注
1	接地深斜井	孔径 100～200mm	口	—	开列于全站接地平面布置图
2	钢绞线	185mm²	m	400	—
3	放热焊点	"—,T,+" 接	个	40	深斜井接地和接地网熔接

说明：1. 在变电站四角附近的地网边缘采用非开挖导向钻机向站外实施深斜井钻孔，孔径为100～200mm，深斜井深度≥5000mm。在每口深斜井向外延伸处将钻机钻头引出地面上。深斜井的数量和单口斜井的长度及位置可根据现场的实际情况进行适当的调整。

2. 深斜井与垂直方向夹角宜为 30°～60°（可结合工程实际情况调整），若站内不具备条件时可移至站外征地红线范围内，斜井长度总和不变；井中各安装 5 套接地极；接地极用截面积 185mm² 的铜覆钢绞线，利用导向钻头将接地极从斜井末端拉进斜井、拉回斜井始端，与站内接地网可靠焊接。接地极和铜覆钢绞线及镀锌扁钢之间连接采用放热熔接，焊接位置及两侧 100mm 内应采取防腐措施。

3. 材料汇总表为总长 400m 的深斜井接地所需的材料。

图 13-2　深斜井接地极安装图

第3篇 二次专业低碳技术

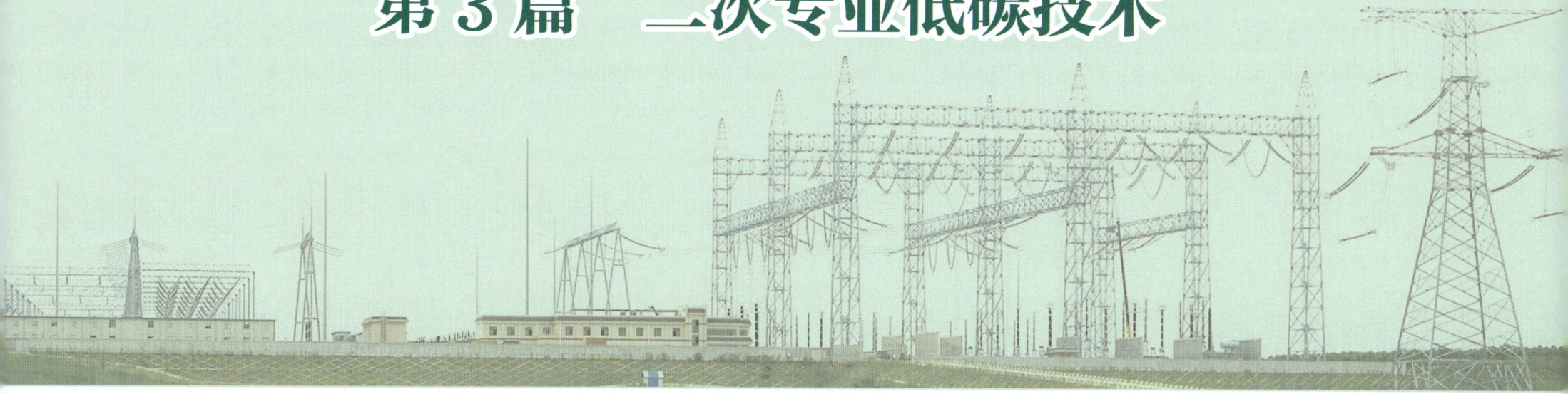

第14章 低碳技术及图纸目录

二次专业低碳技术及图纸目录见表14-1。

续表

表14-1 二次专业低碳技术及图纸目录

章号	技术名称	图纸目录
第15章	一键顺控技术	图15-9 110kV变电站一键顺控结构示意图
第16章	变电站辅助设备智能监控系统	图16-1 变电站辅助设备智能监控系统拓扑图
第17章	一次设备在线监测技术	图17-1 一次设备在线监测网络拓扑图 图17-2 铁芯电流安装示意图 图17-3 铁芯接地在线监测装置系统图 图17-4 铁芯夹件及油色谱设备通信接线图 图17-5 油色谱系统拓扑图 图17-6 开关绝缘气体密度原理图 图17-7 避雷器抱箍安装示意图 图17-8 避雷器装置接线图 图17-9 避雷器监测装置埋管布线图 图17-10 主变压器温度测控及信号回路图 图17-11 开关柜触头温度在线监测
第18章	110kV智能变电站预制舱标准化接线	图18-1 保护测控屏柜标准化端子排图 图18-2 110kV集中接口柜柜面布置图（单母线分段方案） 图18-3～图18-8 接口柜光配架接线图1～6（单母线分段方案） 图18-9 110kV集中接口柜柜面布置图（扩大内桥方案） 图18-10～图18-16 接口柜光配架接线图1～7（扩大内桥方案）

章号	技术名称	图纸目录
第19章	并联型直流电源系统	图19-2 110kV户外变电站第一组并联直流系统图 图19-3 110kV户外变电站第一组并联直流系统屏面布置图 图19-4 110kV户外变电站第二组并联直流系统图 图19-5 110kV户外变电站第二组并联直流系统屏面布置图 图19-6 110kV户外变电站第三组并联直流系统图 图19-7 110kV户外变电站第三组并联直流系统屏面布置图 图19-8 110kV户内变电站第一组并联直流系统图 图19-9 110kV户内变电站第一组并联直流系统屏面布置图 图19-10 110kV户内变电站第二组并联直流系统图 图19-11 110kV户内变电站第二组并联直流系统屏面布置图 图19-12 110kV户内变电站第三组并联直流系统图 图19-13 110kV户内变电站第三组并联直流系统屏面布置图
第20章	基于磷酸铁锂电池的直流电源系统	图20-1 直流系统图 图20-2 磷酸铁锂电池柜屏面布置图 图20-3 直流系统屏面布置图
第21章	智能变电站二次系统在线监测技术	图21-2 监控系统接线示意图 图21-3 二次设备在线监测网络接线示意图 图21-4 二次设备在线监测主机柜屏面布置图 图21-5 二次设备在线监测采集柜屏面布置图 图21-6 二次设备在线监测采集柜尾缆联系图 图21-7 站控层Ⅰ区交换机接线示意图1 图21-8 站控层Ⅰ区交换机接线示意图2 图21-9 网络分析柜接线示意图

第 15 章 一键顺控技术

15.1 技术简介

一键顺控功能按照预设程序与防误策略，依据遥测、遥信、状态传感器信息等多重判据，采用防误双校核和设备状态双确认机制，实现变电站内母线、线路、变压器等主要设备倒闸操作的自动顺序控制。一键顺控系统架构图如图 15-1 所示。变电站一键顺控功能结构如图 15-2 所示。

站内监控主机内置一键顺控功能软件，通过物理隔离设备在操作时实现对Ⅳ区被操作设备区安全环境监视画面的调用；通过Ⅰ区远动通信设备实现调度、集控站对变电站一键顺控功能的调用。

在模拟预演和指令过程中，采用监控主机内置的防误逻辑和独立的智能防误主机双校核机制，独立的智能防误主机功能也可由监控主机集成。

断路器、隔离开关及接地开关的位置状态双确认应至少包含不同源或不同原理的主辅双重判据。其中，主判据为辅助开关触点双位置信息；断路器辅助判据为三相电流、三相电压（遥测）或带电显示装置（遥信）信息，隔离开关、接地开关的辅助判据选择能反映分合闸终了位置的微动开关的触点位置信息。

15.2 技术经济对比与低碳性能分析

一键顺控是实现无人值班的基础之一，不仅提高了操作效率，而且减少或杜绝因为人为因素导致的误操作，提高变电站的操作可靠性及安全运行水平，也达到了无人值班变电站减人增效的效果。

15.3 应用范围/适用条件

适用于所有新建变电站。

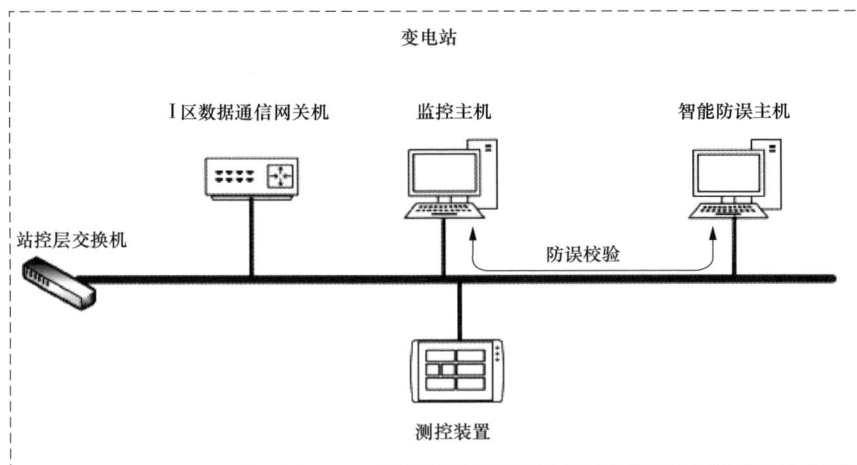

图 15-1　一键顺控系统架构图

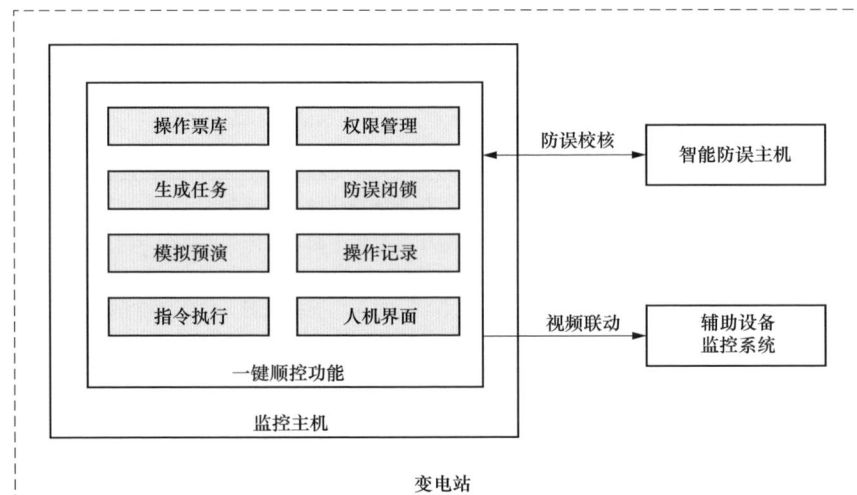

图 15-2　变电站一键顺控功能结构图

15.4 应用案例

新建变电站暂无。

15.5 功能要求

一键顺控功能包括预制操作票库、生成任务、模拟预演、指令执行、操作记录等。

（1）预制操作票库。

1）操作票库采用"源端维护、数据共享"策略，部署在变电站监控主机。

2）操作票库应根据变电站实际情况编制，并经过审批，现场调试验收后才能使用，不能随意修改，如需修改需经权限校验。

3）操作票库应提供图形化的配置工具快速生成一键顺控操作票。

4）一键顺控操作票应包括操作对象、当前设备态、目标设备态、操作任务名称、操作项目、操作条件、目标状态等项目。

5）操作票库应具备一键顺控操作票的生成、修改、删除等功能，应能记录维护日志。

6）操作票库应具备自检功能，应能根据操作对象、当前设备态、目标设备态确定唯一的操作票。

（2）生成任务。生成任务流程如图 15-3 所示。

（3）模拟预演。模拟预演应以生成任务成功为前提。模拟预演全过程应包括检查操作条件、预演前当前设备态核实、监控系统内置防误闭锁校验、智能防误主机防误校核、单步模拟操作，全部环节成功后才可确认模拟预演完毕，模拟预演流程如图 15-4 所示。

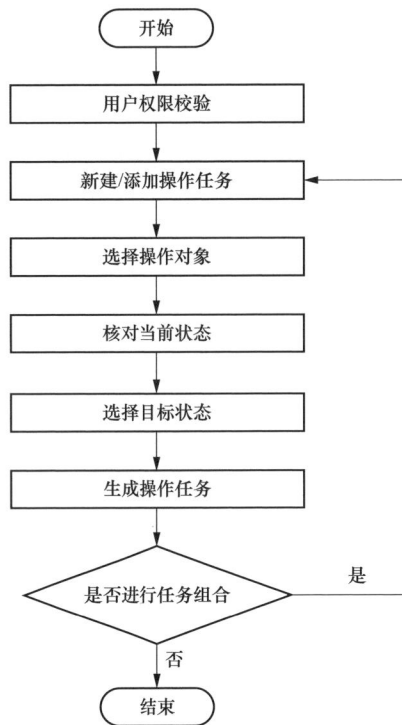

图 15-3 生成任务流程图

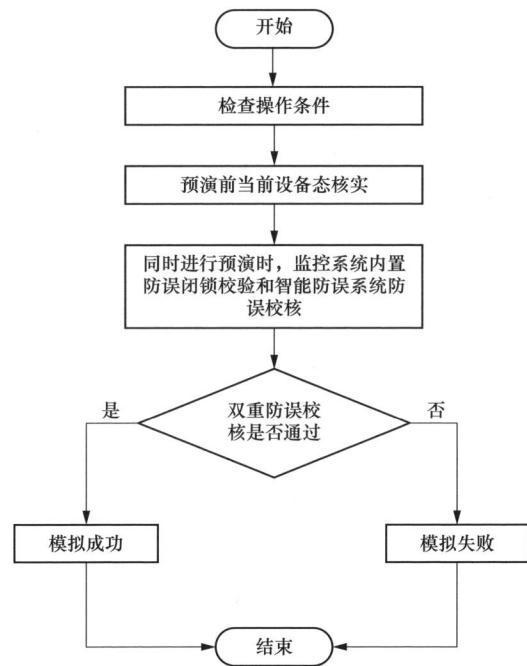

图 15-4 模拟预演流程图

（4）指令执行。指令执行全过程应包括启动指令执行、检查操作条件、执行前当前设备态核实、顺控闭锁信号判断、全站事故总判断、单步执行前条件判断、单步监控系统内置防误闭锁校验、单步智能防误主机防误校核、下发单步操作指令、单步确认条件判断，全部环节成功后才可确认指令执行完毕，指令执行流程如图 15-5 所示。

（5）操作记录。应具备操作记录功能，存储在历史库中。应记录一键顺控指令源、执行开始时间、结束时间、每步操作时间、操作用户名、操作内容、异常告警、终止操作等信息，为分析故障以及处理提供依据。操作记录应提供查询、打印、导出功能，不可删除、修改。

15.6 交互流程

（1）监控主机与间隔层装置交互流程。变电站一键顺控交互流程由变电站监控主机发起，实现与间隔层装置的交互，如图 15-6 所示。

（2）监控主机与智能防误主机交互流程。监控主机与智能防误主机信息

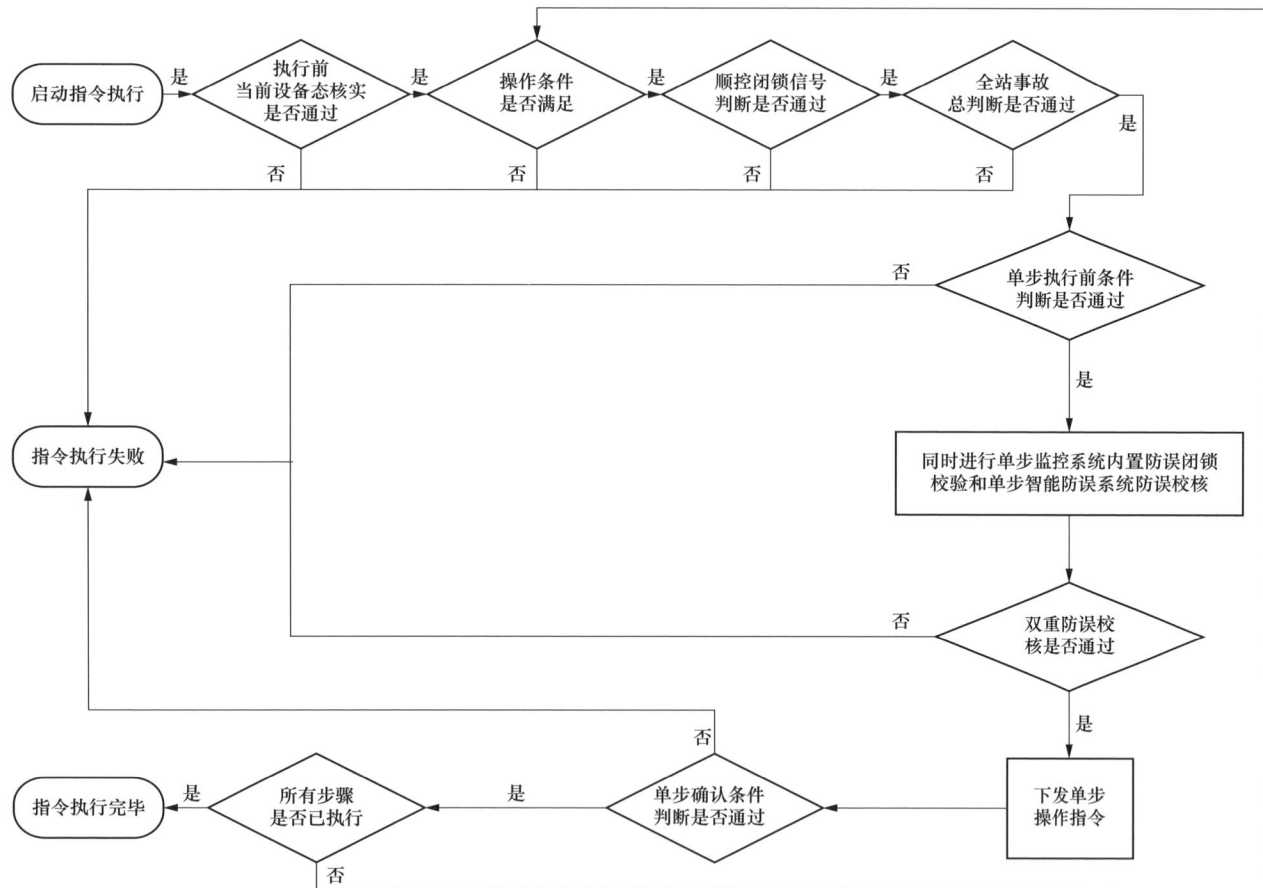

图 15-5 指令执行流程图

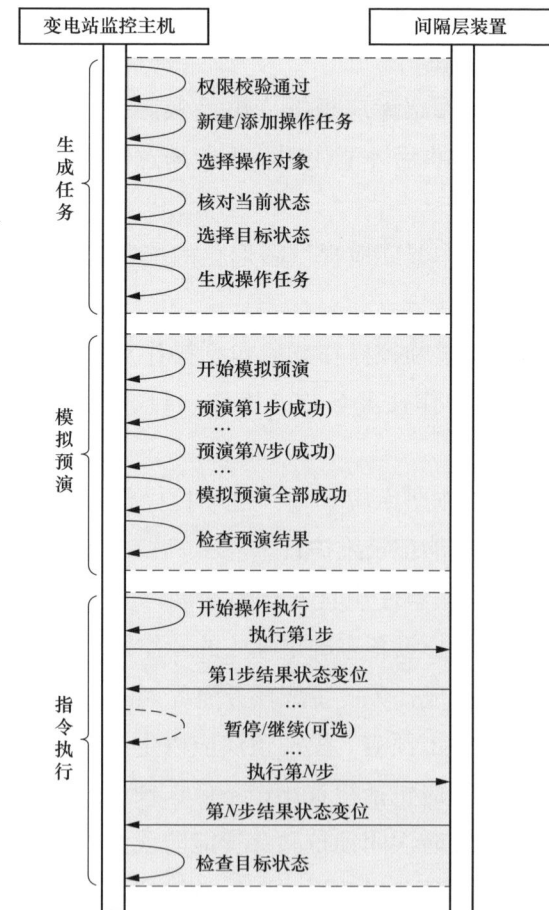

图 15-6 变电站一键顺控交互流程图

交互流程如图 15-7 所示。

（3）监控主机与辅助设备监控系统交互流程。监控主机在一键顺控控制指令每一个操作项目执行之前向辅助监控系统发出遥控操作联动信号，辅助监控系统收到信号后将摄像头进行联动。交互流程如图 15-8 所示。

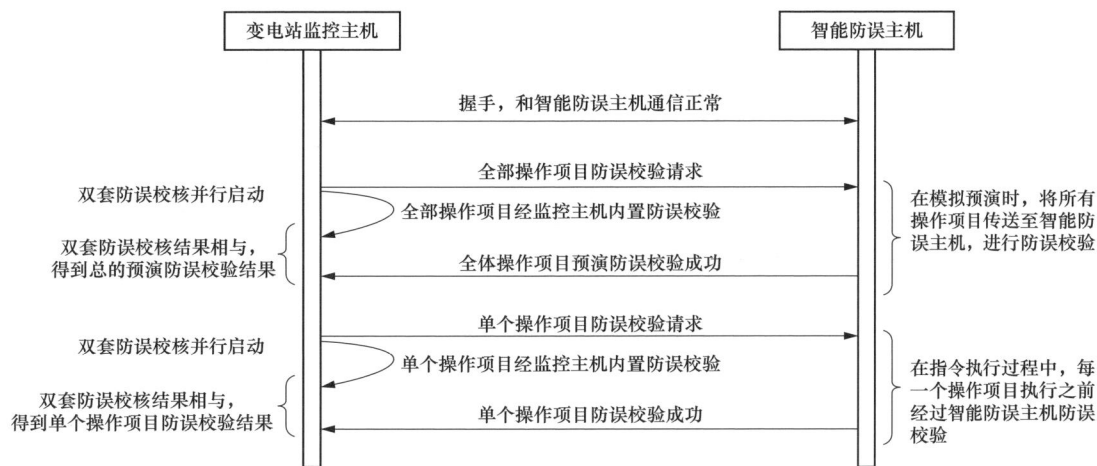

图 15-7　监控主机与智能防误主机交互流程图

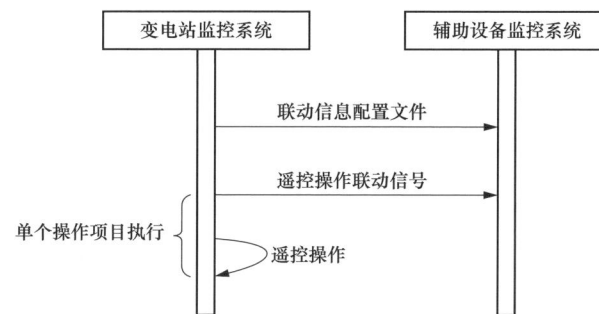

图 15-8　监控主机与辅助设备监控系统交互流程图

15.7　设备配置

（1）站控层设备。

1）监控主机。由监控系统主机内置的一键顺控功能软件实现一键顺控功能。

执行操作时，监控主机宜通过物理隔离设备与Ⅳ区视频主机实现联动，Ⅳ区视频主机自动推送被操作设备区的安全环境监视画面。

2）智能防误主机。智能防误功能模块 1 套部署于监控主机，1 套部署于智能防误主机。监控主机的防误逻辑与智能防误主机的防误逻辑应相互独立，两套防误逻辑共同实现防误双校核功能。

3）Ⅰ区数据通信网关机。一键顺控数据通信功能由监控系统Ⅰ区数据通信网关机集成。

调控／集控站端通过站内Ⅰ区数据通信网关机调用站端一键顺控功能，并接收一键顺控执行情况的相关信息。

（2）间隔层设备。主判据、辅助判据信息原则上接入本间隔过程层设备，经本间隔测控装置上传至监控系统站控层；当过程层设备无法接入时，直接接入本间隔测控装置，上传至监控系统站控层。

1）间隔配置双套智能终端。主判据位置信息接入本间隔第一套智能终端。断路器的辅助判据信息接入合并单元或测控装置（采用三相带电显示装置时接入第二套智能终端）。隔离开关、接地开关的辅助判据位置信息接入第二套智能终端，辅助判据位置信息可接入智能终端的双点遥信开入。

2）间隔配置单套智能终端。主判据位置信息接入本间隔智能终端。按电压等级配置公用测控装置，断路器的辅助判据信息接入合并单元或测控装置（采用三相带电显示装置时接入公用测控装置）。隔离开关、接地开关的辅助判据位置信息接入公用测控装置。

3）间隔不配置智能终端。主判据位置信息接入本间隔保护测控集成装置；按电压等级配置公用测控装置，接入辅助判据位置信息。

15.8 设备双确认

（1）断路器。断路器双确认主判据采用位置遥信信息，辅助判据采用遥测信息。

1）主判据。采用断路器的合位、分位双位置辅助触点。

2）辅助判据。采用三相电流和电压。110kV 电压等级各间隔，宜取自母线及各间隔三相电压互感器（提高辅助判据可靠性的同时，可提高二次回路可靠性并适应远期结算关口点调整）。实际工程中配置三相电压互感器存在困难时，也可取自三相带电显示装置。

三相带电显示装置应具备遥信和自检功能。

（2）隔离开关、接地开关。隔离开关、接地开关双确认主判据采用辅助开关触点位置信息，辅助判据采用传感器位置信息。

1）主判据。采用隔离开关、接地开关的合位、分位双位置辅助触点。

2）辅助判据。采用微动开关，在分闸、合闸位置各安装 1 只微动开关。对于三工位开关，隔离开关、接地开关各安装 2 只微动开关。

辅助判据所需微动开关应尽量安装于靠近开关本体位置一侧，也可安装在机构箱内部。安装在机构箱内部时，其安装位置应与"启停电机"用微动开关相同，但不得有电气联系。

微动开关安装位置应固定，保证后期更换、检修时，其与机构的相对位置及角度不变。

隔离开关、接地开关处于不同的状态切换过程中，微动开关应可靠准确判断其分闸到位、合闸到位两种位置状态。

（3）开关柜电动手车。10kV 开关柜手车采用电动手车。开关柜电动手车双确认主判据采用辅助开关触点位置信息，辅助判据采用传感器位置信息。

1）主判据。采用工作位置、试验位置双位置辅助触点。

2）辅助判据。采用微动开关，在开关柜电动手车的工作位置、试验位置各安装 1 只微动开关。

15.9 设计要点

（1）变电站自动化系统增加一键顺控功能模块，实现变电站内母线、线路、变压器等主要设备倒闸操作的自动顺序控制及防误双校核功能。

（2）根据一键顺控断路器电压辅助判据要求，110kV 主变压器进线、出线均需装设三相电压互感器。

（3）根据一键顺控需求，隔离开关、接地开关在分闸、合闸位置各增加 1 只微动开关；对于三工位隔离接地开关，隔离开关、接地开关各安装 2 只微动开关。开关柜电动手车的工作位置、试验位置各安装 1 只微动开关。

15.10 设计图纸

设计图纸如图 15-9 所示。

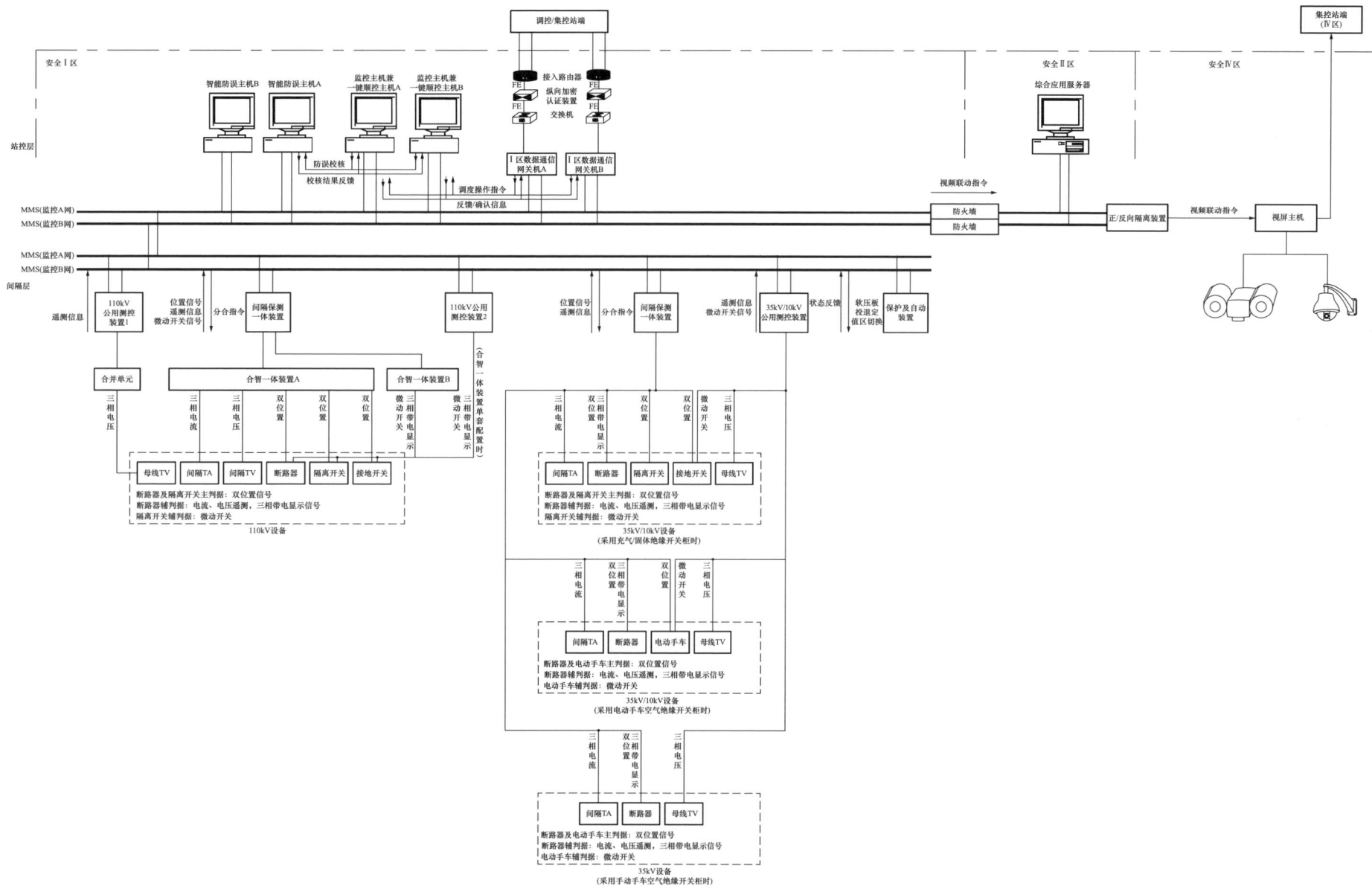

图 15-9 110kV 变电站一键顺控结构示意图

第 16 章 变电站辅助设备智能监控系统

16.1 技术简介

采用分层、分布式网络架构,采用单网组网方式,由站控层、汇聚层和传感层构成,部署在安全Ⅱ区和安全Ⅳ区。一次设备在线监测、火灾消防、安全防卫、动环子系统部署于安全Ⅱ区,信息接入综合应用服务器,通过Ⅱ区网关机与运维主站交互信息;智能巡视子系统部署于安全Ⅳ区,信息接入智能巡视主机,通过Ⅳ区网关机与运维主站交互信息。站控层设备主要包括主辅一体化监控主机、综合应用主机、服务网关机和在线智能巡视主机,完成数据采集、数据处理、状态监视、设备控制、智能应用、运行管理和主站支撑等功能。

汇聚层设备主要包括消防信息传输控制单元、安全接入网关等设备,实现数据采集、控制和网关等功能。

传感层设备主要包括一次设备在线监测装置、火灾自动报警系统、固定式灭火系统、其他受控消防设备及火灾消防变送器、安全防卫探测器及其监控终端、变电站锁具及其监控终端、动环系统传感器及其监控终端、无线传感器及汇聚节点等,实现信息感知、采集、控制及管理功能。

各子系统与后台之间应采用 DL/T 860 通信报文进行互联,在线智能巡视子系统等数据存储至安全Ⅳ区的在线智能巡视主机,在线智能巡视主机与上级系统之间采用 TCP/UDP 协议互联。

可在站控层增加 1 台状态监测主机,实现智能辅助监控系统设备状态收集与评估。

16.2 技术经济对比

现有变电站监控和智能辅助监控系统的监测需求辅控设备只对前端采集设备运行和通信状态进行采集和上送,数据汇聚层设备的运行和通信状态没有进行采集和监控,导致出现通信中断时不易区分是汇聚设备还是前端接入

设备因故障所导致。因此,可通过搜集汇聚层设备的运行和通信状态、汇聚层网络设备的运行状态等信息,对变电站监控和辅控系统中设备状态和网络状态进行整体监视,为现场监控和辅控前端设备的故障异常、汇聚层设备的故障异常进行差异化诊断分析。运维人员通过变电站智能辅助监控系统在线监测系统可精准定位故障来源,通过机器替代人工现场排查的方式,迅速诊断出是否是由于网络或者汇聚层设备异常导致的前端数据丢失、中断等问题,减少大量辅助设备运维人员的问题排查工作。通过收集各变电站辅助设备运行数据,还能够对各类型监测设备、网络设备及系统的质量、寿命情况进行评估,为后期设备运维、采购提供数据依据。

16.3 应用范围 / 适用条件

适用于所有扩建 / 新建变电站。

16.4 应用案例

应用于莆田峤江 110kV 变电站工程等（目前福建省内应用该技术的工程均处于初步设计阶段）。

16.5 设计要点

（1）设计时应注意将安全Ⅱ区、安全Ⅳ区通过正反向隔离装置分开,且与厂家沟通是否可以实现数据分层传输。

（2）110kV 变电站全站共计 2 面屏,其中一面为智能巡视子系统,屏内配置 1 台智能巡视主机、1 套存储设备、1 套网络交换机等设备,服务器、存储设备的容量应满足变电站远景规模的要求,接入安全Ⅳ区,通过Ⅳ区网关机与运维主站交互信息;另一面为状态监测子系统,包括一次设备在线监测子系统、火灾消防子系统、安全防卫子系统、动环子系统、智能锁控子系统

等，信息接入安全Ⅱ区综合应用服务器，通过Ⅱ区网关机与运维主站交互信息。新增一台状态监控主机，部署站端变电站智能辅助监控系统在线监测系统，监控系统各终端、网络等设备的运行工况。当配置有变电站监控系统在线监测系统时，状态监控主机可与变电站监控系统管理单元合一配置。

现场根据典型设计要求，安装1～2台就地柜，屏柜内布置就地光纤交换机、集中供电模块；现场布置白光灯云台机、周界枪机等。

16.6 设计图纸

设计图纸如图16-1所示。

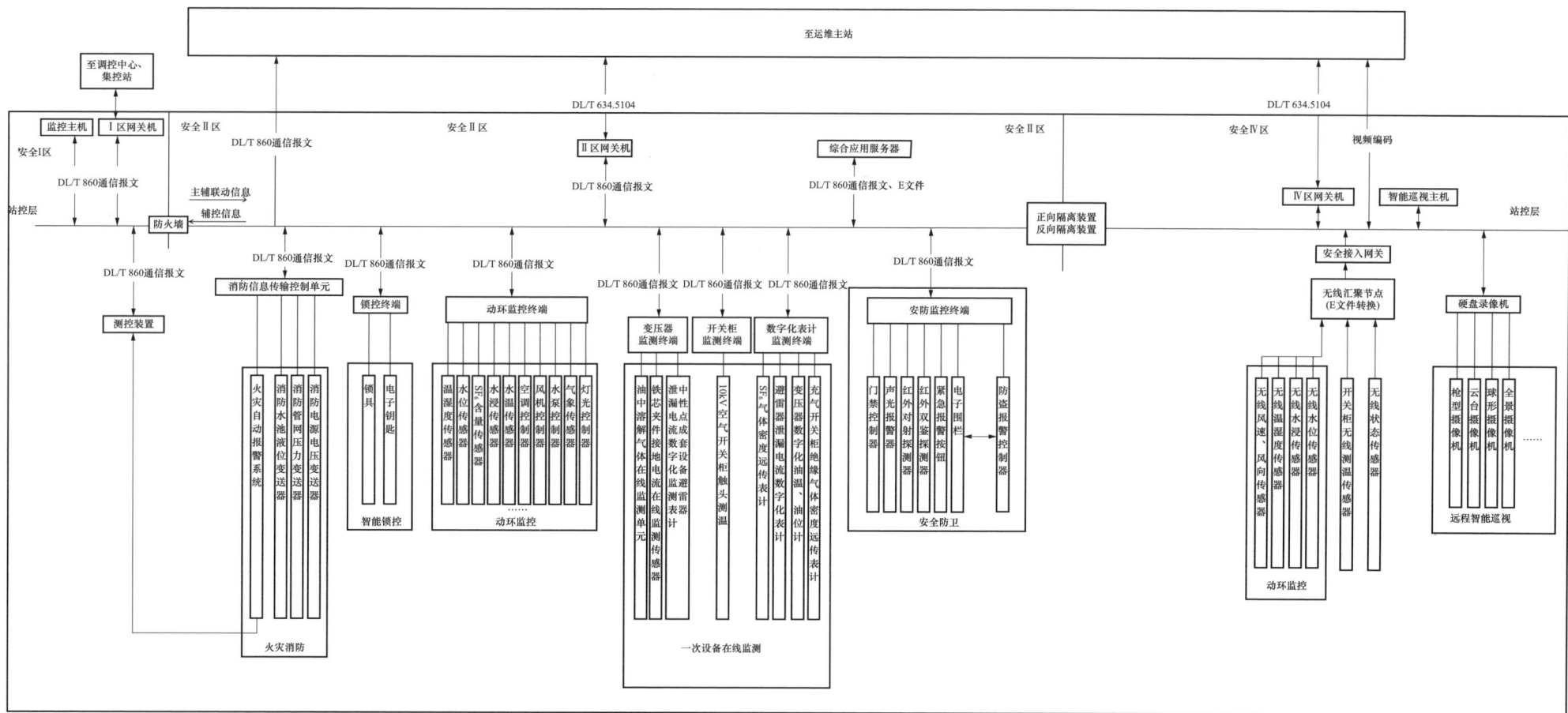

图16-1 变电站辅助设备智能监控系统拓扑图

第17章　一次设备在线监测技术

17.1　技术简介

一次设备在线监测系统接入辅助设备智能监控系统，作为变电站辅助设备智能监控系统的分册。变电站一次设备在线监测利用合适的传感器采集一次设备参数，通过在一次设备上安装智能测控以及在线监测组件，完成设备智能化改造。变电站电气设备在线监测技术主要经历了带电测试、带电测试仪器和多功能在线监测系统三个阶段。一次设备在线监测站端系统以变电站主接线图的形式直观地显示了变电站内各种类型的设备及其状态数据。监测的设备类型包括变压器、开关柜、避雷器、电流互感器、电容式电压互感器、耦合电容器等。变压器监测的数据包括铁芯电流及各组分的色谱数据，如 H_2、C_2H_2 等；套管、电流互感器、电容式电压互感器、耦合电容器监测的数据则包括三相泄漏电流、介质损耗、电容量、相对介质损耗及电容量变化率；避雷器的监测数据则包括三相泄漏电流、阻性电流、容性电流。对于异常的数据，界面上以不同颜色的数据加以显示，对于报警的设备，系统还以挂牌的形式给予醒目的显示，并发出声音报警。

17.2　技术经济对比

一次设备在线监测集中监测是实现无人值班的基础之一，可以减少甚至无需运维检修人员至设备现场观测各项设备指标是否异常，不仅提高了操作效率，而且减少或杜绝因人为因素导致的误操作，提高变电站的操作可靠性及安全运行水平，也达到了无人值班变电站减人增效的效果，并且采用本章节所述技术，可以提高设备监测的准确率，减少误判断等机器以及人为失误。

17.3　应用范围 / 适用条件

适用于所有 110kV 新建变电站。

17.4　应用案例

应用于莆田峤江 110kV 变电站工程等（目前福建省内应用该技术的工程均处于初步设计阶段）。

17.5　设计要点

（1）SF_6 气体密度在线监测以及油温、绕组温度等在线监测，应采用串口模式接入 IED 后通过光纤接入后台。

（2）主变压器铁芯、夹件在线监测应通过油色谱 IED 统一上送。

（3）所有一次设备在线监测表计应具备远传至辅控系统的功能，避雷器泄漏电流等表计数据应具备数字化传输到辅控系统的功能。

17.6　设计图纸

设计图如图 17-1～图 17-11 所示。

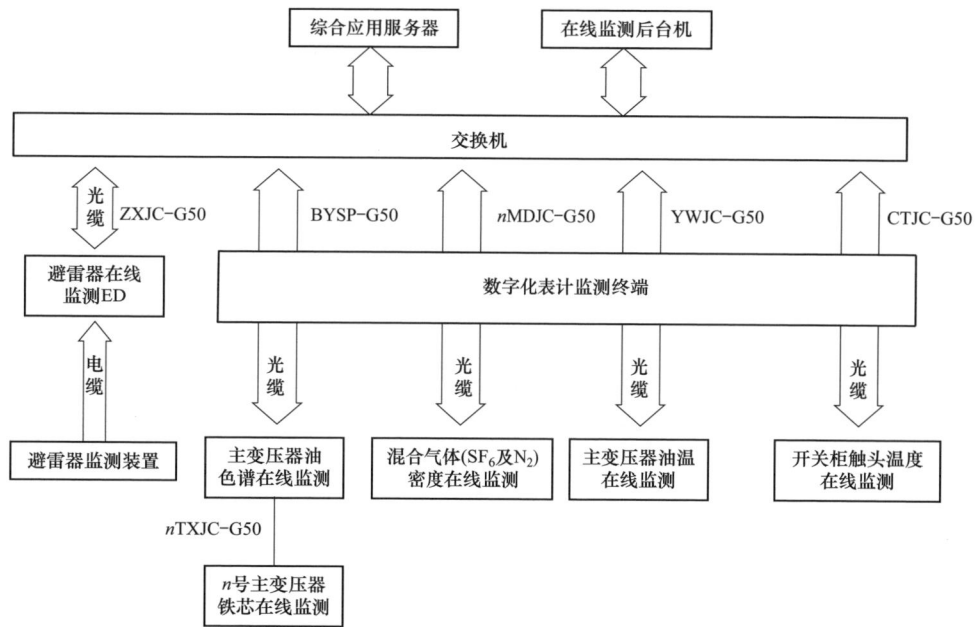

图 17-1　一次设备在线监测网络拓扑图

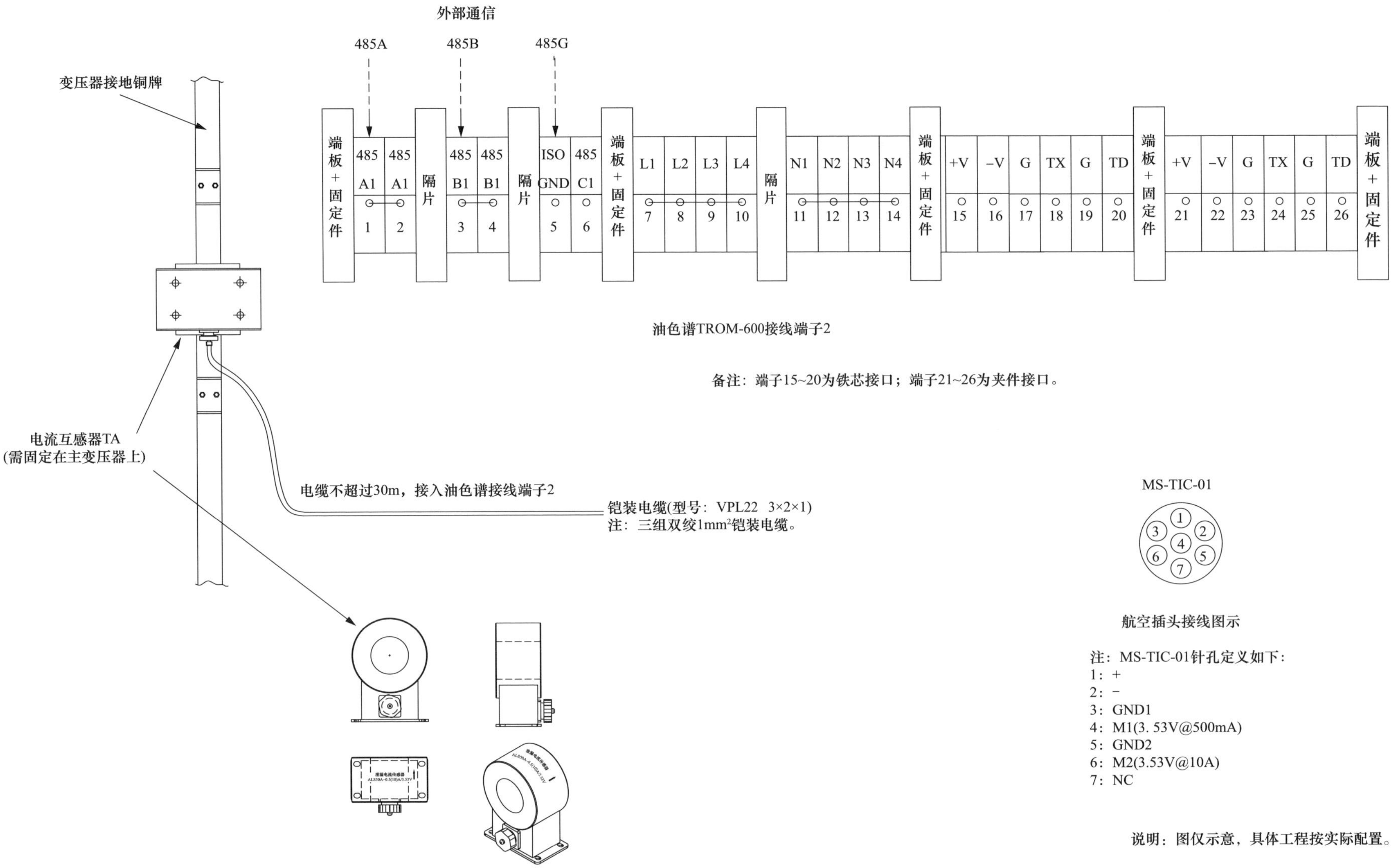

外部通信

485A　485B　485G

端板+固定件 | 485 A1 1 | 485 A1 2 | 隔片 | 485 B1 3 | 485 B1 4 | 隔片 | ISO GND 5 | 485 C1 6 | 端板+固定件 | L1 7 | L2 8 | L3 9 | L4 10 | 隔片 | N1 11 | N2 12 | N3 13 | N4 14 | 端板+固定件 | +V 15 | −V 16 | G 17 | TX 18 | G 19 | TD 20 | 端板+固定件 | +V 21 | −V 22 | G 23 | TX 24 | G 25 | TD 26 | 端板+固定件

油色谱TROM-600接线端子2

备注：端子15~20为铁芯接口；端子21~26为夹件接口。

变压器接地铜牌

电流互感器TA
(需固定在主变压器上)

电缆不超过30m，接入油色谱接线端子2

铠装电缆(型号：VPL22 3×2×1)
注：三组双绞1mm²铠装电缆。

MS-TIC-01

航空插头接线图示

注：MS-TIC-01针孔定义如下：
1：+
2：−
3：GND1
4：M1(3.53V@500mA)
5：GND2
6：M2(3.53V@10A)
7：NC

说明：图仅示意，具体工程按实际配置。

图 17-2　铁芯电流安装示意图

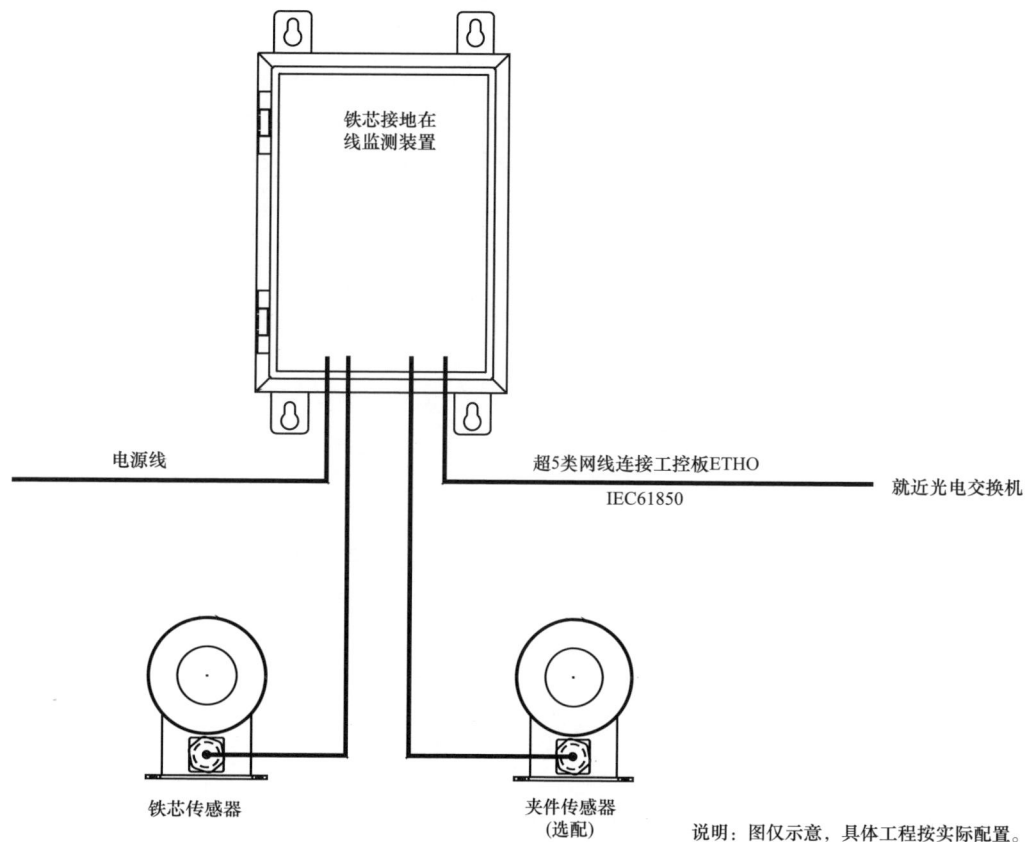

铁芯接地在线监测装置

电源线

超5类网线连接工控板ETHO
IEC61850

就近光电交换机

铁芯传感器

夹件传感器
(选配)

说明：图仅示意，具体工程按实际配置。

图 17-3　铁芯接地在线监测装置系统图

485A 485B   485G

端板+固定件 | 485 A1 1 | 485 A1 2 | 隔片 | 485 B1 3 | 485 B1 4 | 隔片 | ISO GND 5 | 485 C1 6 | 端板+固定件 | L1 7 | L2 8 | L3 9 | L4 10 | 隔片 | N1 11 | N2 12 | N3 13 | N4 14 | 端板+固定件 | +V 15 | -V 16 | G 17 | TX 18 | G 19 | TD 20 | 端板+固定件 | +V 21 | -V 22 | G 23 | TX 24 | G 25 | TD 26 | 端板+固定件 | 端子2

外部铁芯接口1-6   外部夹件接口1-6

智能IED(单光)

注：端子15~20为铁芯电流接口；端子21~26为夹件电流接口。

外部电源L 外部电源N 外部电源G

端板+固定件 | L1 1 | L2 2 | 隔片 | N1 3 | N2 4 | 隔片 | G1 5 | G2 6 | G3 7 | G4 8 | 端板+固定件 | L3 9 | L4 10 | 隔片 | N3 11 | N4 12 | N5 13 | 隔片 | L5 14 | L6 14 | 端板+固定件 | 端子1

空气开关C132P

主变压器油色谱IED通信图

用户后台交换机

光纤跳线

光纤熔接盒

光缆

光纤熔接盒

光纤跳线

TX1 ⊙⊙ RX2

主变压器油色谱在线监测IED(单光)

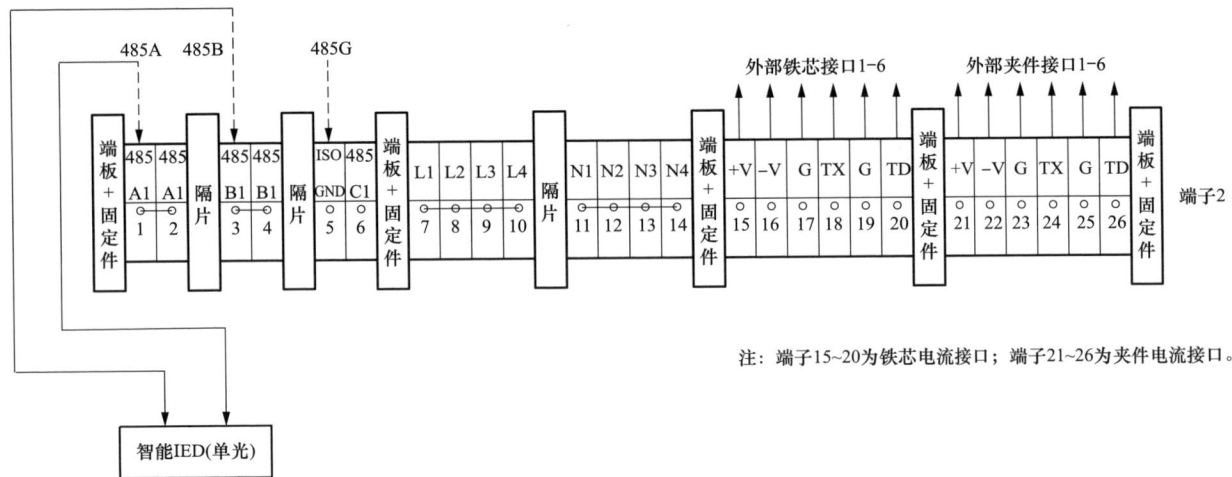

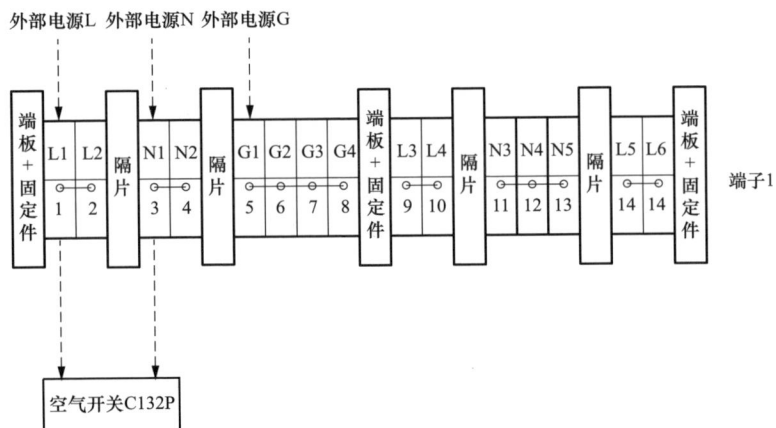

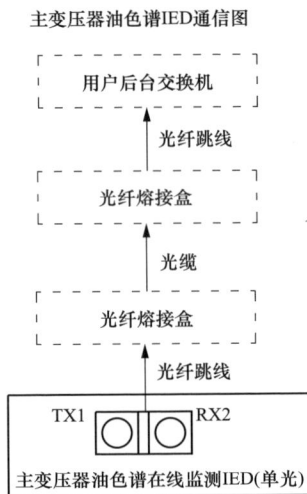

说明：1.光纤缆线为双芯(可区分)；双ST接头；
　　　　多模。波长1310nm；长3m。
　　　2.建议光缆型号为GYXTW-8AlB。
　　　3.光纤熔接盒RRT BOX-1-4D ST 4口。
　　　4.图仅示意，具体工程按实际配置。

图17-4　铁芯夹件及油色谱设备通信接线图

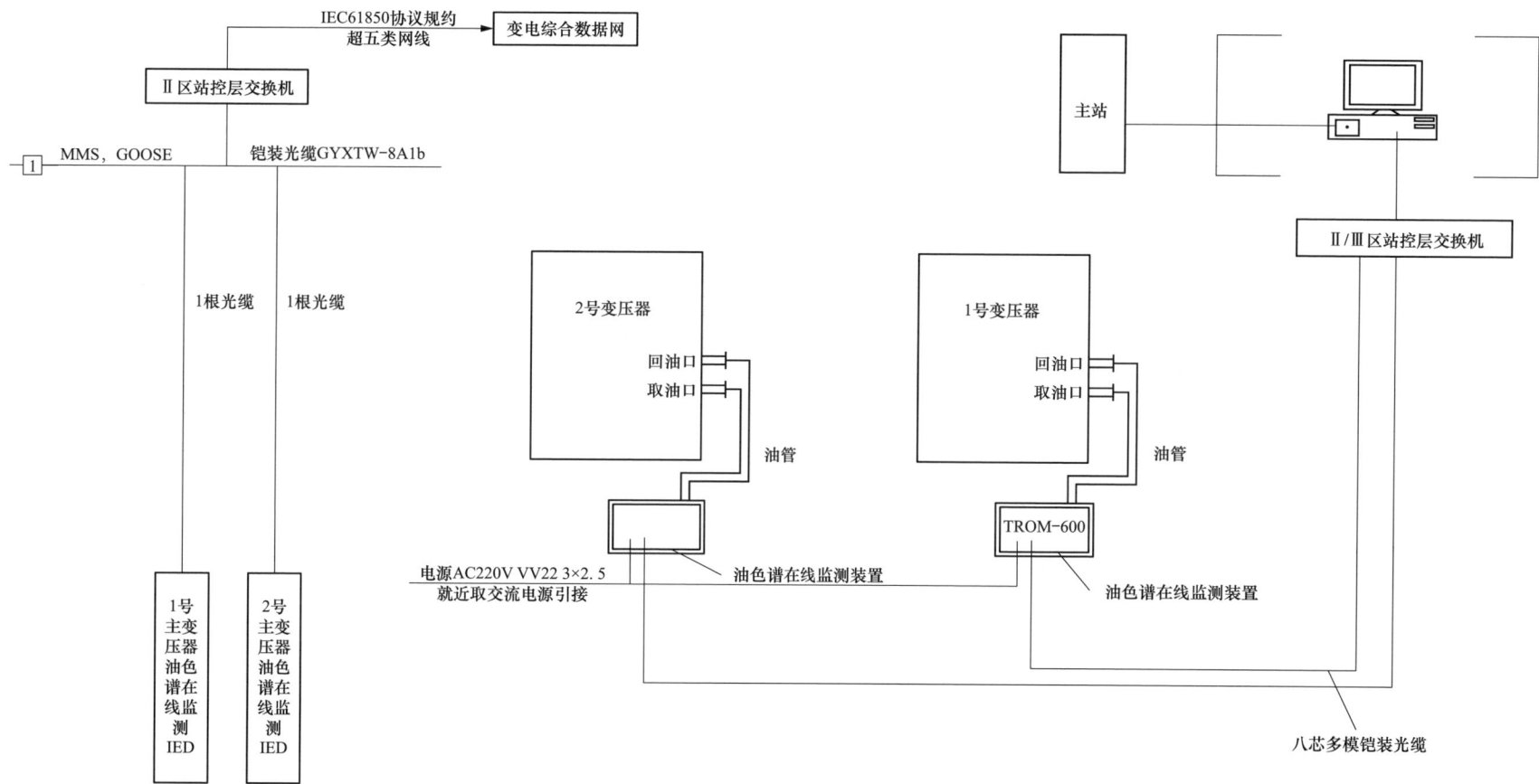

图 17-5　油色谱系统拓扑图

说明：图仅示意，具体工程按实际配置。

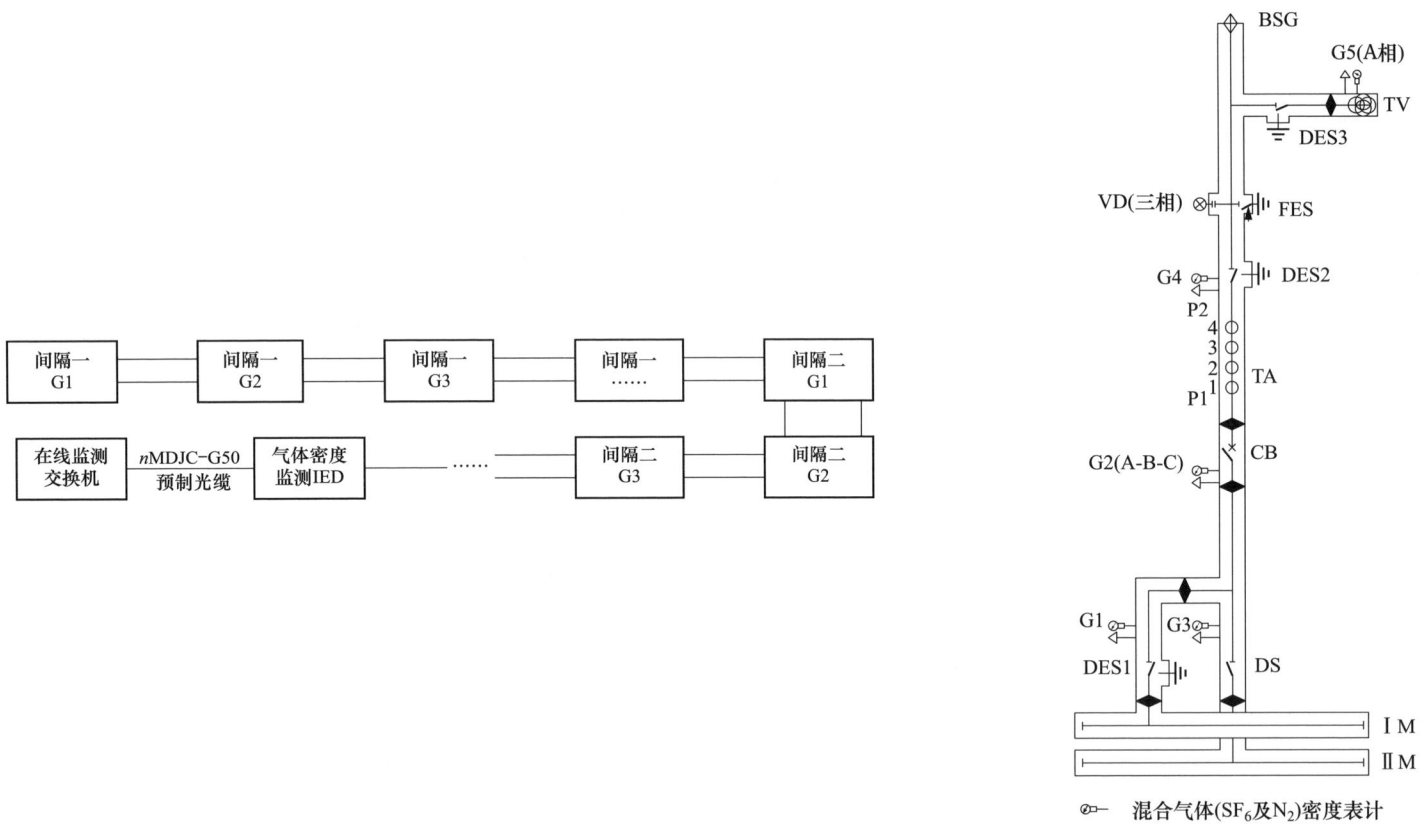

图 17-6　开关绝缘气体密度原理图

说明：1. 本图仅做示意，具体工程以实际情况布置。
　　　2. 根据具体工程间隔个数安装气密监测装置，以及 IED 容量接入。
　　　3. 传感器之间的连接，按工程实际选用电缆。

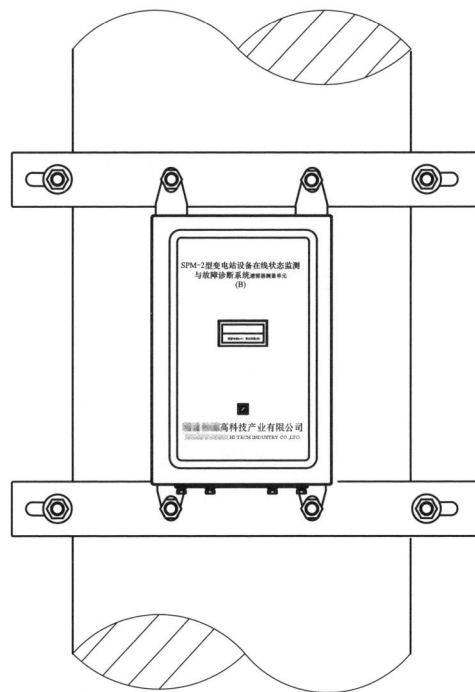

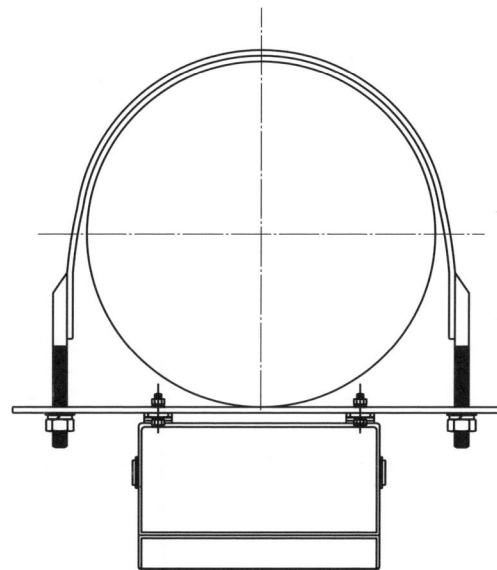

说明：图仅示意，具体工程按实际配置。

图 17-7　避雷器抱箍安装示意图

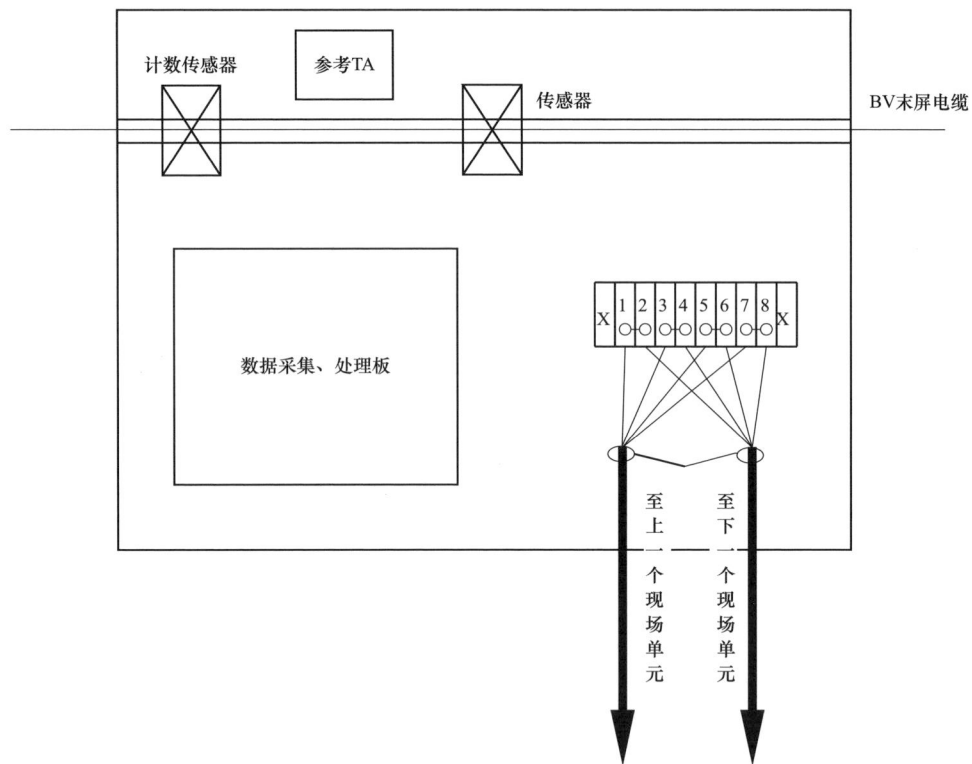

端子排图

SPM-C1		
装置内	X1	装置外
电源	1	AC220V L
	2	
电源	3	AC220V N
	4	
485总线	5	RS485+
	6	
485总线	7	RS485-
	8	

计数传感器　　参考TA　　传感器　　BV末屏电缆

数据采集、处理板

X 1 2 3 4 5 6 7 8 X

至上一个现场单元　　至下一个现场单元

至单元内部主板接线

ZR-RVV22-2×1.5 至SPM-2单元前一设备电源

ZR-RVV22-2×1.5 至SPM-2单元后一设备电源

ZR-RVV22-2×1.0 至SPM-2单元前一设备信号

ZR-RVV22-2×1.0 至SPM-2单元后一设备信号

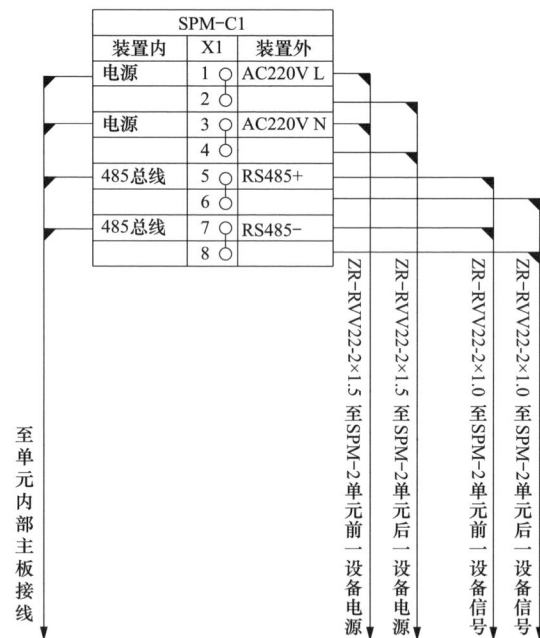

说明：1. 信号电缆自被监测装置末屏引下经单相式装置单元一匝穿芯后引回原接地点接地。
　　　2. 避雷器接地使用 1×35mm 的 BV 电缆。
　　　3. 线路 CVT 及耦合电容器使用 1×16mm 的 BV 电缆。
　　　4. 本图适用于避雷器装置（带计数传感器）、线路 CVT 等装置。
　　　5. 图仅示意，具体工程按实际配置。

图 17-8　避雷器装置接线图

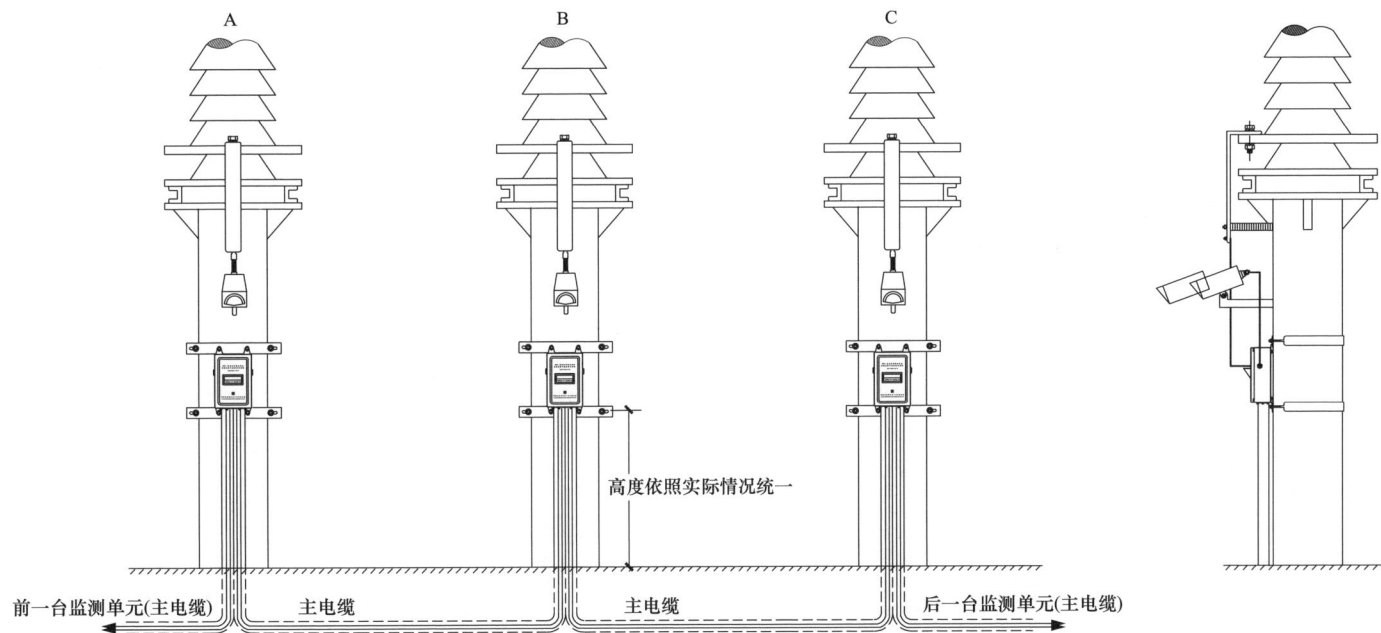

说明：1. 本图适合避雷器（MOA）、线路电容式电压互感器/耦合电容器（CVT/OY）等单项单体在线监测装置的安装。
2. 单相单体在线监测装置的安装参照图中设备的安装方式，高度和安装方向可以根据实际情况进行调整。
3. 装置外壳与接地扁铁使用 25mm² 黄绿铜线可靠连接，所有镀锌管需用 4×40mm² 以上扁铁进行可靠接地。
4. 所有镀锌管均使用 φ40 型号，镀锌管口均使用防火泥进行标准化封堵。
5. 避雷器（MOA）的监测单元悬挂于避雷器监测仪下方，在不影响接线的情况下尽量挂高；
   末屏电缆（35mm²）长度控制在 1.5m 以内为宜。

图 17-9　避雷器监测装置埋管布线图

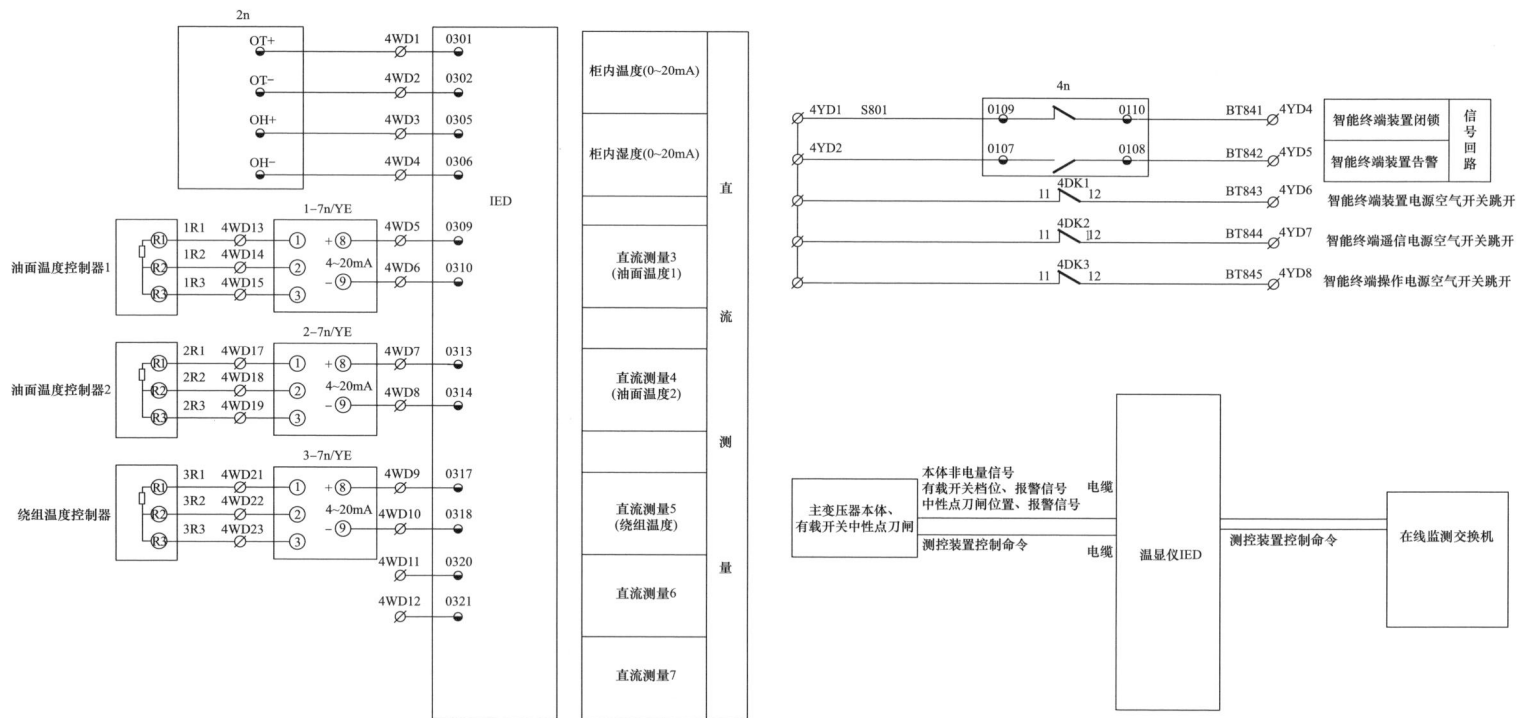

图 17-10 主变压器温度测控及信号回路图

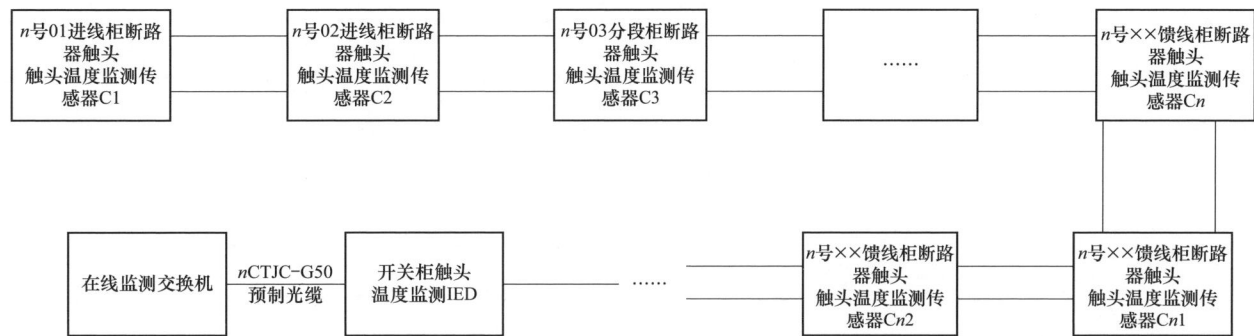

说明：1. 图仅示意，具体工程按实际配置。
　　　2. n号表示不同母线上的开关柜，此处仅体现 1 个电压等级母线上的开关柜，具体按实际工程配置。

图 17-11　开关柜触头温度在线监测

第 18 章　110kV 智能变电站预制舱标准化接线

18.1　标准化端子排

18.1.1　技术简介

在保护测控屏内采用标准化端子排，统一布置在柜前下侧，按功能分区，从左到右布置，依次排列如下（按每面屏布置 2 台保护测控装置为例）。

（1）直流电源段（ZD）：本屏所有装置直流电源均取自该段。

（2）强电开入段 1（1-1QD）：保护测控 1 遥信开入回路，用于智能组件装置异常、装置故障等信号的接入。

（3）强电开入段 2（2-1QD）：保护测控 2 遥信开入回路，用于智能组件装置异常、装置故障等信号的接入。

（4）遥信段（1-1YD）：保护测控 1 遥信空气开关断开、保护测控 1 装置告警，装置闭锁等信号回路。

（5）遥信段（2-1YD）：保护测控 2 遥信空气开关断开、保护测控 2 装置告警，装置闭锁等信号回路。

（6）对时段（TD）：装置 B 码对时回路。

18.1.2　技术经济对比与低碳性能分析

端子排方案对比见表 18-1。由表 18-1 可见，采用标准化端子排的技术方案规范了相关二次屏柜端子排的设计，在设计、施工及运维方面均具有较大优势，在不增加经济投资的基础上，使变电站的二次设备相关回路具备良好的通用性，提升了变电站二次标准化水平。

表 18-1　端子排方案对比表

低碳性能指标	常规端子排方案	标准化端子排方案
经济投资	—	持平
设计时长	—	减少 50%
施工接线	—	减少 30%

18.1.3　应用范围 / 适用条件

适用于 110kV 新建或扩建智能变电站的线路、内桥或母分间隔的智能保护测控一体化装置。

18.1.4　应用案例

保护测控屏柜采用标准化端子排，实现难度不大，大部分厂家均能做到。

18.1.5　设计要点

与常规端子排设计方案一致。

18.1.6　设计图纸

设计图如图 18-1 所示。

ZD		说明
1	1-1DK-3	保护测控1装置电源+
2	2-1DK-3	保护测控2装置电源+
3		
4		
5		
6		
7	1-1DK-4	保护测控1装置电源-
8	2-1DK-4	保护测控2装置电源-
9		
10		

1-1QD		说明
1-2DK-4	1	保护测控1通信电源+
	2	
	3	
	4	
	5	
	6	
	7	
	8	
	9	
	10	
	11	
	12	
	13	开入1
	14	开入2
	15	开入3
	16	开入4
	17	开入5
	18	开入6
	19	开入7
	20	开入8
	21	开入9
	22	开入10
	23	开入11
	24	开入12
	25	开入13
	26	开入14
	27	开入15
	28	开入16
	29	开入17
	30	开入18
	31	开入19
	32	开入20
	33	开入21
	34	
	35	
	36	
	37	
1-2DK-2	38	保护测控1通信电源-
	39	
	40	

2-1QD		说明
2-2DK-4	1	保护测控2通信电源+
	2	
	3	
	4	
	5	
	6	
	7	
	8	
	9	
	10	
	11	
	12	
	13	开入1
	14	开入2
	15	开入3
	16	开入4
	17	开入5
	18	开入6
	19	开入7
	20	开入8
	21	开入9
	22	开入10
	23	开入11
	24	开入12
	25	开入13
	26	开入14
	27	开入15
	28	开入16
	29	开入17
	30	开入18
	31	开入19
	32	开入20
	33	开入21
	34	
	35	
	36	
	37	
2-2DK-2	38	保护测控2通信电源-
	39	
	40	

1-1YD	说明
1	信号公共端
2	
3	
4	
5	保护测控1通信空气开关断开
6	保护测控1装置告警
7	保护测控1装置闭锁

2-1YD	说明
1	信号公共端
2	
3	
4	
5	保护测控2通信空气开关断开
6	保护测控2装置告警
7	保护测控2装置闭锁

TD	说明
1	保护测控1对时B码+
2	保护测控2对时B码+
3	保护测控1对时B码-
4	保护测控2对时B码-
5	屏蔽层
6	

说明：1. 本图适用于110kV线路、内桥或母分等智能保护测控一体化装置。

2. 本图按两套保护测控装置组1面屏，可按实际工程需求调整屏内保护测控装置数量。

图 18-1　保护测控屏柜标准化端子排图

18.2 集中接口柜的标准化布置方案

18.2.1 技术简介

集中接口柜可结合工程实际方案，布置在预制舱边柜的位置上。柜内配置高密度免熔接配线架，根据工程规模，按间隔配置，自上而下顺序布置。

高密度免熔接配线架统一采用横向布置型、高度为1U的标准化尺寸，侧面布置预制光缆接口，正面布置出纤口。

集中接口柜内采用"侧进前出"的光、电缆接线方式，设置侧面门，舱外光缆从柜体侧门进线，直接插入高密度免熔接配线架，配线架柜前出线。

18.2.2 技术经济对比与低碳性能分析

现以国网公司通用设计110-A1-2方案为例进行对比，见表18-2。

表18-2　常规集中接口柜与标准化集中接口柜对比表

低碳性能指标	常规集中接口柜	标准化集中接口柜
接口柜数量	常规配线架进出线均设置在正面，空间利用率仅为高密度免熔接配线架的一半，远景需配置两面接口柜	采用"侧进前出"、1U高度的高密度免熔接配线架，根据具体工程接线，远景仅需配置1面接口柜
设计周期	需等设计院设计人员提供接口柜接线方案后才能生产，预计需6个工作日	采用的高密度免熔接光配架，按间隔配置，自上而下顺序布置，固化设计方案，仅需1个工作日

续表

低碳性能指标	常规集中接口柜	标准化集中接口柜
施工接线	进出线均在柜前，接线拥挤，存在光纤压折断线等故障风险	进出线完全分开，方便施工接线，避免柜体集中进出口的拥挤和对光纤的压板损耗，提升稳定性

通过对比可知，110-A1-2方案采用本技术可节省集中接口柜1面。不仅节省了投资，还实现了集中接口柜设计、施工等流程的标准化，实现了低碳节能的目标。

18.2.3 应用范围/适用条件

适用于110kV智能变电站二次预制舱。

18.2.4 应用案例

暂无。

18.2.5 设计要点

目前生产"侧进前出"的高密度免熔接配线架的厂家较少，建议物资招标时采用自编形式申报，并根据工程实际情况明确配线架"左侧进"或"右侧进"。

18.2.6 设计图纸

设计图纸如图18-2～图18-16所示。

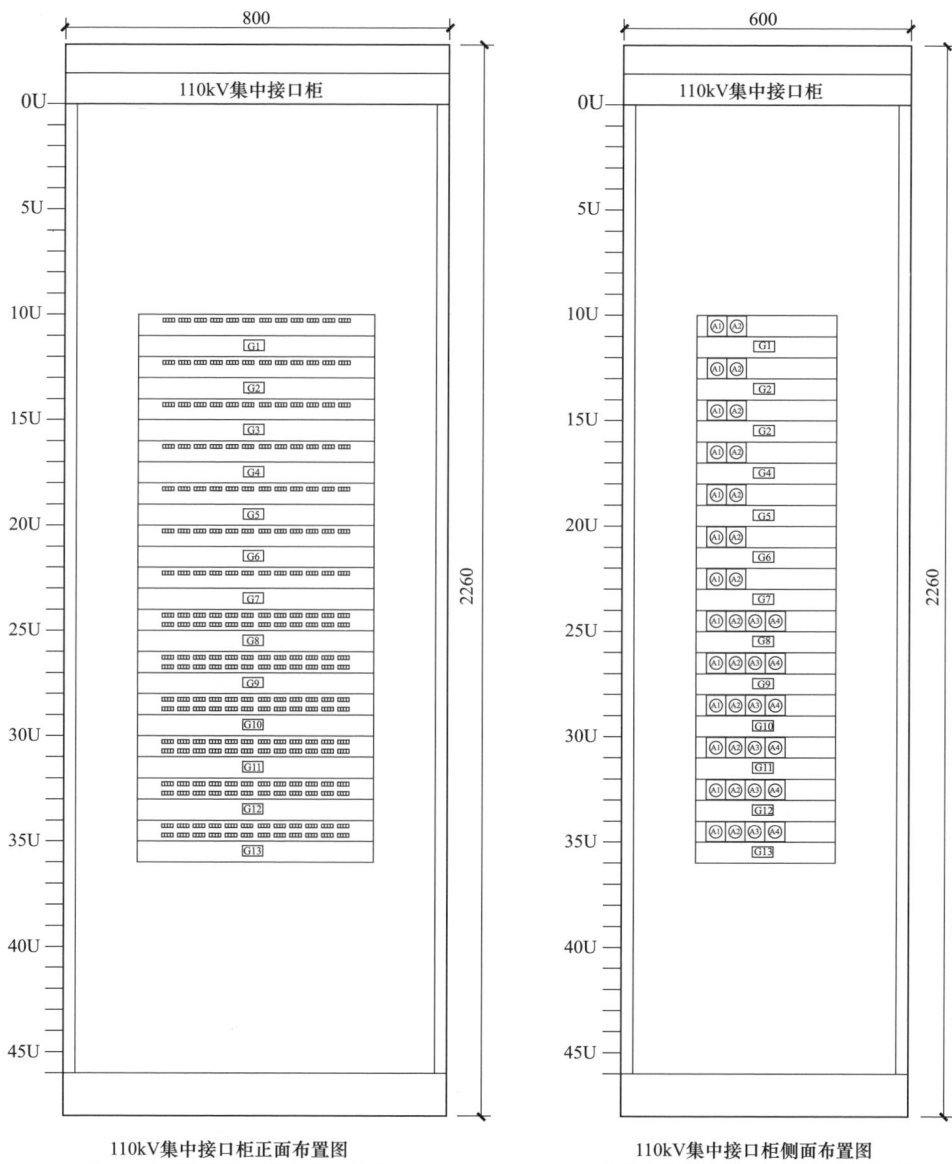

预制光配架用途				
G1 110kV 线路 1 间隔	G2 110kV 线路 2 间隔	G3 110kV 线路 3 间隔	G4 110kV 线路 4 间隔	G5 110kV 分段间隔
G6 110kV Ⅰ段母设 间隔	G7 110kV Ⅱ段母设 间隔	G8 1 号主变压器间隔 1	G9 1 号主变压器间隔 2	G10 2 号主变压器间隔 1
G11 2 号主变压器间隔 2	G12 3 号主变压器间隔 1	G13 3 号主变压器间隔 2		

材料表			
序号	名称	型号参数	数量
1	预制光配架	宽度 1U, 侧进正出	13

说明：1. 本图适用于 110-A1-2 方案，110kV 采用单母线分段接线，110kV 线路远景 4 回。
具体配置可按实际工程规模调整。
2. 本图屏柜内采用宽度 1U 的预制光配架，具体参数以实际厂家配置为准。
3. 预制光配架进线插头以厂家提供的样式为准，出线插头推荐采用 LC 接口。

图 18-2　110kV 集中接口柜柜面布置图（单母线分段方案）

集中接线柜光配单元配线表

光缆				柜内设备配线		使用说明	去向位置
光配单元号	光配插座号	光配单元端子号	光口类型	纤芯编号	尾缆编号		
G1~G4	A1	1	LC	(n)Y:ZDGPS	(n)YGPS-W131	合智一体装置对时	GPS对时装置
		2	LC	(n)Y:LBZTT	(n)Y-W131	线路保测装置 测控直采	110kV线路保测装置
		3	LC	(n)Y:LBZTR			
		4	LC	(n)Y:BZTT		线路保测装置保护直采直跳	
		5	LC	(n)Y:BZTR			
		6	LC	(n)Y:ZDGST	(n)YGL-W131	合智一体装置过程层组网	过程层交换机
		7	LC	(n)Y:ZDGSR			
		8	LC	(n)Y:DDSVT	(n)YDD-W131	110kV线路电能表电流电压直采	110kV线路电能表
		9	LC	(n)Y:DDSVR			
		10	LC	(n)Y:BZTZTT	(n)YBZT-W131	110kV备自投直采直跳(若有)	110kV备自投装置(若有)
		11	LC	(n)Y:BZTZTR			
		12	LC	(n)Y:MBZTT	(n)YM-W131	110kV母线保护直采直跳(若有)	110kV母线保护装置(若有)
		13	LC	(n)Y:MBZTR			
		14~24	LC			备用	
	A2	1~24	LC			备用	
G5	A1	1	LC	YF:ZDGPS	YFGPS-W131	合智一体装置对时	GPS对时装置
		2	LC	YF:LBZTT	YF-W131	分段保测装置测控直采	110kV分段保测装置
		3	LC	YF:LBZTR			
		4	LC	YF:BZTT		分段保测装置保护直采直跳	
		5	LC	YF:BZTR			
		6	LC	YF:ZDGST	YFGL-W131	合智一体装置过程层组网	过程层交换机
		7	LC	YF:ZDGSR			
		8	LC	YF:BZTZTT	YFBZT-W131	110kV备自投直采直跳(若有)	110kV备自投装置(若有)
		9	LC	YF:BZTZTR			
		10	LC	YF:MBZTT	YFM-W131	110kV母线保护直采直跳(若有)	110kV母线保护装置(若有)
		11	LC	YF:MBZTR			
		12~24	LC			备用	
	A2	1~24	LC			备用	

至110kV线路(n)智能控制柜　　24　　(n)Y-G151

至110kV分段智能控制柜　　24　　YF-G151

说明：1. 本图适用于110-A1-2方案，110kV采用单母线分段接线，110kV线路远景4回。
2. 图中光缆接线及编号仅作参考，具体接线可按实际工程需求调整。
3. 图中的（n）对应于110kV线路1～4，分别取1～4。
4. G1～G4分别用于110kV线路1～4间隔，G5用于110kV分段间隔。

图18-3　接口柜光配架接线图1（单母线分段方案）

集中接线柜光配单元配线表

光缆				柜内设备配线		使用说明	去向位置
光配单元号	光配插座号	光配单元端子号	光口类型	纤芯编号	尾缆编号		
G6	A1	1	LC	ⅠM:ZDGPS	1YMGPS-W131	ⅠM母线智能终端对时	GPS对时装置
		2	LC	YPT:AMUGPS		ⅠM母线合并单元对时	
		3	LC	ⅠM:ZDZTT	1YM-W131	ⅠM母线智能终端测控	110kV母线测控装置
		4	LC	ⅠM:ZDZTR			
		5	LC	AMUZTT		ⅠM母线合并单元测控	
		6	LC	AMUZTR			
		7	LC	ⅠM:ZDCST	1YGGL-W131	ⅠM母线智能终端过程层组网	过程层交换机
		8	LC	ⅠM:ZDCSR			
		9	LC	AMUGSSVT		ⅠM母线合并单元过程层组网	
		10	LC	AMUGSSVR			
		11	LC	AMUPT(MB)	YPTM-W131	110kV母线保护直采(若有)	110kV母线保护装置(若有)
		12~24	LC			备用	
	A2	1~24	LC			备用	
G7	A1	1	LC	ⅡM:ZDGPS	2YMGPS-W131	ⅡM母线智能终端对时	GPS对时装置
		2	LC	YPT:BMUGPS		ⅡM母线合并单元对时	
		3	LC	ⅡM:ZDZTT	2YM-W131	ⅡM母线智能终端测控	110kV母线测控装置
		4	LC	ⅡM:ZDZTR			
		5	LC	BMUZTT		ⅡM母线合并单元测控	
		6	LC	BMUZTR			
		7	LC	ⅡM:ZDCST	2YGGL-W131	ⅡM母线智能终端过程层组网	过程层交换机
		8	LC	ⅡM:ZDCSR			
		9	LC	BMUGSSVT		ⅡM母线合并单元过程层组网	
		10	LC	BMUGSSVR			
		11~24	LC			备用	
	A2	1~24	LC			备用	

至Ⅰ段母设间隔智能控制柜 ← 24 1MY-G151

至Ⅱ段母设间隔智能控制柜 ← 24 2MY-G151

说明: 1. 本图适用于110-A1-2方案,110kV采用单母线分段接线,110kV线路远景4回。

2. 图中光缆接线及编号仅作参考,具体接线可按实际工程需求调整。

3. G6用于110kVⅠ段母设间隔,G7用于110kVⅡ段母设间隔。

图 18-4 接口柜光配架接线图2(单母线分段方案)

集中接线柜光配单元配线表

光缆				柜内设备配线		使用说明	去向位置
光配单元号	光配插座号	光配单元端子号	光口类型	纤芯编号	尾缆编号		
G8、G10、G12	A1	1	LC	(n)BY:AZDGPS	(n)BYGPS-W131	合智一体装置1对时	GPS对时装置
		2	LC	(n)BY:AZBZTT	(n)BY-W131	主变压器保护1直采直跳	主变压器保护1装置
		3	LC	(n)BY:AZBZTR			
		4	LC	(n)BY:ACKZTT	(n)BY-W132	主变压器测控直采	主变压器测控装置
		5	LC	(n)BY:ACKZTR			
		6	LC	(n)BY:AZDGST	(n)BYGL-W131	合智一体装置1过程层组网	过程层交换机
		7	LC	(n)BY:AZDGSR			
		8	LC	(n)BY:ADDSVT	(n)BYDD-W131	主变压器110kV侧电能表电流电压直采	主变压器110kV侧电能表
		9	LC	(n)BY:ADDSVR			
		10	LC	(n)BY:MBZTT	(n)BYBZT-W131	110kV母线保护直采直跳(若有)	110kV母线保护装置(若有)
		11	LC	(n)BY:MBZTR			
		12~24	LC			备用	
	A2	1	LC	(n)B:ZDGPS	(n)BGPS-W131	本体智能终端对时	GPS对时装置
		2	LC	(n)B:AMUGPS		本体合并单元1对时	
		3	LC	(n)B:AMUCT(ZB)	(n)B-W131	主变压器保护1电流直采	主变压器保护1装置
		4	LC	(n)B:AMUYCKT	(n)B-W132	主变压器测控采集本体合并单元1	主变压器测控装置
		5	LC	(n)B:AMUCKR			
		6	LC	(n)B:ZDGKT		主变压器测控采集本体智能终端	
		7	LC	(n)B:ZDGKR			
		8	LC	(n)B:AMUSVGST	(n)BGR-W131	本体合并单元1过程层组网	过程层交换机
		9	LC	(n)B:AMUAVGSR			
		10	LC	(n)B:ZDGST		本体智能终端过程层组网	
		11	LC	(n)B:ZDGSR			
		12~24	LC			备用	

至(n)号主变压器110kV侧智能汇控柜 24 (n)BY-G151

至(n)号主变压器本体智能控制柜 24 (n)B-G151

说明: 1. 本图适用于110-A1-2方案,110kV采用单母线分段接线,110kV线路远景4回。

2. 图中光缆接线及编号仅作参考,具体接线可按实际工程需求调整。

3. 图中的(n)对应于1~3号主变压器,分别取1~3。

4. G8用于1号主变压器,G10用于2号主变压器,G12用于3号主变压器。

图18-5 接口柜光配架接线图3(单母线分段方案)

集中接线柜光配单元配线表

光缆				柜内设备配线		使用说明	去向位置
光配单元号	光配插座号	光配单元端子号	光口类型	纤芯编号	尾缆编号		
G8、G10、G12	A3	1	LC	(n)BU:AZDGPS	(n)BUGPS-W131	合智一体装置1对时	GPS对时装置
		2	LC	(n)BU:AZBZTT	(n)BU-W131	主变压器保护1直采直跳	主变压器保护1装置
		3	LC	(n)BU:AZBZTR			
		4	LC	(n)BU:ACKZTT	(n)BU-W132	主变压器测控直采	主变压器测控装置
		5	LC	(n)BU:ACKZTR			
		6	LC	(n)BU:AZDGST	(n)BUGL-W131	合智一体装置1过程层组网	过程层交换机
		7	LC	(n)BU:AZDGSR			
		8	LC	(n)BU:ADDSVT	(n)BUDD-W131	主变压器35kV侧电能表电流电压直采	主变压器35kV侧电能表
		9	LC	(n)BU:ADDSVR			
		10~24	LC			备用	
	A4	1	LC	(n)BS:AZDGPS	(n)BSGPS-W131	合智一体装置1对时	GPS对时装置
		2	LC	(n)BS:AZBZTT	(n)BS-W131	主变压器保护1直采直跳	主变压器保护1装置
		3	LC	(n)BS:AZBZTR			
		4	LC	(n)BS:ACKZTT	(n)BS-W132	主变压器测控直采	主变压器测控装置
		5	LC	(n)BS:ACKZTR			
		6	LC	(n)BS:AZDGST	(n)BSGL-W131	合智一体装置1过程层组网	过程层交换机
		7	LC	(n)BS:AZDGSR			
		8	LC	(n)BS:ADDSVT	(n)BSDD-W131	主变压器10kV侧电能表电流电压直采	主变压器10kV侧电能表
		9	LC	(n)BS:ADDSVR			
		10~24	LC			备用	

至(n)号主变压器35kV侧智能控制柜
（注：3号主变压器无此光缆。）
24 (n)BU-G151

至(n)号主变压器10kV侧智能控制柜
24 (n)BS-G151

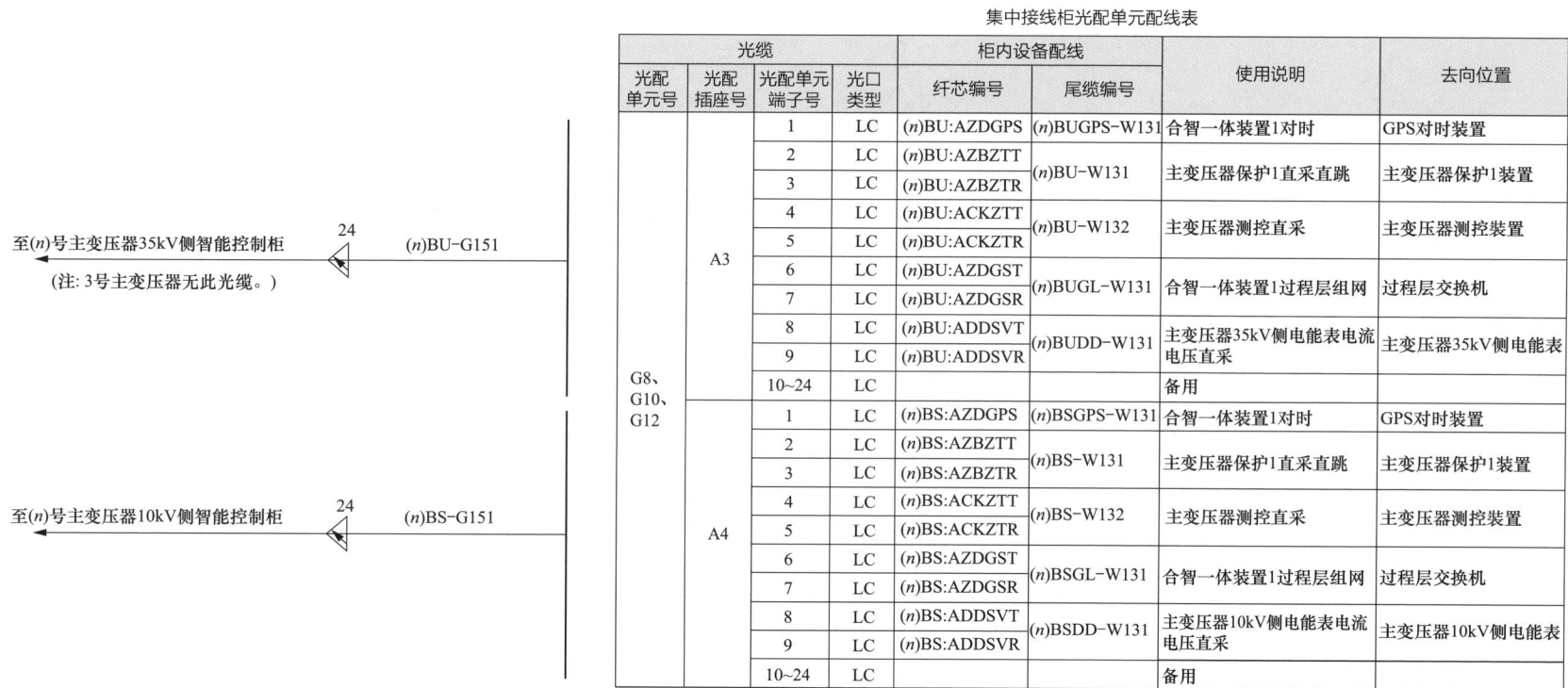

说明：1. 本图适用于110-A1-2方案，110kV采用单母线分段接线，110kV线路远景4回。
2. 图中光缆接线及编号仅作参考，具体接线可按实际工程需求调整。
3. 图中的（n）对应于1～3号主变压器，分别取1～3。
4. G8用于1号主变压器，G10用于2号主变压器，G12用于3号主变压器。

图18-6　接口柜光配架接线图4（单母线分段方案）

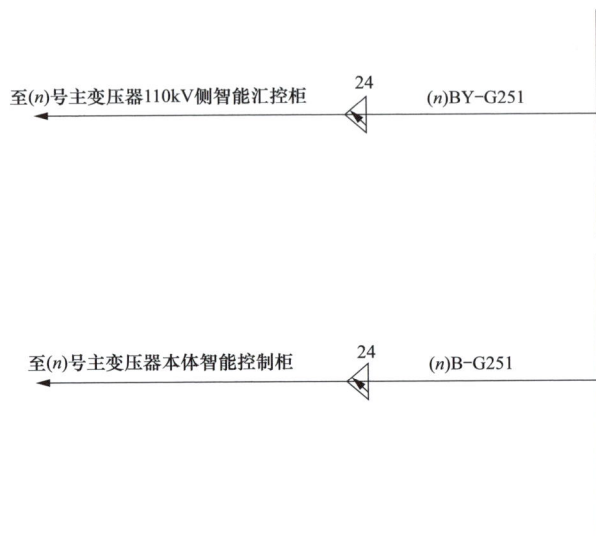

集中接线柜光配单元配线表

光缆				柜内设备配线		使用说明	去向位置
光配单元号	光配插座号	光配单元端子号	光口类型	纤芯编号	尾缆编号		
G9、G11、G13	A1	1	LC	(n)BY:BZDGPS	(n)BYGPS-W231	合智一体装置2对时	GPS对时装置
		2	LC	(n)BY:BZBZTT	(n)BY-W231	主变压器保护2直采直跳	主变压器保护2装置
		3	LC	(n)BY:BZBZTR			
		4	LC	(n)BY:BCKZTT	(n)BY-W232	主变压器测控直采	主变压器测控装置
		5	LC	(n)BY:BCKZTR			
		6	LC	(n)BY:BZDGST	(n)BYGL-W231	合智一体装置2过程层组网	过程层交换机
		7	LC	(n)BY:BZDGSR			
		8~24	LC			备用	
	A2	1	LC	(n)B:ZDGPS	(n)BGPS-W231	本体智能终端对时	GPS对时装置
		2	LC	(n)B:BMUGPS		本体合并单元2对时	
		3	LC	(n)B:BMUCT(ZB)	(n)B-W231	主变压器保护2电流直采	主变压器保护2装置
		4	LC	(n)B:BMUCKT	(n)B-W232	主变压器测控采集本体合并单元2	主变压器测控装置
		5	LC	(n)B:BMUCKR			
		6	LC	(n)B:ZDCKT		主变压器测控采集本体智能终端	
		7	LC	(n)B:ZDCKR			
		8	LC	(n)B:BMUSVGST	(n)BGL-W231	本体合并单元2过程层组网	过程层交换机
		9	LC	(n)B:BMUSVGSR			
		10~24	LC			备用	

至(n)号主变压器110kV侧智能汇控柜　24　(n)BY-G251

至(n)号主变压器本体智能控制柜　24　(n)B-G251

说明：1. 本图适用于110-A1-2方案，110kV采用单母线分段接线，110kV线路远景4回。
2. 图中光缆接线及编号仅作参考，具体接线可按实际工程需求调整。
3. 图中的（n）对应于1～3号主变压器，分别取1～3。
4. G9用于1号主变压器，G11用于2号主变压器，G13用于3号主变压器。

图18-7　接口柜光配架接线图5（单母线分段方案）

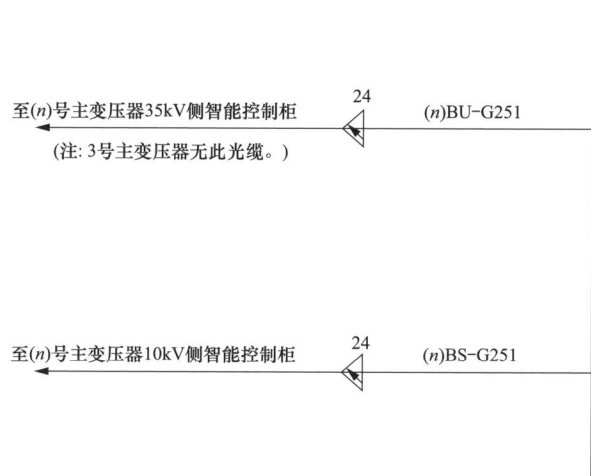

集中接线柜光配单元配线表

光缆				柜内设备配线		使用说明	去向位置
光配单元号	光配插座号	光配单元端子号	光口类型	纤芯编号	尾缆编号		
G9、G11、G13	A3	1	LC	(n)BU:BZDGPS	(n)BUGPS-W231	合智一体装置2对时	GPS对时装置
		2	LC	(n)BU:BZBZTT	(n)BU-W231	主变压器保护2直采直跳	主变压器保护2装置
		3	LC	(n)BU:BZBZTR			
		4	LC	(n)BU:BCKZTT	(n)BU-W232	主变压器测控直采	主变压器测控装置
		5	LC	(n)BU:BCKZTR			
		6	LC	(n)BU:BZDGST	(n)BUGL-W231	合智一体装置2过程层组网	过程层交换机
		7	LC	(n)BU:BZDGSR			
		8~24	LC			备用	
	A4	1	LC	(n)BS:BZDGPS	(n)BSGPS-W231	合智一体装置2对时	GPS对时装置
		2	LC	(n)BS:BZBZTT	(n)BS-W231	主变压器保护2直采直跳	主变压器保护2装置
		3	LC	(n)BS:BZBZTR			
		4	LC	(n)BS:BCKZTT	(n)BS-W232	主变压器测控直采	主变压器测控装置
		5	LC	(n)BS:BCKZTR			
		6	LC	(n)BS:BZDGST	(n)BSGL-W231	合智一体装置2过程层组网	过程层交换机
		7	LC	(n)BS:BZDGSR			
		8~24	LC			备用	

至(n)号主变压器35kV侧智能控制柜

(注: 3号主变压器无此光缆。)

24 (n)BU-G251

至(n)号主变压器10kV侧智能控制柜

24 (n)BS-G251

说明: 1. 本图适用于110-A1-2方案,110kV采用单母线分段接线,110kV线路远景4回。

2. 图中光缆接线及编号仅作参考,具体接线可按实际工程需求调整。

3. 图中的(n)对应于1~3号主变压器,分别取1~3。

4. G9用于1号主变压器,G11用于2号主变压器,G13用于3号主变压器。

图 18-8　接口柜光配架接线图 6（单母线分段方案）

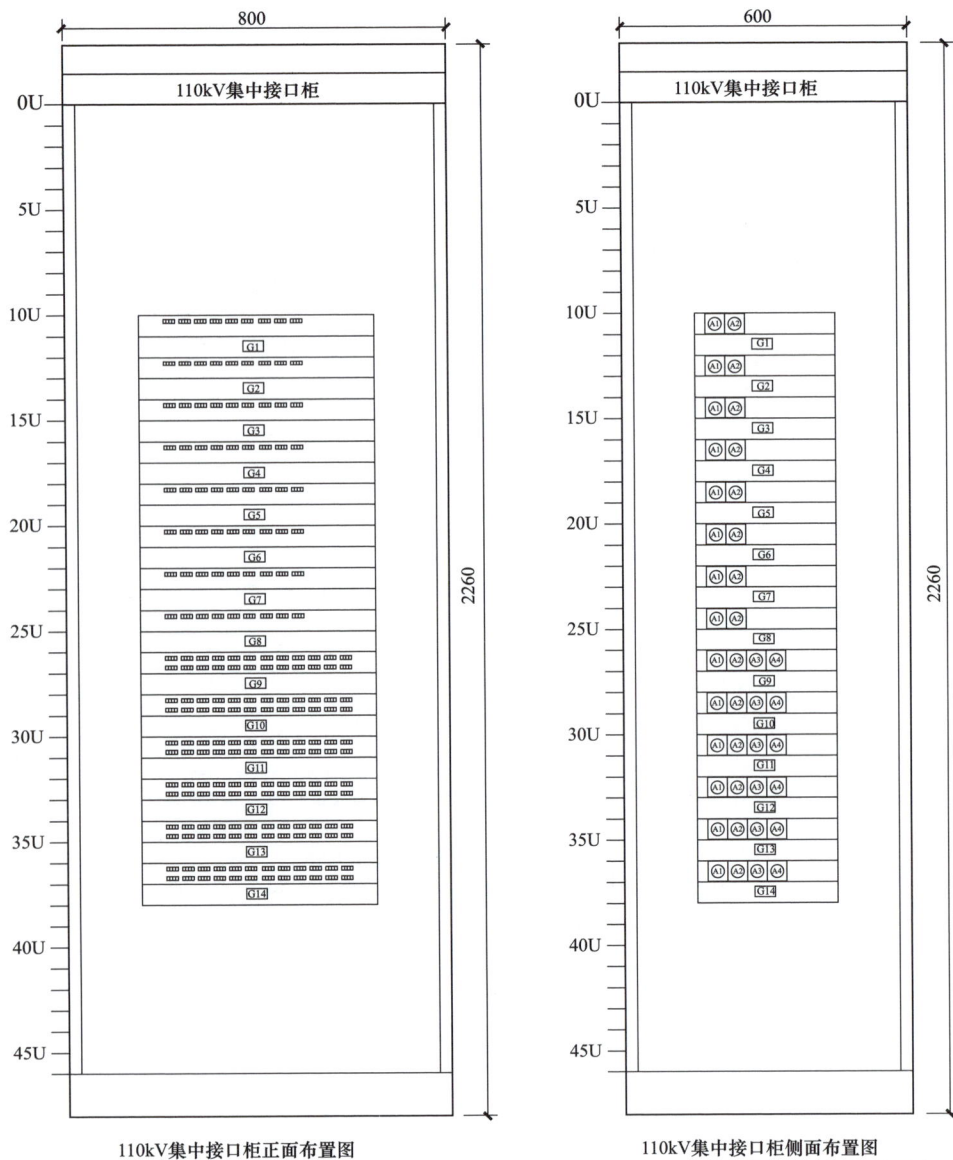

110kV集中接口柜正面布置图

110kV集中接口柜侧面布置图

预制光配架用途				
G1 110kV 线路 1 间隔	G2 110kV 线路 2 间隔	G3 110kV 线路 3 间隔	G4 110kV 内桥 1 间隔	G5 110kV 内桥 2 间隔
G6 110kV Ⅰ段母设 间隔	G7 110kV Ⅱ段母设 间隔	G8 110kV Ⅲ段母设 间隔	G9 1号主变压器 间隔 1	G10 1号主变压器 间隔 2
G11 2 号主变压器 间隔 1	G12 2 号主变压器 间隔 2	G13 3 号主变压器 间隔 1	G14 3 号主变压器 间隔 2	

材料表			
序号	名称	型号参数	数量
1	预制光配架	宽度 1U, 侧进正出	14

说明：1. 本图适用于 110-A1-2 方案，110kV 采用扩大内桥接线，110kV 线路远景 3 回。具体配置可按实际工程规模调整。
2. 本图屏柜内采用宽度 1U 的预制光配架，具体参数以实际厂家配置为准。
3. 预制光配架进线插头以厂家提供的样式为准，出线插头推荐采用 LC 接口。

图 18-9　110kV 集中接口柜柜面布置图（扩大内桥方案）

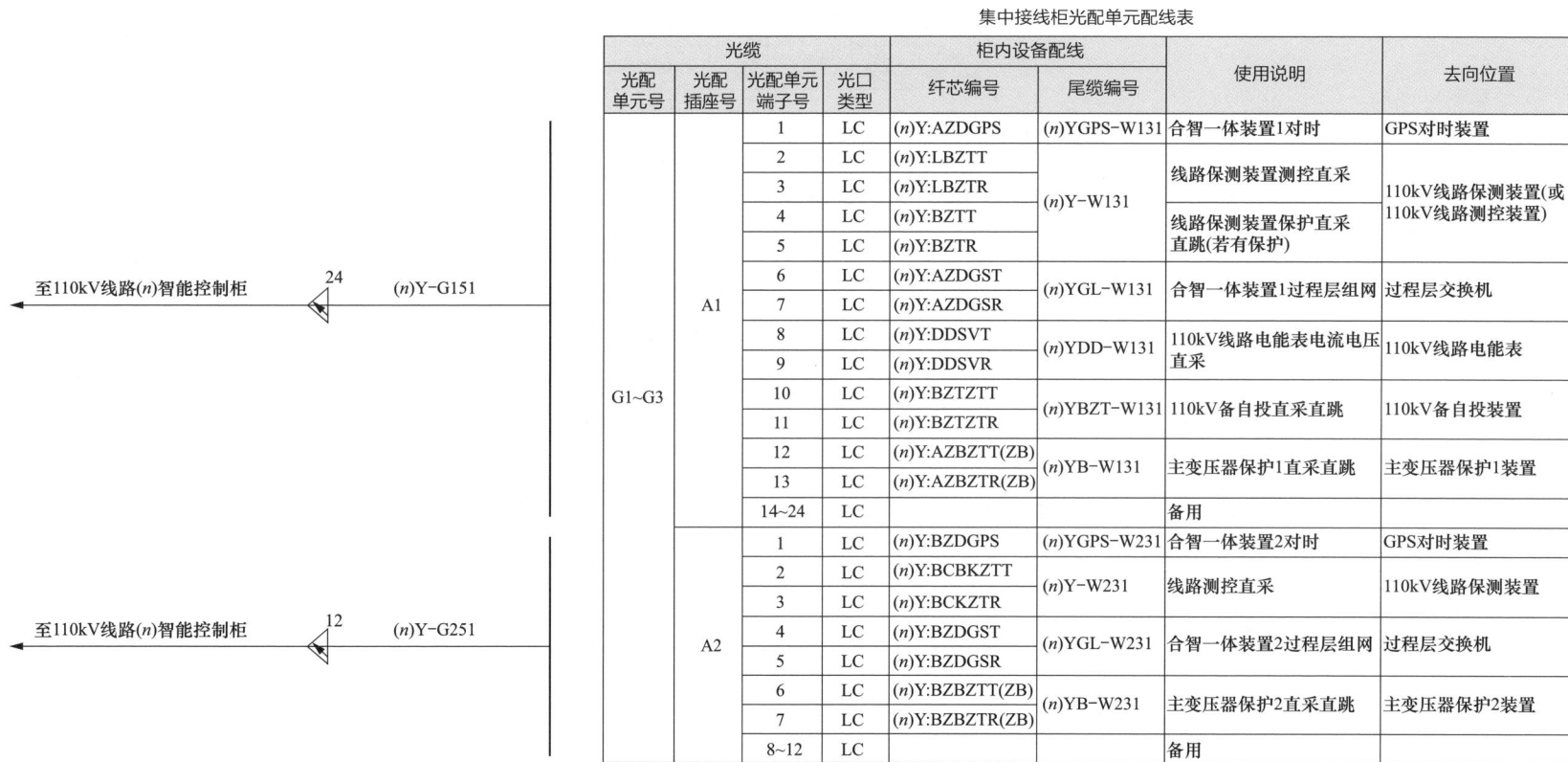

集中接线柜光配单元配线表

光缆				柜内设备配线		使用说明	去向位置
光配单元号	光配插座号	光配单元端子号	光口类型	纤芯编号	尾缆编号		
G1~G3	A1	1	LC	(n)Y:AZDGPS	(n)YGPS-W131	合智一体装置1对时	GPS对时装置
		2	LC	(n)Y:LBZTT	(n)Y-W131	线路保测装置测控直采	110kV线路保测装置(或110kV线路测控装置)
		3	LC	(n)Y:LBZTR			
		4	LC	(n)Y:BZTT		线路保测装置保护直采直跳(若有保护)	
		5	LC	(n)Y:BZTR			
		6	LC	(n)Y:AZDGST	(n)YGL-W131	合智一体装置1过程层组网	过程层交换机
		7	LC	(n)Y:AZDGSR			
		8	LC	(n)Y:DDSVT	(n)YDD-W131	110kV线路电能表电流电压直采	110kV线路电能表
		9	LC	(n)Y:DDSVR			
		10	LC	(n)Y:BZTZTT	(n)YBZT-W131	110kV备自投直采直跳	110kV备自投装置
		11	LC	(n)Y:BZTZTR			
		12	LC	(n)Y:AZBZTT(ZB)	(n)YB-W131	主变压器保护1直采直跳	主变压器保护1装置
		13	LC	(n)Y:AZBZTR(ZB)			
		14~24	LC			备用	
	A2	1	LC	(n)Y:BZDGPS	(n)YGPS-W231	合智一体装置2对时	GPS对时装置
		2	LC	(n)Y:BCBKZTT	(n)Y-W231	线路测控直采	110kV线路保测装置
		3	LC	(n)Y:BCKZTR			
		4	LC	(n)Y:BZDGST	(n)YGL-W231	合智一体装置2过程层组网	过程层交换机
		5	LC	(n)Y:BZDGSR			
		6	LC	(n)Y:BZBZTT(ZB)	(n)YB-W231	主变压器保护2直采直跳	主变压器保护2装置
		7	LC	(n)Y:BZBZTR(ZB)			
		8~12	LC			备用	

至110kV线路(n)智能控制柜　24　(n)Y-G151

至110kV线路(n)智能控制柜　12　(n)Y-G251

说明：1. 本图适用于 110-A1-2 方案，110kV 采用扩大内桥接线，远景 110kV 线路 3 回。

2. 图中光缆接线及编号仅作参考，具体接线可按实际工程需求调整。

3. 图中的 (n) 对应于 110kV 线路 1~3，分别取 1~3。

4. G1~G3 分别用于 110kV 线路 1~3 间隔。

图 18-10　接口柜光配架接线图 1（扩大内桥方案）

集中接线柜光配单元配线表

光缆				柜内设备配线		使用说明	去向位置
光配单元号	光配插座号	光配单元端子号	光口类型	纤芯编号	尾缆编号		
G4、G5	A1	1	LC	(n)YQ:AZDGPS	(n)YQGPS-W131	合智一体装置1对时	GPS对时装置
		2	LC	(n)YQ:AQBZTT	(n)YQ-W131	内桥保测装置测控直采	110kV内桥保测装置
		3	LC	(n)YQ:AQBZTR			
		4	LC	(n)YQ:BZTT		内保测装置保护采直跳	
		5	LC	(n)YQ:BZTR			
		6	LC	(n)YQ:AZDGST	(n)YQGL-W131	合智一体装置1过程层组网	过程层交换机
		7	LC	(n)YQ:AZDGSR			
		8	LC	(n)YQ:BZTZTT	(n)YQBZT-W131	110kV备自投直采直跳	110kV备自投装置
		9	LC	(n)YQ:BZTZTR			
		10	LC	(n)YQ:AZBZTT(ZB1)	(n)YQB1-W131	左侧主变压器保护1直采直跳	左侧主变压器保护1装置
		11	LC	(n)YQ:AZBZTR(ZB1)			
		12	LC	(n)YQ:AZBZTT(ZB2)	(n)YQB2-W131	右侧主变压器保护1直采直跳	右侧主变压器保护1装置
		13	LC	(n)YQ:AZBZTR(ZB2)			
		14~24	LC			备用	
	A2	1	LC	(n)YQ:BZDGPS	(n)YQGPS-W231	合智一体装置2对时	GPS对时装置
		2	LC	(n)YQ:BCBKZTT	(n)YQ-W231	内桥测控直采	110kV内桥保测装置
		3	LC	(n)YQ:BCKZTR			
		4	LC	(n)YQ:BZDGST	(n)YGL-W231	合智一体装置2过程层组网	过程层交换机
		5	LC	(n)YQ:BZDGSR			
		6	LC	(n)YQ:BZBZTT(ZB1)	(n)YQB1-W231	左侧主变压器保护2直采直跳	左侧主变压器保护2装置
		7	LC	(n)YQ:BZBZTR(ZB1)			
		8	LC	(n)YQ:BZBZTT(ZB2)	(n)YQB2-W231	右侧主变压器保护2直采直跳	右侧主变压器保护2装置
		9	LC	(n)YQ:BZBZTR(ZB2)			
		10~12	LC			备用	

至110kV内桥(n)智能控制柜 ← 24 (n)YQ-G151

至110kV内桥(n)智能控制柜 ← 12 (n)YQ-G251

说明：1. 本图适用于110-A1-2方案，110kV采用扩大内桥接线，远景110kV线路3回。

2. 图中光缆接线及编号仅作参考，具体接线可按实际工程需求调整。

3. 图中的 (n) 对应于110kV内桥1、2，分别取1、2。

4. G4用于110kV内桥1间隔，G5用于110kV内桥2间隔。

图18-11　接口柜光配架接线图2（扩大内桥方案）

集中接线柜光配单元配线表

光缆				柜内设备配线		使用说明	去向位置
光配单元号	光配插座号	光配单元端子号	光口类型	纤芯编号	尾缆编号		
G6	A1	1	LC	ⅠM:ZDGPS	1YMGPS-W131	ⅠM母线智能终端对时	GPS对时装置
		2	LC	YPT:AMUGPS		ⅠM母线合并单元对时	
		3	LC	ⅠM:ZDZTT	1YM-W131	ⅠM母线智能终端测控	110kV母线测控装置
		4	LC	ⅠM:ZDZTR			
		5	LC	AMUZTT		ⅠM母线合并单元测控	
		6	LC	AMUZTR			
		7	LC	ⅠM:ZDCST	1YGGL-W131	ⅠM母线智能终端过程层组网	过程层交换机
		8	LC	ⅠM:ZDCSR			
		9	LC	AMUGSSVT		ⅠM母线合并单元过程层组网	
		10	LC	AMUGSSVR			
		11~24	LC			备用	
	A2	1~12	LC			备用	
G7	A1	1	LC	ⅡM:ZDGPS	2YMGPS-W131	ⅡM母线智能终端对时	GPS对时装置
		2	LC	YPT:BMUGPS		ⅡM母线合并单元对时	
		3	LC	ⅡM:ZDZTT	2YM-W131	ⅡM母线智能终端测控	110kV母线测控装置
		4	LC	ⅡM:ZDZTR			
		5	LC	BMUZTT		ⅡM母线合并单元测控	
		6	LC	BMUZTR			
		7	LC	ⅡM:ZDCST	2YGGL-W131	ⅡM母线智能终端过程层组网	过程层交换机
		8	LC	ⅡM:ZDCSR			
		9	LC	BMUGSSVT		ⅡM母线合并单元过程层组网	
		10	LC	BMUGSSVR			
		11~24	LC			备用	
	A2	1~12	LC			备用	

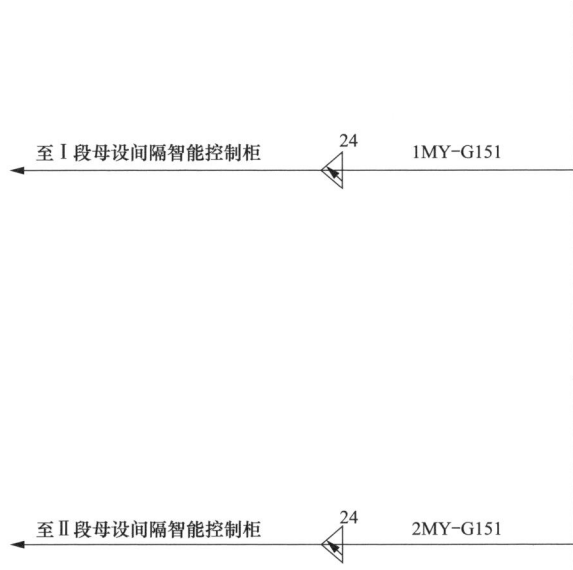

至Ⅰ段母设间隔智能控制柜   24   1MY-G151

至Ⅱ段母设间隔智能控制柜   24   2MY-G151

说明：1. 本图适用于 110-A1-2 方案，110kV 采用扩大内桥接线，远景 110kV 线路 3 回。

2. 图中光缆接线及编号仅作参考，具体接线可按实际工程需求调整。

3. G6 用于 110kVⅠ段母设间隔，G7 用于 110kVⅡ段母设间隔。

图 18-12 接口柜光配架接线图 3（扩大内桥方案）

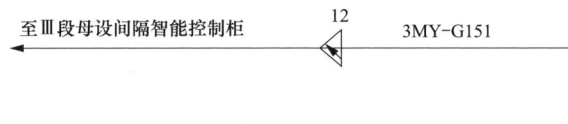

集中接线柜光配单元配线表

光缆				柜内设备配线		使用说明	去向位置
光配单元号	光配插座号	光配单元端子号	光口类型	纤芯编号	尾缆编号		
G8	A1	1~24	LC			备用	
	A2	1	LC	ⅢM:ZDGPS	3YMGPS-W131	ⅢM母线智能终端对时	GPS对时装置
		2	LC	ⅢM:ZDZTT	3YM-W131	ⅢM母线智能终端测控	110kV母线测控装置
		3	LC	ⅢM:ZDZTR			
		4	LC	ⅢM:ZDGST	3YGCL-W131	ⅢM母线智能终端过程层组网	过程层交换机
		5	LC	ⅢM:ZDGSR			
		6~12	LC			备用	

至Ⅲ段母设间隔智能控制柜 ← 12 ▷ 3MY-G151

说明: 1. 本图适用于 110-A1-2 方案,110kV 采用扩大内桥接线,远景 110kV 线路 3 回。

2. 图中光缆接线及编号仅作参考,具体接线可按实际工程需求调整。

3. G8 用于 110kVⅢ段母设间隔。

图 18-13 接口柜光配架接线图 4(扩大内桥方案)

集中接线柜光配单元配线表

光缆				柜内设备配线		使用说明	去向位置
光配单元号	光配插座号	光配单元端子号	光口类型	纤芯编号	尾缆编号		
G9、G11、G13	A1	1	LC	(n)BY:AZDGPS	(n)BYGPS-W131	合智一体装置对时	GPS对时装置
		2	LC	(n)BY:ACKZTT	(n)BY-W132	主变压器测控直采	主变压器测控装置
		3	LC	(n)BY:ACKZTR			
		4	LC	(n)BY:AZDGST	(n)BYGL-W131	合智一体装置过程层组网	过程层交换机
		5	LC	(n)BY:AZGDSR			
		6	LC	(n)BY:ADDSVT	(n)BYDD-W131	主变压器110kV侧电能表电流电压直采	主变压器110kV侧电能表
		7	LC	(n)BY:ADDSVR			
		8~24	LC			备用	
	A2	1	LC	(n)B:ZDGPS	(n)BGPS-W131	本体智能终端对时	GPS对时装置
		2	LC	(n)B:BMUGPS		本体合并单元1对时	
		3	LC	(n)B:BMUCT(ZB)	(n)B-W131	主变压器保护1电流直采	主变压器保护1装置
		4	LC	(n)B:BMUYCKT	(n)B-W132	主变压器测控采集本体合并单元1	主变压器测控装置
		5	LC	(n)B:BMUCKR			
		6	LC	(n)B:ZDCKT		主变压器测控采集本体智能终端	
		7	LC	(n)B:ZDCKR			
		8	LC	(n)B:AMUSVGST	(n)BGL-W131	本体合并单元1过程层组网	过程层交换机
		9	LC	(n)B:AMUSVGSR			
		10	LC	(n)B:ZDGDS8		本体智能终端GOOSE组网	
		11	LC	(n)B:ZDGDSR			
		12~24	LC			备用	

至(n)号主变压器110kV侧智能汇控柜   24   (n)BY-G151

至(n)号主变压器本体智能控制柜   24   (n)B-G151

说明：1. 本图适用于 110-A1-2 方案，110kV 采用扩大内桥接线，远景 110kV 线路 3 回。
2. 图中光缆接线及编号仅作参考，具体接线可按实际工程需求调整。
3. 图中的（n）对应于 1～3 号主变压器，分别取 1～3。
4. G9 用于 1 号主变压器，G11 用于 2 号主变压器，G13 用于 3 号主变压器。

图 18-14　接口柜光配架接线图 5（扩大内桥方案）

集中接线柜光配单元配线表

光缆				柜内设备配线		使用说明	去向位置
光配单元号	光配插座号	光配单元端子号	光口类型	纤芯编号	尾缆编号		
G9、G11、G13	A3	1	LC	(n)BU:AZDGPS	(n)BUGPS-W131	合智一体装置对时	GPS对时装置
		2	LC	(n)BU:AZBZTT	(n)BU-W131	主变压器保护1直采直跳	主变压器保护1装置
		3	LC	(n)BU:AZBZTR			
		4	LC	(n)BU:ACKZTT	(n)BU-W132	主变压器测控直采	主变压器测控装置
		5	LC	(n)BU:ACKZTR			
		6	LC	(n)BU:AZDGST	(n)BUGL-W131	合智一体装置1过程层组网	过程层交换机
		7	LC	(n)BU:AZDGSR			
		8	LC	(n)BU:ADDSVT	(n)BUDD-W131	主变压器35kV侧电能表电流电压直采	主变压器35kV侧电能表
		9	LC	(n)BU:ADDSVR			
		10~24	LC			备用	
	A4	1	LC	(n)BS:AZDGPS	(n)BSGPS-W131	合智一体装置1对时	GPS对时装置
		2	LC	(n)BS:AZBZTT	(n)BS-W131	主变压器保护1直采直跳	主变压器保护2装置
		3	LC	(n)BS:AZBZTR			
		4	LC	(n)BS:ACKZTT	(n)BS-W132	主变压器测控直采	主变压器测控装置
		5	LC	(n)BS:ACKZTR			
		6	LC	(n)BS:AZDGST	(n)BSGL-W131	合智一体装置1过程层组网	过程层交换机
		7	LC	(n)BS:AZDGSR			
		8	LC	(n)BS:ADDSVT	(n)BSDD-W131	主变压器10kV侧电能表电流电压直采	主变压器10kV侧电能表
		9	LC	(n)BS:ADDSVR			
		10~24	LC			备用	

至(n)号主变压器35kV侧智能控制柜

(注：3号主变压器无此光缆)

24   (n)BU-G151

至(n)号主变压器10kV侧智能控制柜

24   (n)BS-G151

说明：1. 本图适用于110-A1-2方案，110kV采用扩大内桥接线，远景110kV线路3回。

2. 图中光缆接线及编号仅作参考，具体接线可按实际工程需求调整。

3. 图中的（n）对应于1~3号主变压器，分别取1~3。

4. G9用于1号主变压器，G11用于2号主变压器，G13用于3号主变压器。

图18-15　接口柜光配架接线图6（扩大内桥方案）

集中接线柜光配单元配线表

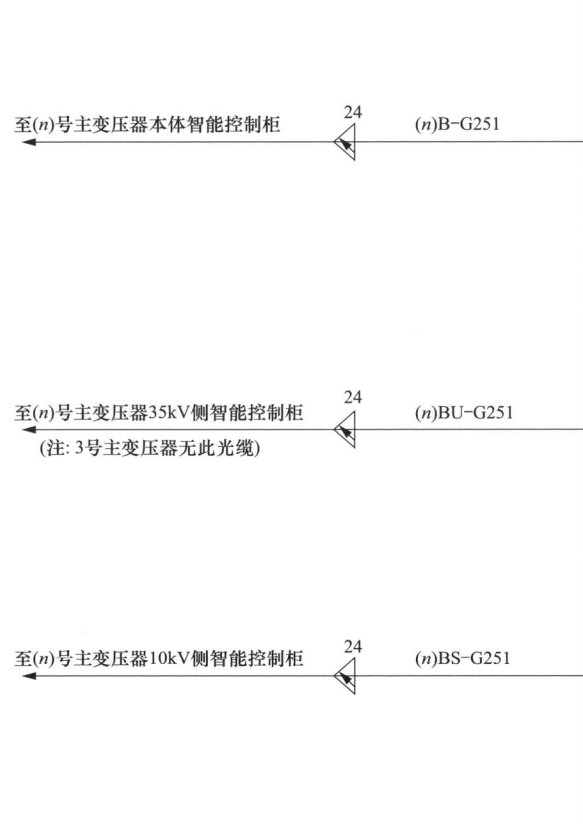

至(n)号主变压器本体智能控制柜 ◁ 24 (n)B-G251

至(n)号主变压器35kV侧智能控制柜
（注：3号主变压器无此光缆） ◁ 24 (n)BU-G251

至(n)号主变压器10kV侧智能控制柜 ◁ 24 (n)BS-G251

光缆				柜内设备配线		使用说明	去向位置
光配单元号	光配插座号	光配单元端子号	光口类型	纤芯编号	尾缆编号		
G10、G12、G14	A1	1	LC	(n)B:ZDGPS	(n)BGPS-W231	本体智能终端对时	GPS对时装置
		2	LC	(n)B:BMUGPS		本体合并单元2对时	
		3	LC	(n)B:BMUCT(ZB)	(n)B-W231	主变压器保护2电流直采	主变压器保护2装置
		4	LC	(n)B:BMUKT	(n)B-W232	主变压器测控采集本体合并单元2	主变压器测控装置
		5	LC	(n)B:BMUKR			
		6	LC	(n)B:ZDCKT		主变压器测控采集本体智能终端	
		7	LC	(n)B:ZDCKR			
		8	LC	(n)B:BMUSVGST	(n)BGL-W231	本体合并单元2过程层组网	过程层交换机
		9	LC	(n)B:BMUSVGSR			
		10~24	LC			备用	
	A2	1	LC	(n)BU:BZDGPS	(n)BUGPS-W231	合智一体装置2对时	GPS对时装置
		2	LC	(n)BU:BZBZTT	(n)BU-W231	主变压器保护2直采直跳	主变压器保护2装置
		3	LC	(n)BU:BZBZTR			
		4	LC	(n)BU:BCKZTT	(n)BU-W232	主变压器测控直采	主变压器测控装置
		5	LC	(n)BU:BCKZTR			
		6	LC	(n)BU:BZDGST	(n)BUGL-W231	合智一体装置2过程层组网	过程层交换机
		7	LC	(n)BU:BZDGSR			
		8~24	LC			备用	
	A3	1	LC	(n)BS:BZDGPS	(n)BSGPS-W231	合智一体装置2对时	GPS对时装置
		2	LC	(n)BS:BZBZTT	(n)BS-W231	主变压器保护2直采直跳	主变压器保护2装置
		3	LC	(n)BS:BZBZTR			
		4	LC	(n)BS:BCKZTT	(n)BS-W232	主变压器测控直采	主变压器测控装置
		5	LC	(n)BS:BCKZTR			
		6	LC	(n)BS:BZDGST	(n)BSGL-W231	合智一体装置2过程层组网	过程层交换机
		7	LC	(n)BS:BZDGSR			
		8~24	LC			备用	
	A4	1~24	LC			备用	

说明：1. 本图适用于 110-A1-2 方案，110kV 采用扩大内桥接线，远景 110kV 线路 3 回。

2. 图中光缆接线及编号仅作参考，具体接线可按实际工程需求调整。

3. 图中的（n）对应于 1～3 号主变压器，分别取 1～3。

4. G10 用于 1 号主变压器，G12 用于 2 号主变压器，G14 用于 3 号主变压器。

图 18-16 接口柜光配架接线图 7（扩大内桥方案）

第 19 章　并联型直流电源系统

19.1　技术简介

并联型直流电源系统是在变电站直流电源系统中用并联电源模块替换传统的串联型铅酸蓄电池，如图 19-1 所示。

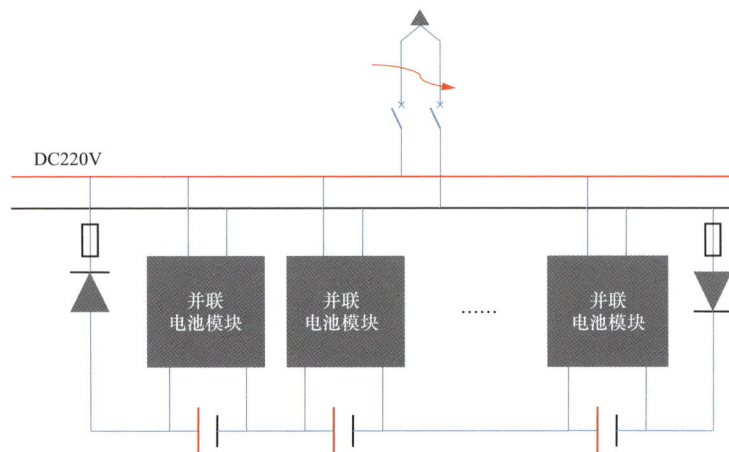

图 19-1　并联型直流电源系统图

并联型电源模块通过集成单只蓄电池与 AC/DC 充电模块、DC/DC 升压模块等器件，从而达到直流母线额定电压。并联型直流电源系统中各并联电源模块相互独立，当单个模块发生故障时，仅影响本模块的性能，不会波及其他模块。并联型直流电源系统可实现在线更换电池，方便运维，运行可靠性更高。

并联型直流电源可对单体电池进行在线核容，提前发现运行异常的电池，有效提高了电池利用率。与传统的直流电源系统相比，并联型直流电源系统虽然因为增加了升压模块导致投资成本增加，但因为降低了后期的运行维护成本，减少了全生命周期成本，其综合成本低于传统的直流电源系统。

19.2　技术经济对比与低碳性能分析

经过全生命周期对比，并联型直流电源系统相比传统的直流电源系统的成本可节约 18%，见表 19-1 和表 19-2。

表 19-1　并联型与串联型直流电源系统对比表

对比指标	并联型	串联型
可靠性	单组电池故障不影响整组输出，部分损坏整组不报废	单体电池故障影响整组输出，部分损坏导致整组报废
效率	整流效率≥90%；电池放电效率≥95%	整流效率≥90%；电池直接放电没有损失
噪声	自冷＜45dB	风冷＜55dB；自冷＜45dB
安装便利性	无需蓄电池巡检装置，使用 12V 蓄电池，电池数量减少	二次线较多，蓄电池数量较多
运维便利性	可自动在线 0.1C 全容量核容	核容需要复杂人工操作
检修便利性	可在线更换蓄电池	检修更换需要复杂人工操作
电池利用率	利用率高，可新旧电池混用	部分蓄电池损坏导致整组报废
过载电路	过载续流电路	蓄电池组

表 19-2　并联型与串联型直流电源系统技术经济对比表

对比指标	并联型	串联型	备注
内容	1 套 110kV 变电站同等规模并联型直流电源系统（阀控铅酸蓄电池）	1 套 110kV 变电站单充单电（2V/200Ah）串联型直流电源系统（阀控铅酸蓄电池）	1 套并联型直流电源系统节约投资
设备采购成本	15 万元（模块等 10 万元＋电池 5 万元）	10 万元（模块等 5 万元＋电池 5 万元）	增加 5 万元
蓄电池核容成本（12年使用寿命）	在线自动核容，无成本	4.5 万元（累计 9 次，每次约 0.5 万元）	节约 4.5 万元

对比指标	并联型	串联型	备注
电池更换及相关成本（12年使用寿命周期）	1.4万元（前6年补充采购电池总数30%，约花费1.5万元；第10年更换剩余电池，约需3.5万元。则到第12年，电池剩余价值为：前6年更换电池剩余价值30%，第10年更换电池剩余价值90%：1.5×30%+3.5×0.9=0.45+3.15=3.6万元，12年全生命周期实际更换电池成本为：5.0-3.6=1.4万元）	5.5万元（需整串更换，更换需要停电。按6年更换1套计算，第7年需采购1套，约5万元。到第12年，再新购1套电池，约5万元，但电池剩余90%价值，约4.5万元，则12年全生命周期实际更换电池成本为9.5-5.5=5.0万元）	节约4.1万元
整个12年全生命周期成本	16.4万元	20万元	节约3.6万元

注 本章中所有的引用数据（各项成本、设备配置、价格等）均为图集编制期间调研取得，仅用于本图集分析工作，不作为其他任何形式的定价依据。

19.3 应用范围／适用条件

根据《国家电网公司2022年输变电工程通用设计方案》和《35～110kV变电站并联型直流电源系统设计原则及典型方案》，已要求在35～110kV变电站全面采用并联型直流电源系统。

19.4 应用案例

2012年，并联型直流电源系统应用于重庆35kV永新变电站。

2013年，并联型直流电源系统应用于重庆宜昌110kV城东变电站、广西南宁110kV仙葫变电站。

2014年，并联型直流电源系统应用于上海110kV妙镜变电站。

2018年，并联型直流电源系统应用于广东中山220kV光明变电站。

目前，已有多个变电站使用并联型直流电源系统，运行良好。

19.5 设计要点

建议结合《35～110kV变电站并联型直流电源系统设计原则及典型方案》，根据不同变电站布置方案中直流负荷分布位置，合理选择负荷分组方案和电源布置形式等。负荷分组时应充分考虑负荷事故放电时间及分布的不同，并在满足并联直流电源模块可控数量上限的前提下进行合理配置。工程应用中应进行短路电流计算及级差配合计算，确保开关可靠动作。

19.6 设计图纸

设计图如图19-2～图19-13所示。

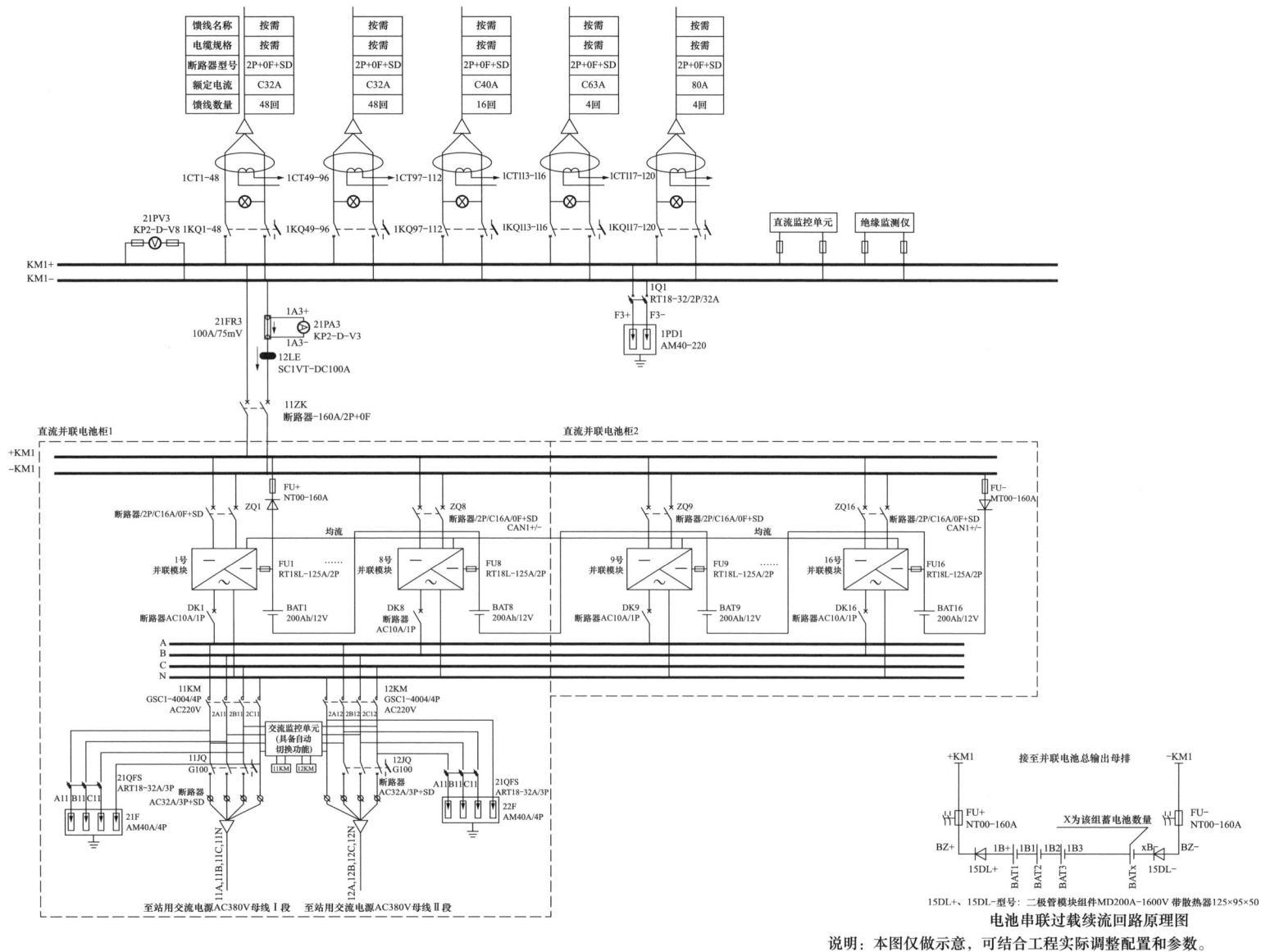

馈线名称	按需	按需	按需	按需	按需
电缆规格	按需	按需	按需	按需	按需
断路器型号	2P+0F+SD	2P+0F+SD	2P+0F+SD	2P+0F+SD	2P+0F+SD
额定电流	C32A	C32A	C40A	C63A	80A
馈线数量	48回	48回	16回	4回	4回

图 19-2　110kV 户外变电站第一组并联直流系统图

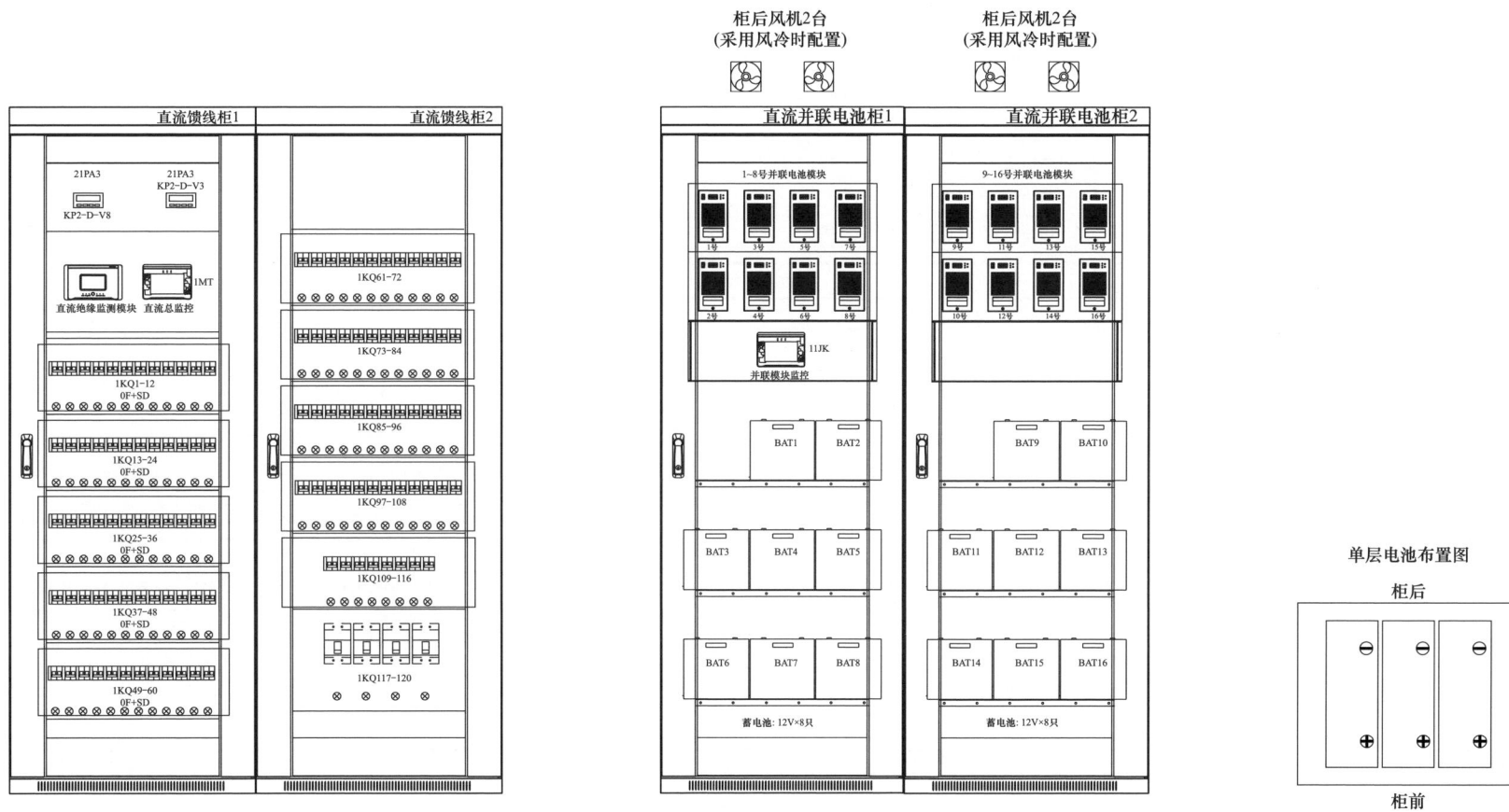

说明：1. 本图仅作示意，具体屏柜组柜方案可结合工程实际调整。

2. 第一组并联直流系统的直流并联电池柜建议布置于二次预制舱的独立小室，直流馈线柜建议布置于二次预制舱，具体屏柜布置可结合工程实际调整。

3. 屏体颜色：Z44。

4. 屏体尺寸：电源柜：高 2260mm × 宽 800mm × 深 600mm，含 60mm 高眉头。馈线柜：高 2260mm × 宽 600mm × 深 600mm，含 60mm 高眉头。

5. 开门方向：门轴在右（可根据工程实际调整）。

6. 进线方式：电缆下进下出。

7. 电缆沟深度建议：0.8m。

图 19-3　110kV 户外变电站第一组并联直流系统屏面布置图

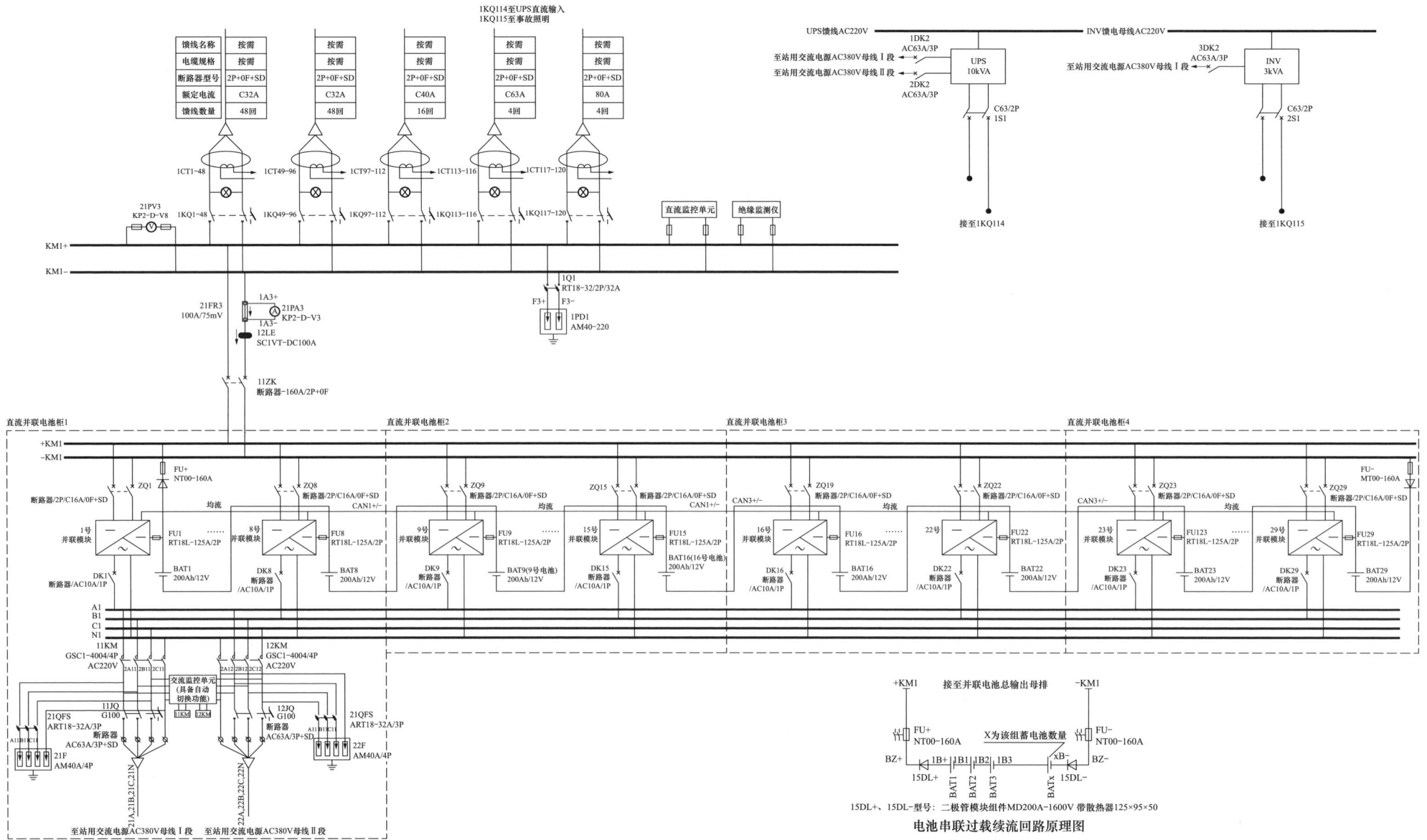

图 19-4　110kV 户外变电站第二组并联直流系统图

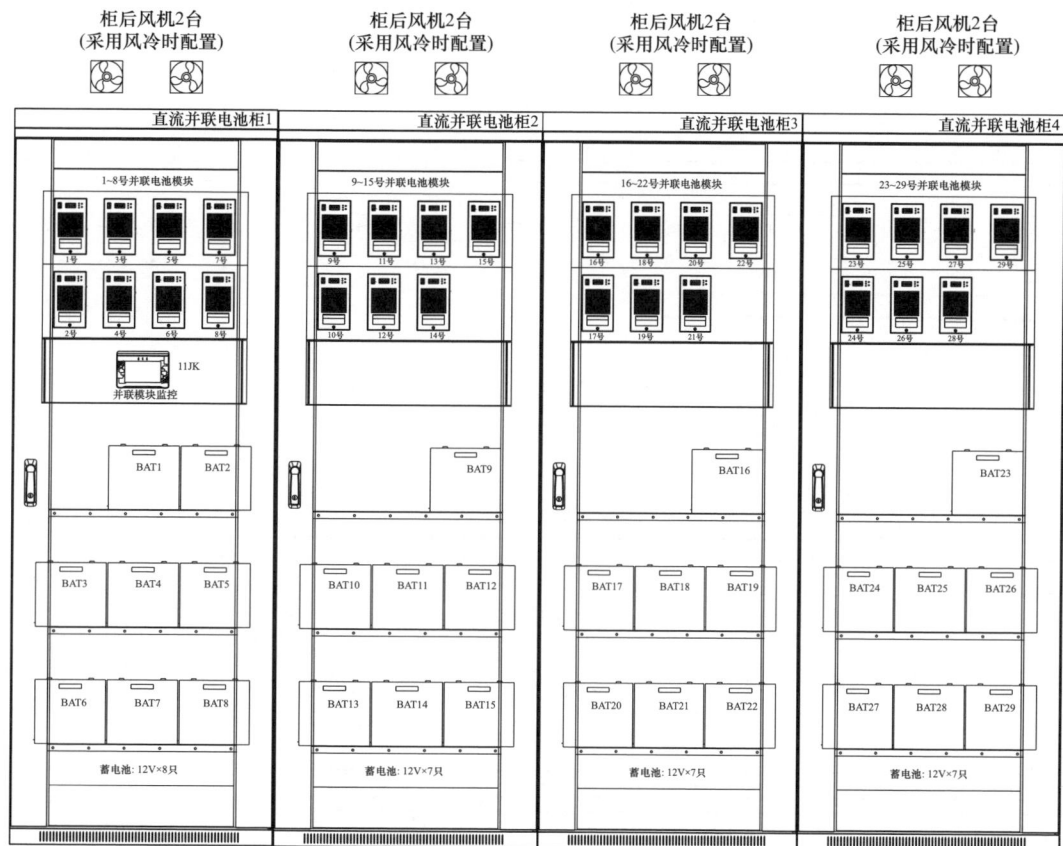

说明：1. 本图仅作示意，具体屏柜组柜方案可结合工程实际调整。

2. 第二组并联直流系统的直流并联电池柜建议布置于独立的小室，直流馈线柜、UPS柜、事故照明电源柜建议布置于二次设备室，具体屏柜布置可结合工程实际调整。

3. 屏体颜色：Z44。

4. 屏体尺寸：电源柜：高2260mm×宽800mm×深600mm，含60mm高眉头。馈线柜：高2260mm×宽600mm×深600mm，含60mm高眉头。

5. 开门方向：门轴在右（可根据工程实际调整）。

6. 进线方式：电缆下进下出。

7. 电缆沟深度建议：0.8m。

图19-5　110kV户外变电站第二组并联直流系统屏面布置图

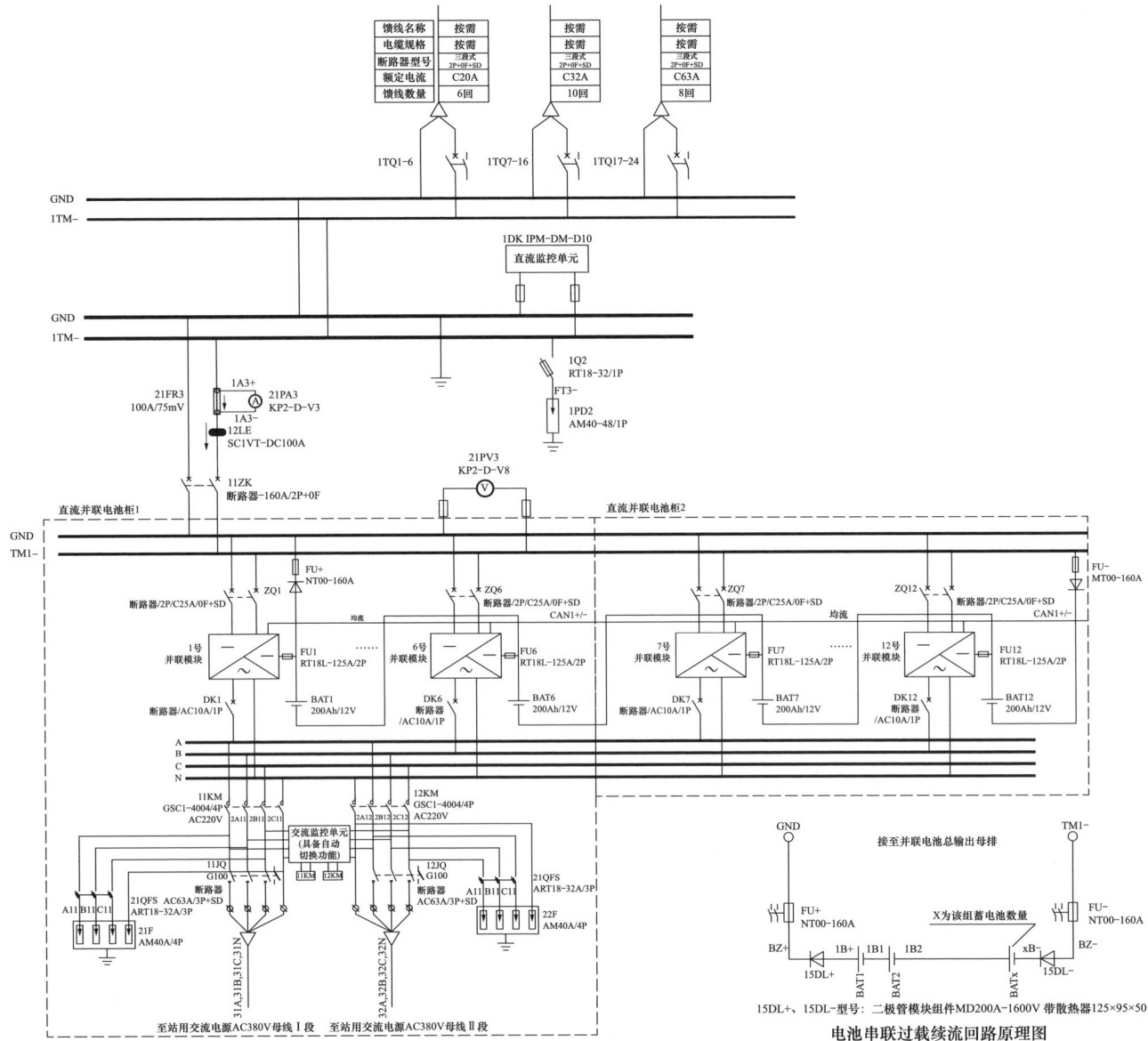

图 19-6　110kV 户外变电站第三组并联直流系统图

说明：本图仅做示意，可结合工程实际调整配置和参数。

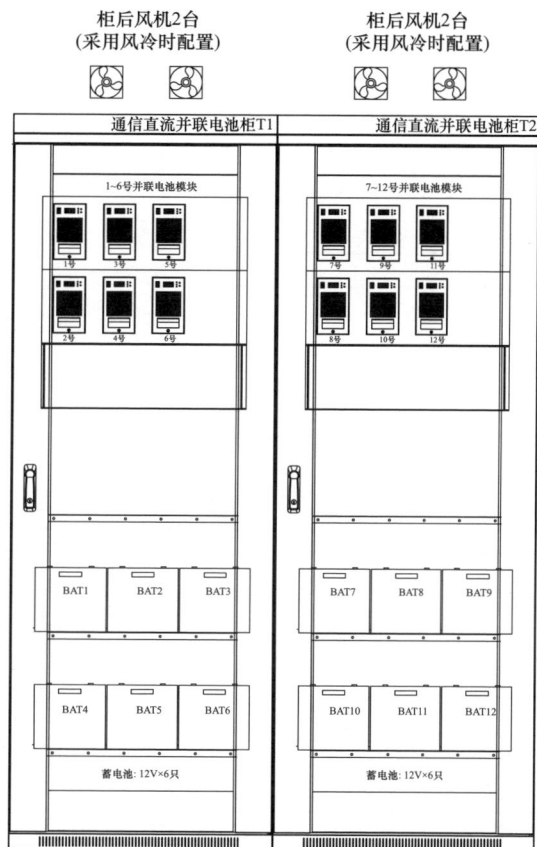

柜后风机2台
（采用风冷时配置）

柜后风机2台
（采用风冷时配置）

通信直流并联电池柜T1　　　通信直流并联电池柜T2

1~6号并联电池模块

1号　3号　5号

2号　4号　6号

7~12号并联电池模块

7号　9号　11号

8号　10号　12号

BAT1　BAT2　BAT3

BAT4　BAT5　BAT6

蓄电池：12V×6只

BAT7　BAT8　BAT9

BAT10　BAT11　BAT12

蓄电池：12V×6只

单层电池布置图

柜后

⊖　⊖　⊖

⊕　⊕　⊕

柜前

说明：1. 本图仅作示意，具体屏柜组柜方案可结合工程实际调整。

2. 第三组并联直流系统为通信直流负荷供电，建议布置于独立的小室，具体屏柜布置可结合工程实际调整，通信直流馈线柜由通信专业设计。

3. 屏体颜色：Z44。

4. 屏体尺寸：电源柜：高2260mm×宽800mm×深600mm，含60mm高眉头。

5. 开门方向：门轴在右（可根据工程实际调整）。

6. 进线方式：电缆下进下出。

7. 电缆沟深度建议：0.8m。

图 19-7　110kV 户外变电站第三组并联直流系统屏面布置图

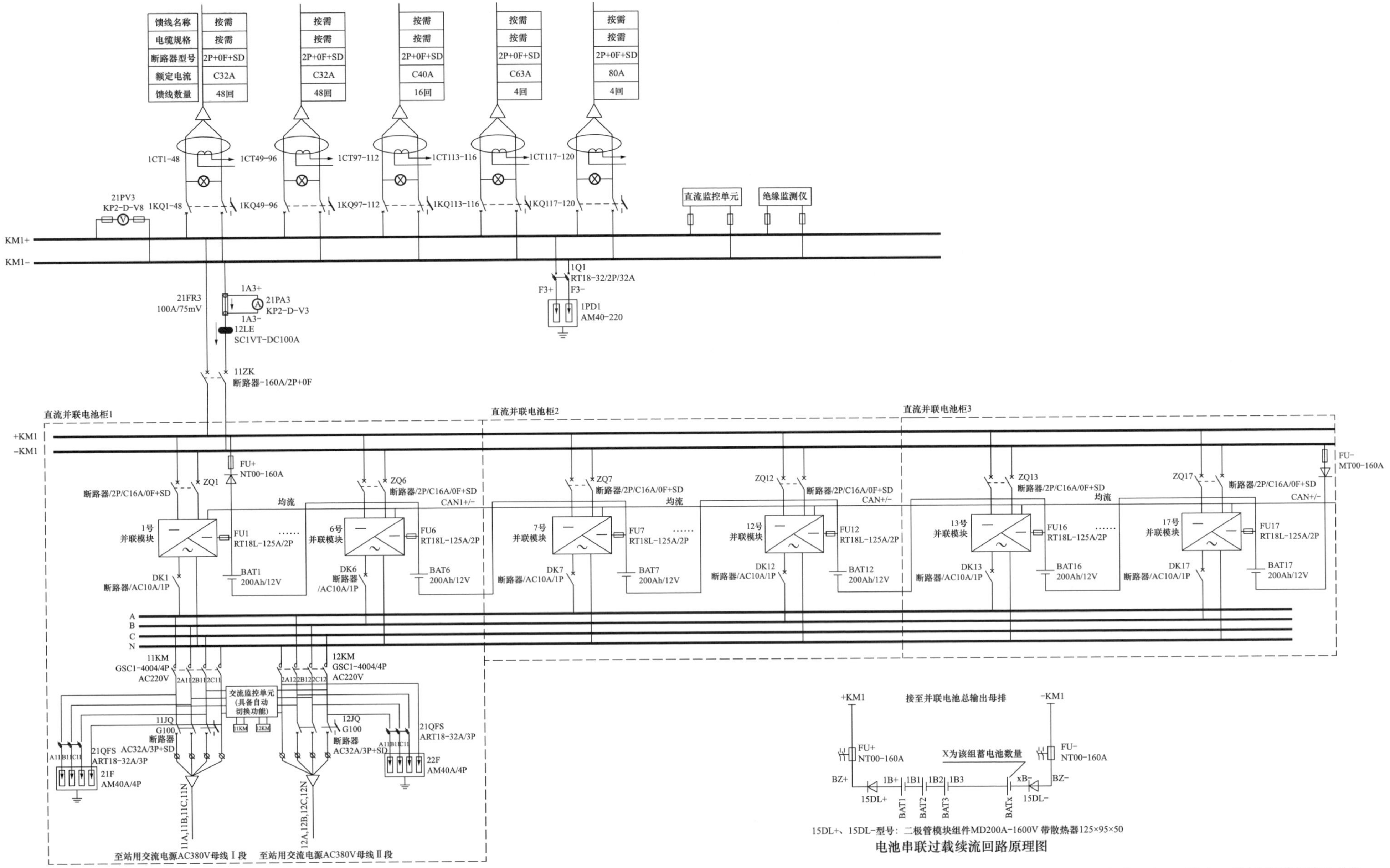

说明：本图仅做示意，可结合工程实际调整配置和参数。

图 19-8　110kV 户内变电站第一组并联直流系统图

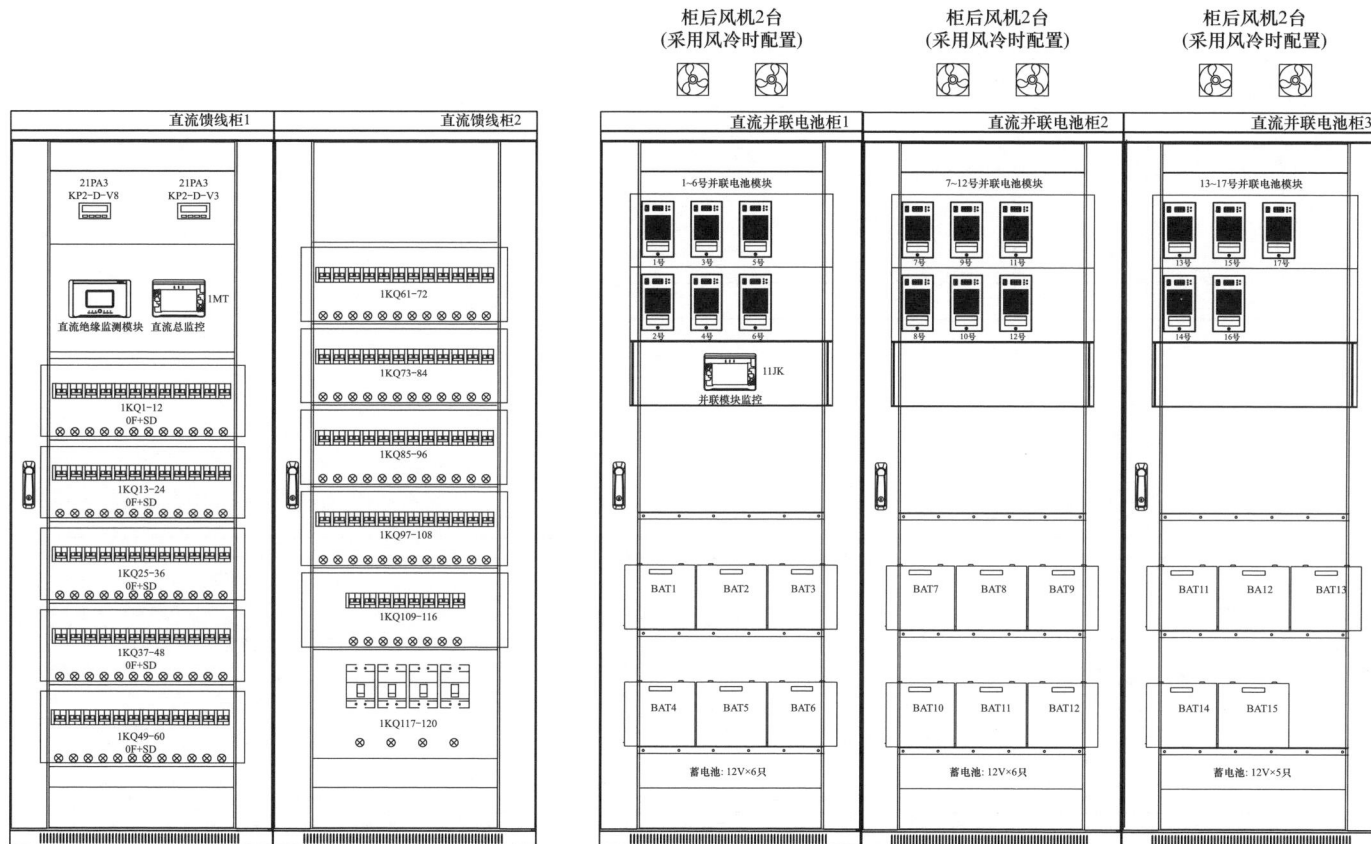

说明： 1. 本图仅作示意，具体屏柜组柜方案可结合工程实际调整。

2. 第一组并联直流系统的直流并联电池柜建议布置于独立的小室，直流馈线柜建议布置于二次设备室，具体屏柜布置可结合工程实际调整。

3. 屏体颜色：Z44。

4. 屏体尺寸：高2260mm×宽800mm×深600mm，含60mm高眉头，共5台。

5. 开门方向：门轴在右

6. 进线方式：电缆下进下出。

7. 电缆沟深度建议：0.8m。

图 19-9　110kV 户内变电站第一组并联直流系统屏面布置图

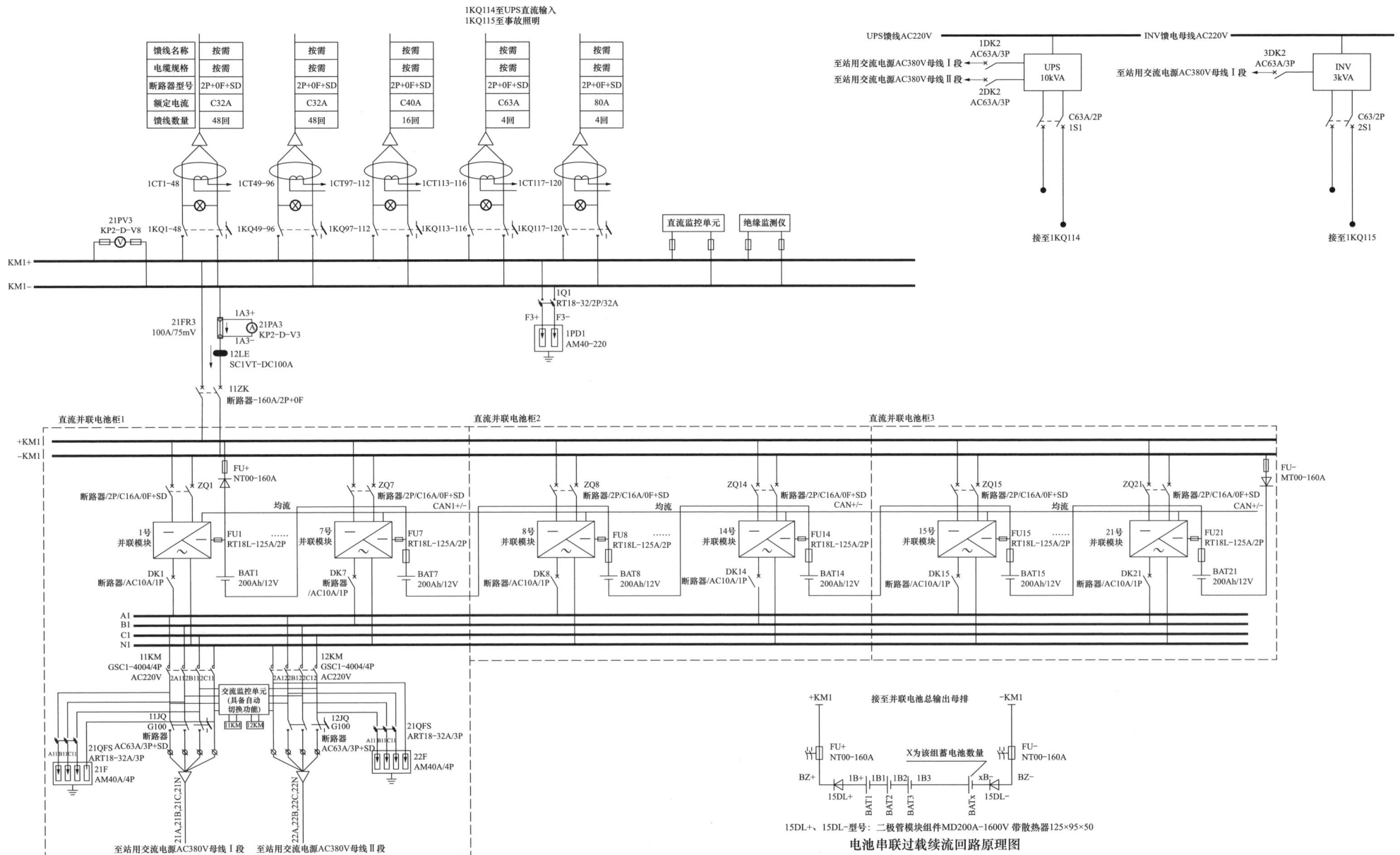

图 19-10　110kV 户内变电站第二组并联直流系统图

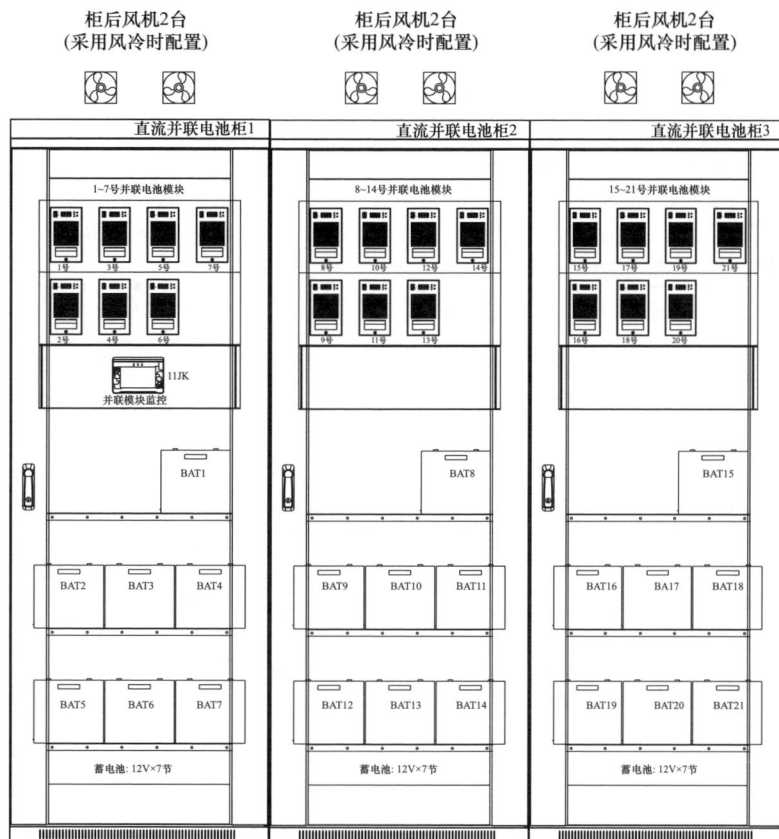

图 19-11　110kV 户内变电站第二组并联直流系统屏面布置图

单层电池布置图

柜后

柜前

说明：1. 本图仅作示意，具体屏柜组柜方案可结合工程实际调整。

2. 第二组并联直流系统的直流并联电池柜建议布置于二次设备室，直流馈线柜、UPS 柜、事故照明电源柜建议布置于二次设备室，具体屏柜布置可结合工程实际调整。

3. 屏体颜色：Z44。

4. 屏体尺寸：高 2260mm × 宽 800mm × 深 600mm，含 60mm 高眉头，共 3 台。

5. 开门方向：门轴在右

6. 进线方式：电缆下进下出。

7. 电缆沟深度建议：0.8m。

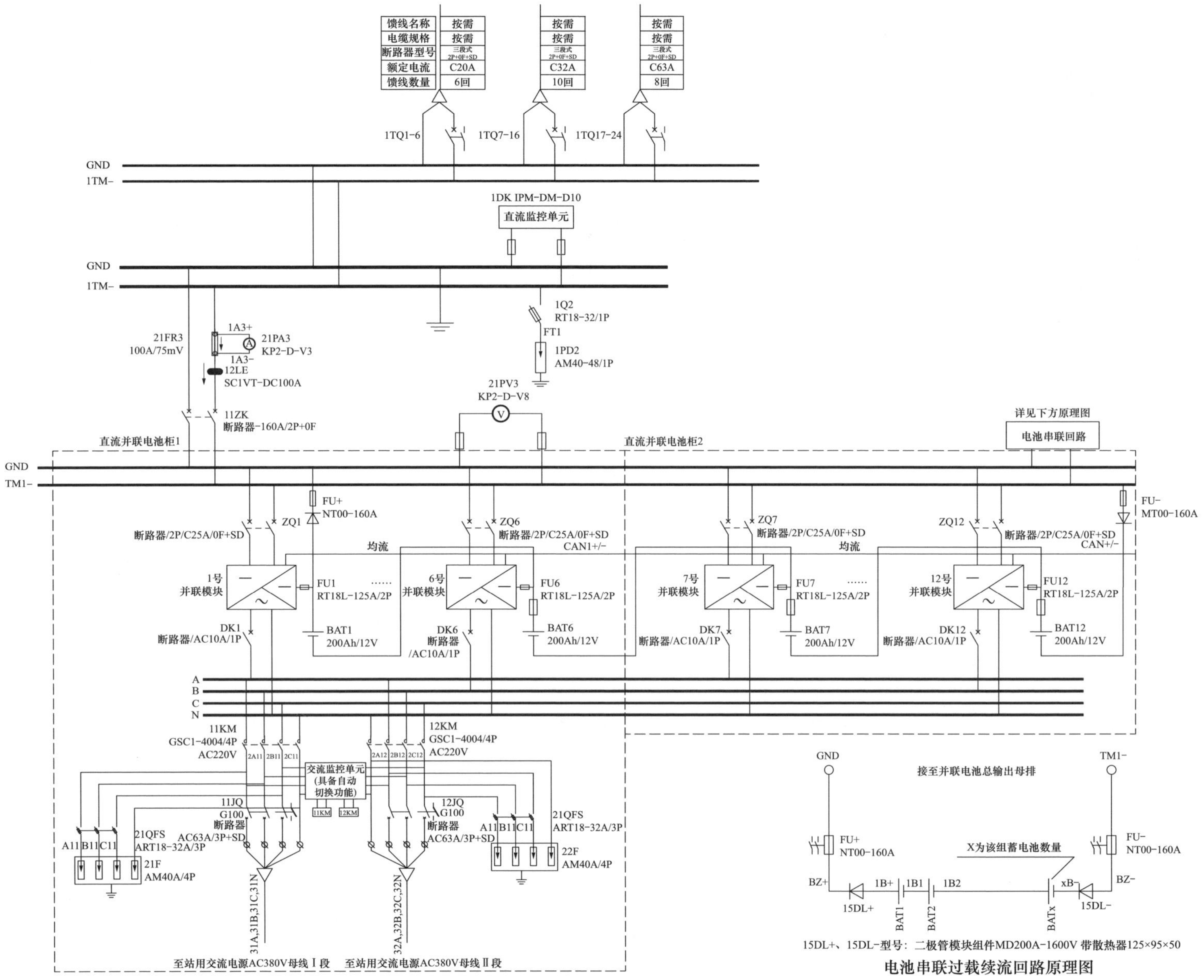

図 19-12　110kV 户内变电站第三组并联直流系统图

图 19-13 110kV 户内变电站第三组并联直流系统屏面布置图

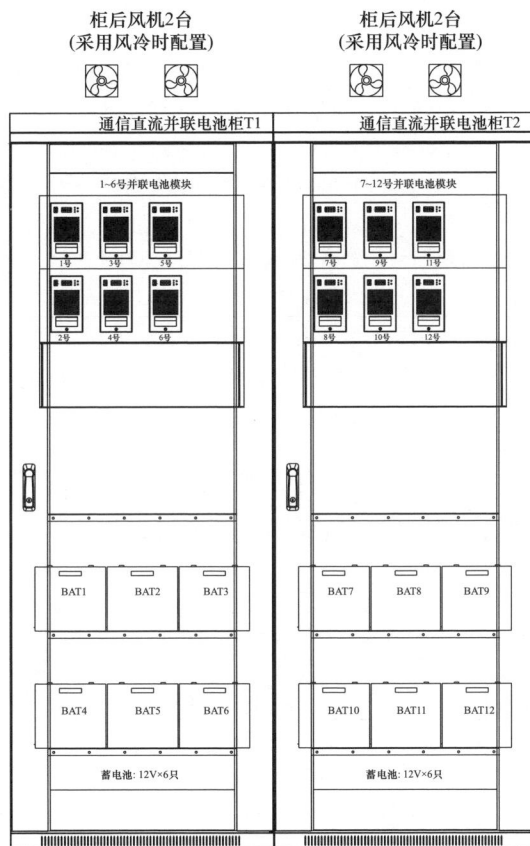

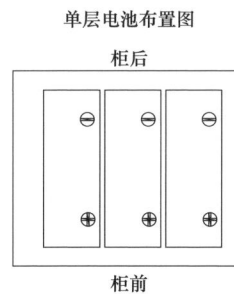

说明: 1. 本图仅作示意,具体屏柜组柜方案可结合工程实际调整。
2. 第三组并联直流系统为通信直流负荷供电,建议布置于二次设备室,具体屏柜布置可结合工程实际调整,通信直流馈线柜由通信专业设计。
3. 屏体颜色:Z44。
4. 屏体尺寸:高 2260mm×宽 800mm×深 600mm,含 60mm 高眉头,共 2 面。
5. 开门方向:门轴在右
6. 进线方式:电缆下进下出。
7. 电缆沟深度建议:0.8m。

第20章 基于磷酸铁锂电池的直流电源系统

20.1 技术简介

35～110kV 变电站应用磷酸铁锂电池是通过将传统变电站内一体化电源系统中的铅酸蓄电池更换为磷酸铁锂电池实现，其最大的特点和优势是能够发挥磷酸铁锂电池污染小，维护量小的优势。

20.2 技术经济对比与低碳性能分析

在 35～110kV 变电站应用磷酸铁锂电池，除了能够发挥磷酸铁锂电池污染小，维护量小的优势之外，在经济性上也具有明显优势，磷酸铁锂电池与铅酸蓄电池详见表 20-1。

表 20-1 磷酸铁锂电池与铅酸蓄电池低碳性能对比表

对比指标	磷酸铁锂电池	铅酸蓄电池
工作电压（V）	3.2	2.1
质量比能（Wh/kg）	120	40
体积比能（Wh/L）	210	70
寿命（h）	2000	400
单位价格（元/Wh）	3～5	1～1.5
环保	无毒，不含任何重金属与稀有金属（镍氢电池需稀有金属），无毒（SGS 认证通过），无污染（符合欧洲 RoHS 规定）	有毒
安全性	优秀	良好
倍率放电特性	大电流放电电压平稳，4C 放电量是额定容量的 92% 以上	在不同放电电流下电压平台变化较大，并且在 2C 电流条件下时放电容量就只能达到额定容量的 80%

续表

对比指标	磷酸铁锂电池	铅酸蓄电池
大电流充放电能力	可大电流（2C 电流）快速充放电，在专用充电器下，1.5C 电流充电 40min 内即可使电池充满，起动电流可达 2C	铅酸电池无法达到与磷酸铁锂相同的性能
能量密度	能量密度高，在相同容量的情况下，磷酸铁锂电池的体积是铅酸蓄电池的 28.3% 左右，质量是铅酸蓄电池的 20% 左右	—

注 表中的 nC 代表电池充放电速率为 n 时的充放电电流。电池放电速率 n 为充放电倍率 = 充放电电流 / 额定容量，表示放电快慢。如对于 24Ah 的电池而言，2C 放电电流为 48A，0.5C 放电电流为 12A。

通过对工程采用磷酸铁锂电池和铅酸蓄电池进行技术经济比较，得到其全寿命周期成本情况，全寿命周期成本对比见表 20-2。

表 20-2 磷酸铁锂电池与铅酸蓄电池寿命周期成本对比表 （万元）

对比指标	磷酸铁锂电池	铅酸蓄电池	差异值（以铅酸蓄电池为基准）	备注
一次投资成本（IC）	56.46	36.65	19.81	
1）设备采购成本	50	26	24	50 年，锂电池 12.5 年一换，铅酸 4 年一换
2）蓄电池室建筑成本	6.16	10.65	-4.49	每平方米 0.5 万元计算
3）其他	0.3	0	0.3	1m³ 砂池按 3000 元 /m³ 计算
运行维护成本（OC）	90.5	121	-30.5	
1）设备更换成本	78	96	-18	50 年，锂电池 12.5 年一换，铅酸 4 年一换
2）运维成本	12.5	25	-12.5	锂电池 2 年运维一次，铅酸 1 年运维一次，每次费用 0.5 万元
合计	146.96	157.65	-10.69	

（1）初始投资成本（IC）。一次投资成本的不同主要体现在设备采购成本、蓄电池室建筑成本、其他等3个方面的差别，具体如下：

1）设备采购成本。因目前磷酸铁锂电池价格为非标，经咨询电池厂家，基于磷酸铁锂电池的一体化电源系统的采购成本约为50万元，基于铅酸蓄电池的一体化电源系统的采购成本约为26万元。

2）蓄电池室建筑成本。建筑成本按每平方米0.5万元计算，采用磷酸铁锂所需要蓄电池室的建筑面积为5.6m×2.2m，所需建筑成本为6.16万元；采用铅酸蓄电池所需要蓄电池室的建筑面积为7.1m×3m，所需建筑成本为10.65万元。

3）其他。根据GB 51048—2014《电化学储能电站设计规范》11.2.6的要求，纳硫电池室应配置砂池，锂电池室宜配置砂池。按配置1m³砂池计算，每米³砂池3000元。

可燃气体报警装置和防爆空调、防火墙、防火门等无论采用哪种类型蓄电池均需要配置。

（2）运行维护成本（OC）。

1）设备更换成本。

a）磷酸铁锂电池按每12.5年更换一次计算，铅酸蓄电池按每4年更换一次计算，考虑变电站全生命周期为50年，磷酸铁锂电池需要更换3次，铅酸蓄电池需要更换12次，每次都需要单独购买蓄电池，因此采用磷酸铁锂电池的更换成本为78万元，采用铅酸蓄电池的购置成本为96万元。

b）磷酸铁锂电池按每2年运维一次计算，铅酸蓄电池按每1年运维一次计算，每次费用0.5万元。因此采用磷酸铁锂电池的运维费用为12.5万元，采用铅酸蓄电池的运维费用为25万元。

2）报废成本（DC）。磷酸铁锂电池与铅酸蓄电池的报废过程及处理流程基本相同，铅酸蓄电池制造、运行、报废、搁置、回收整个过程都存在污染。而磷酸铁锂电池是零污染，对环境的社会价值贡献不可以金钱所衡量。

经过全寿命周期成本分析，在变电站全寿命周期内，使用磷酸铁锂电池的成本可节约10.69万元，进一步考虑到磷酸铁锂电池对环境的零污染的优点，磷酸铁锂电池的优势明显。

注：本章中所有的引用数据（各项成本、设备配置、价格等）均为本书编制期间调研取得，仅用于本书分析工作，不作为其他任何形式的定价依据。

20.3 应用范围/适用条件

可广泛应用于110kV变电站新建工程，需有独立的蓄电池室。

20.4 应用案例

在福建泉州玉兰110kV变电站工程的一体化直流系统中采用了一套磷酸铁锂电池。福建泉州玉兰110kV变电站工程于2021年1月开始初步设计，5月完成初步设计评审，确定采用串联型磷酸铁锂电池直流电源系统。

20.5 设计要点

因使用了磷酸铁锂电池，在实际使用的过程中需注意蓄电池室的配套消防问题。

20.6 设计图纸

设计图如图20-1～图20-3所示。

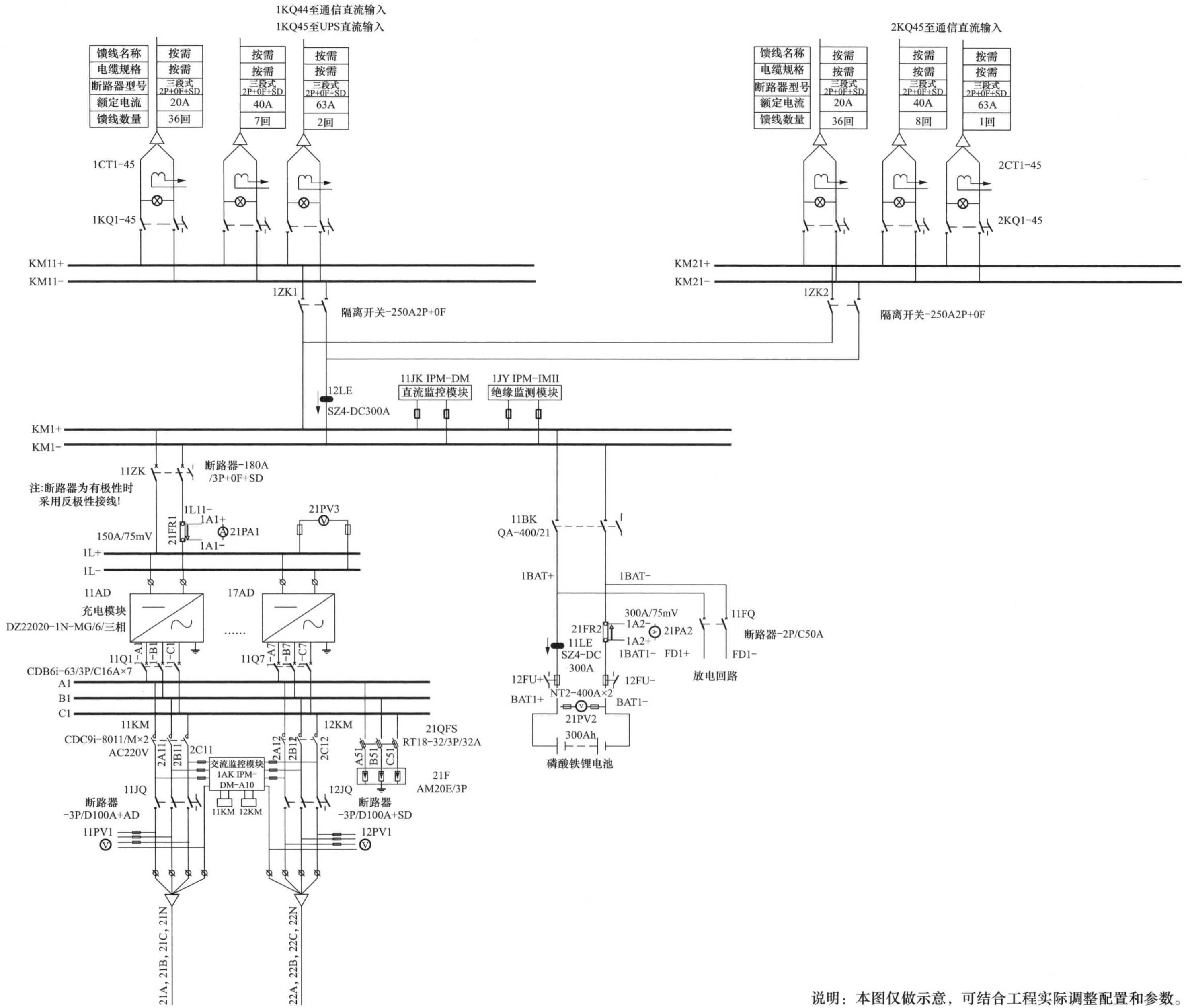

图 20-1　直流系统图

说明：本图仅做示意，可结合工程实际调整配置和参数。

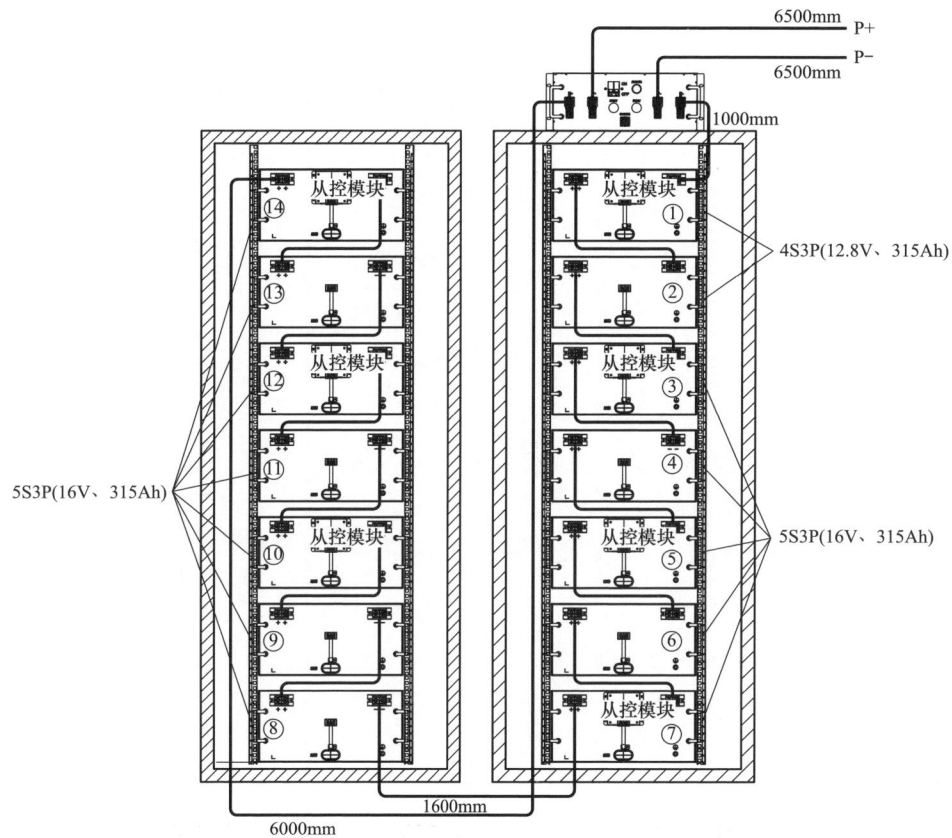

6500mm P+

6500mm P−

1000mm

从控模块 ①

4S3P(12.8V、315Ah)

从控模块 ③

5S3P(16V、315Ah)

从控模块 ⑤

从控模块 ⑦

从控模块 ⑭

5S3P(16V、315Ah)

从控模块 ⑫

从控模块 ⑩

从控模块 ⑧

1600mm

6000mm

柜体屏位布置图

| T1 | T2 |

⇧

柜前

说明：1. 本图仅做示意，具体屏柜布置可结合工程具体厂家设备调整。
2. 磷酸铁锂电池电源柜布置于专门的蓄电池室。
3. 屏体颜色：Z44。
4. 屏体尺寸：高 2260mm × 宽 800mm × 深 600mm，共 2 面。
5. 开门方向：门轴在右。
6. 进线方式：电缆下进下出。
7. 电缆沟深度建议：0.8m。

图 20-2   磷酸铁锂电池柜屏面布置图

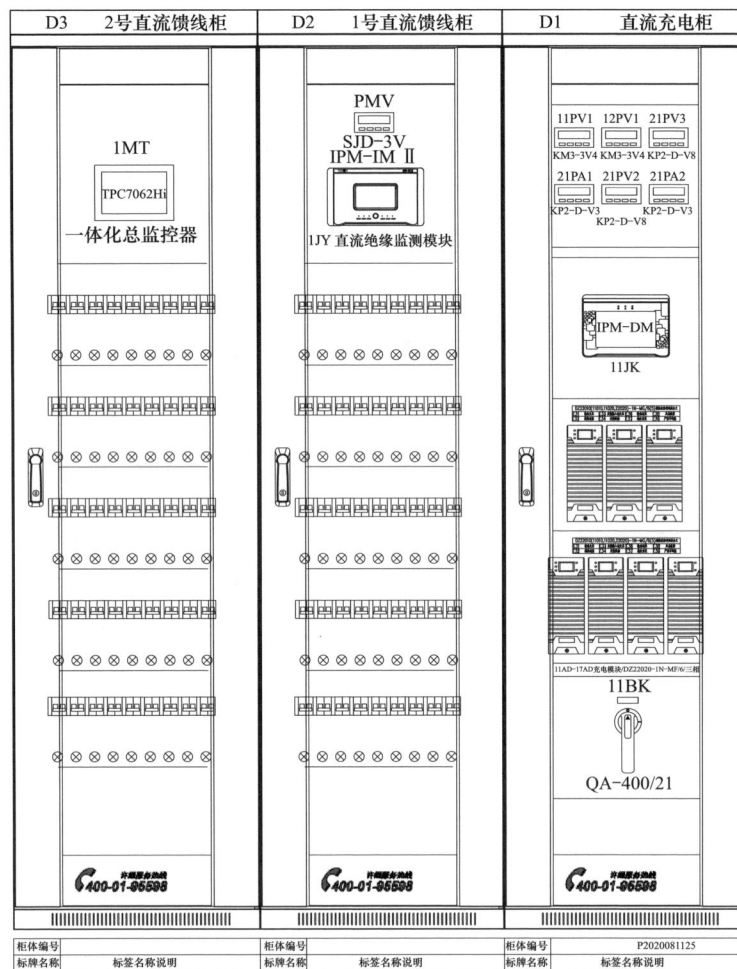

D3	2号直流馈线柜	D2	1号直流馈线柜	D1	直流充电柜

1MT

TPC7062Hi

一体化总监控器

PMV

SJD-3V
IPM-IM Ⅱ

1JY 直流绝缘监测模块

11PV1 12PV1 21PV3

KM3-3V4 KM3-3V4 KP2-D-V8

21PA1 21PV2 21PA2

KP2-D-V3 KP2-D-V3
KP2-D-V8

IPM-DM
11JK

11AD-17AD充电模块/DZ2020-1N-MF/6/三相

11BK

QA-400/21

400-01-95598

400-01-95598

400-01-95598

柜体编号		柜体编号		柜体编号	P2020081125
标牌名称	标签名称说明	标牌名称	标签名称说明	标牌名称	标签名称说明

柜体屏位布置图

D3	D2	D1

↑

柜前

说明：1. 本图仅做示意，具体屏柜布置可结合工程具体厂家设备调整。
2. 直流系统相关屏柜布置于二次设备室。
3. 屏体颜色：Z44。
4. 屏体尺寸：高 2260mm × 宽 800mm × 深 600mm，含 60mm 高眉头，共 3 面。
5. 开门方向：门轴在右。
6. 进线方式：电缆下进下出。
7. 电缆沟深度建议：0.8m。

图 20-3　直流系统屏面布置图

第21章 智能变电站二次系统在线监测技术

21.1 技术简介

二次设备状态监测系统通过 SCD 文件实现智能变电站保护设备的管理，经站控层网络和过程层网络获取合并单元、智能终端、保护装置、安全自动装置及交换机的信息，对智能变电站保护设备及二次回路的运行监视、智能诊断和电网故障分析的装置。

系统信息采集范围涵盖合并单元、智能终端、保护装置和安全自动装置。

基于 SCD 以可视化的方式将智能变电站二次系统的运行状况反映给变电站运检人员、继电保护专业人员，为智能变电站二次系统的日常运维、异常处理、事故分析以及检修等工况提供多维度的可视化信息支撑、决策及安全操作依据。

系统组网采用"双网接入"的方式，通过站控层网络和过程层网络，获取继电保护设备 MMS、SV、GOOSE 数据，实现数据分析与记录、智能诊断、安全措施校核等功能。

管理单元接入 MMS 的 A 网和 B 网，负责提供保护在线监测告警信息到监控系统，同时获取间隔层设备的运行状态（如保护信息、收发光功率、装置温度、软压板状态等）。

采集单元接入 MMS 网络、过程层网络及交换机信息网络负责采集全站二次设备的 SV、GOOSE、站控层 MMS 报文。最后，通过组网交换机将信息汇集上送管理单元。

在线监视与诊断断装置体系架构如图 21-1 所示。

21.2 与常规设备的技术经济对比

二次设备状态监测技术可实现二次系统可视化运维、异常智能诊断、基于模型的故障智能分析。可提高运维效率，节省运维时间，提高异常诊断的准确率，缩短缺陷或异常消除时间，根据设备状态制定检修计划，将大幅降

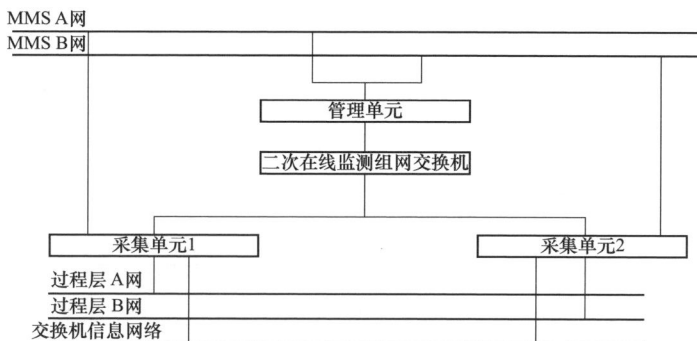

图 21-1 在线监视与诊断装置体系架构

低检修维护费用，减少平时停电检修时间，降低损耗，长期运行的效益是非常显著的。同时便于调度管理部门实时掌握变电站设备运行状态、及时判断电网二次故障状况、有效分析变电站设备动作行为，使调度、监控工作更为安全、高效，推进电网向智能化方向发展。

在本章节中，将综合考虑二次设备在线监测系统的采购成本，以及其带来的运维、检修成本的变化，利用全生命周期成本分析方法，对二次设备在线监测系统进行技术经济分析。

根据对市场调研的结果，结合某 220kV 变电站工程的设备配置情况，得到某 220kV 变电站工程二次设备在线监测系统的采购成本估算见表 21-1。

表 21-1 某 220kV 变电站工程二次设备在线监测系统的采购成本估算表

序号	设备名称	单位	数量	单价（万元）	价格（万元）
1	二次状态在线监测主机柜				
1.1	数据管理单元（主机）	台	1	1.5000	1.5
1.2	显示器	台	1	0.3000	0.3
1.3	系统软件	套	1	8.0000	8
1.4	交换机	台	1	0.3000	0.3

续表

序号	设备名称	单位	数量	单价（万元）	价格（万元）
1.5	屏柜	面	1	0.5000	0.5
2	二次状态在线监测采集柜				
2.1	数据采集单元	台	1	5.0000	5
2.2	屏柜	面	1	0.5000	0.5
3	光缆、尾缆	m	足量	1.0000	1
4	安装调试	项	1	1.0000	1
5	总价				18.1

运维及检修成本估算：

在设备运行投产后，需要对相应设备进行运行维护，不同的设备以及工艺将会产生不同的设备运行维护费用，该项费用可根据实际使用设备的运行维护费用、检修费加以统计。

根据《国网公司输变电工程提高使用寿命设计指导意见》，在主要二次设备中使用的器件至少要达到 20 年以上的使用寿命。假定二次设备服役时间为 20 年。

以某 110kV 变电站工程为例，分别针对不配置二次设备状态监测系统和配置二次设备状态监测系统的情况，进行全生命周期分析比较。

（1）不配置二次设备状态监测系统。每月需对设备进行运行维护，对老旧配件进行更换。平均费用约 3.5 万元 / 月（含运行人工成本、装置配件费、技术人员差旅费等）。运维成本为 $3.5 \times 12 \times 20 = 840$ 万元。

按照 DL/T 995—2016《继电保护和电网安全自动装置检验规程》规定的期限开展检验。110kV 电压等级的保护设备首检后每 6 年进行一次全部检验，每 2～4 年进行一次部分检验。

对于一个 110kV 检修间隔（线路、主变压器、母线），20 年内需对该间隔二次设备进行 1 次首检、2 次全检、4 次部检。每次检修平均费用 3 万元，故检修成本为 $3 \times 7 = 21$ 万元。

对于一个 10kV 检修间隔，20 年内仅需对该间隔二次设备进行 1 次首检、4 次检验。每次检修平均费用 3 万元，故检修成本为 $3 \times 5 = 15$ 万元。

某 110kV 变电站工程按本期统计：主变压器 2 台、110kV 本期 2 回出线、10kV 出线 28 回、4 台电容器、2 台接地变压器兼站用变压器。

全站检修成本为 $4 \times 21 + 36 \times 15 = 624$ 万元。

（2）配置二次设备状态监测系统。采购成本为 18.1 万元。

由于二次设备状态监测技术实现了二次系统可视化运维、异常智能诊断、基于模型的故障智能分析，对运行维护，异常消缺提供了极大的支持，节约运维成本至约 1 万元 / 月（含运行人工成本、装置配件费、技术人员差旅费等）。运维成本为 $1 \times 12 \times 20 = 240$ 万元。

运用二次设备状态监测技术后，可根据对设备的状态评价情况，灵活制定检修计划，采用状态检修，将部检次数减少。

对于一个 110kV 检修间隔（线路、主变压器、母线），20 年内仅需对该间隔二次设备进行 1 次首检、2 次全检。每次检修费用 3 万元，故检修成本为 $3 \times 3 = 9$ 万元。

对于一个 10kV 检修间隔，20 年内仅需对该间隔二次设备进行 1 次首检、2 次检验。每次检修费用 3 万元，故检修成本为 $3 \times 3 = 9$ 万元。

全站检修成本为 $40 \times 9 = 360$ 万元。

全生命周期经济技术比较见表 21-2。

表 21-2　全生命周期经济技术比较表

序号	项目	不配置二次设备状态监测系统的智能变电站	配置二次设备状态监测系统的智能变电站	投资差额
1	设备采购（万元）	0	18.1	—
2	全站运维成本（20 年使用寿命）（万元）	840	240	—
3	检修成本（20 年使用寿命）（万元）	624	360	—
4	更换及相关成本（20 年使用寿命）（万元）	0	更换成本 36	—

序号	项目	不配置二次设备状态监测系统的智能变电站	配置二次设备状态监测系统的智能变电站	投资差额
5	整个生命周期成本（万元）	1464	654.1	809.9
	节约成本（%）			55.3

续表

通过比较，得出采用二次设备状态监测系统，在整个生命周期内，可节约成本 55.3%。

注意：本章中所有的引用数据（各项成本、设备配置、价格等）均为图集编制期间调研取得，仅用于本图集分析工作，不作为其他任何形式的定价依据。

21.3　应用范围 / 适用条件

适用于扩建及新建智能变电站，不受布置方案影响。

21.4　应用案例

智能变电站二次系统在线监测技术应用案例见表 21-3。

表 21-3　智能变电站二次系统在线监测技术应用案例

序号	工程名称	厂家
1	厦门东岗 500kV 变电站配套科技项目工程	上海毅昊自动化有限公司
2	福州 220kV 娘宫变电站	长园深瑞继保自动化有限公司
3	莆田 220kV 木兰变电站	长园深瑞继保自动化有限公司

21.5　设计要点

二次设备在线监测信息采集范围应涵盖合并单元、智能终端、保护装置、故障录波装置、过程层交换机及整个过程层的 GOOSE 和 SV 信息。设计时应充分考虑采集单元与主机之间以及采集单元与交换机之间的组网连接方式。

21.6　设计图纸

设计图如图 21-2～图 21-9 所示。

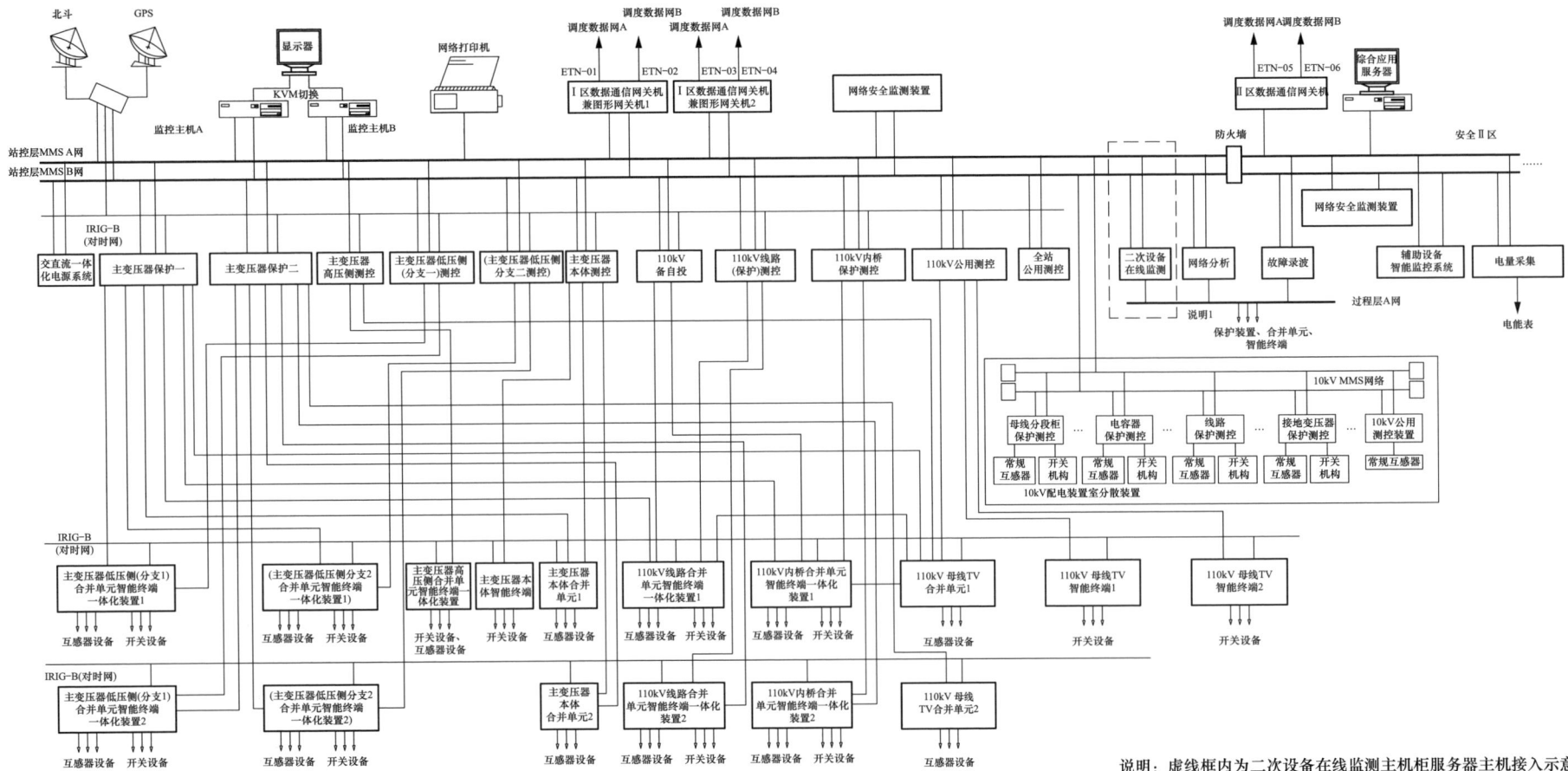

图 21-2　监控系统接线示意图

站控层A网/MMS

ZXJC-130A

站控层B网/MMS

ZXJC-
130B
二次设备在线监测主机柜

LAN4　LAN3　　LAN2　LAN1
（网口）（网口）$_{1n}$（网口）（网口）

服务器主机

1口　3n交换机　2口

网络线　　　网络线　　　　网络线　　　　网络线　二次设备在线监测采集柜

LAN4　LAN3　　LAN2　LAN1
（网口）（网口）$_{1n}$（网口）（网口）

采集单元1

LAN4　LAN3　　LAN2　LAN1
（网口）（网口）$_{2n}$（网口）（网口）

采集单元2(备用)

光缆

110kV内桥—GIS智能控制柜

110kV过程层中心交换机1

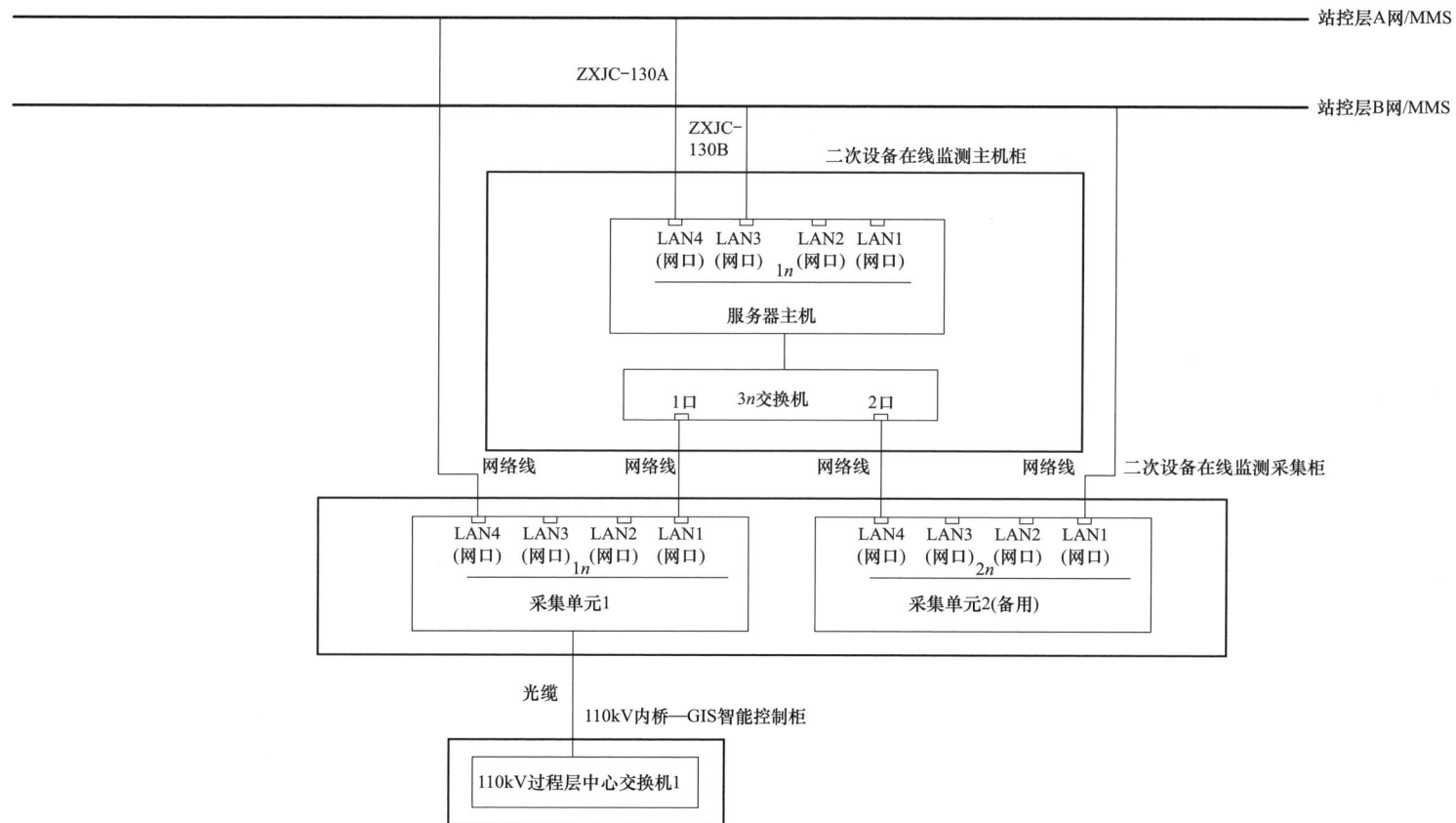

图21-3　二次设备在线监测网络接线示意图

| | 93K | 92K | 91K | JK |

液晶显示器
2n

17寸液晶显示器
2n

ZD

9D

1JD

1n
监测服务器

1n
服务器主机箱

4n 键盘/鼠标

4n 键盘/鼠标

3n 交换机

3n 交换机

正面

背面

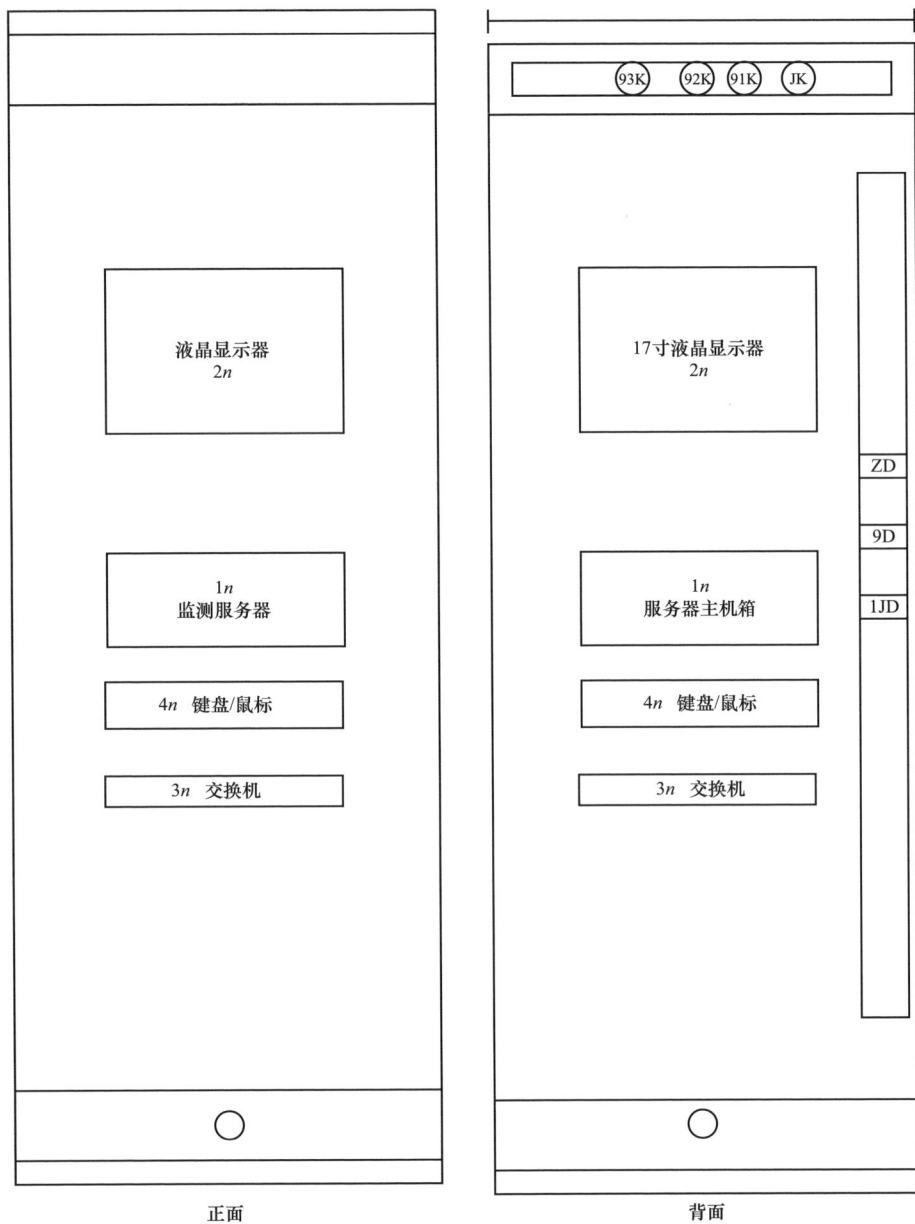

说明：本图仅为示意，不应作为工程设计依据，请根据工程中标设备实际情况引接。

序号	编号	名称	型号	数量
1	1n	监测服务器		1
2	2n	液晶显示器		1
3	3n	交换机		1
4	4n	键盘/鼠标		1
5	Jk	交流空气开关		1
6	91k～93k	直流空气开关		3

图 21-4 二次设备在线监测主机柜屏面布置图

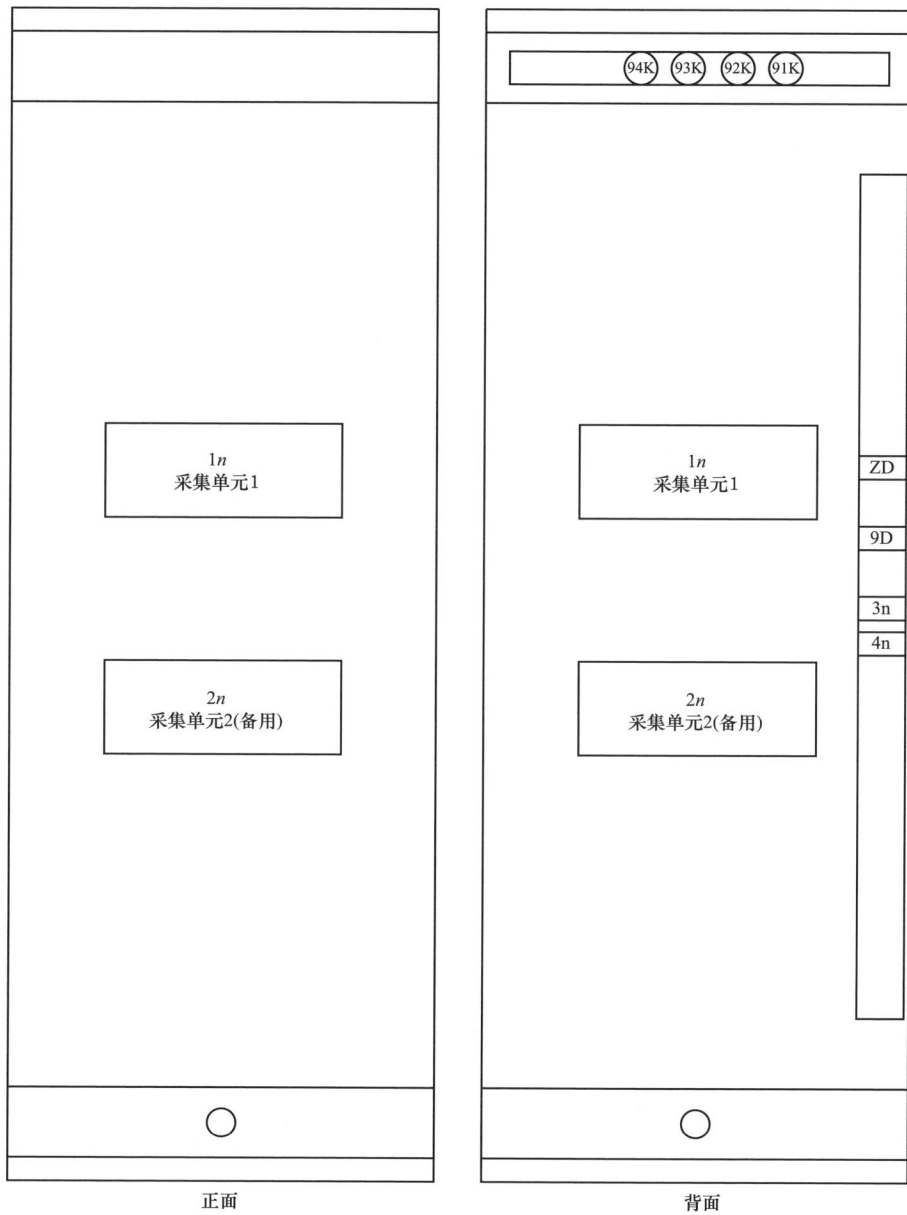

序号	编号	名称	型号	数量
1	1n	采集单元1	在线监测装置	1
2	2n	采集单元2（备用）	在线监测装置	1
3	91k-94k	直流空气开关		4

说明：本图仅为示意，不应作为工程设计依据，请根据工程中标设备实际情况引接。

图 21-5　二次设备在线监测采集柜屏面布置图

二次设备在线监测采集柜光纤配线架1配线表							
进线光缆			光配单元端子号	柜内设备配线			使用说明
纤芯序号	套管颜色	光纤颜色		纤芯编号	装置名称	装置代号/装置插件/端口号	
1	蓝		1J-A-1	ZXJC：ZWT	采集单元1(1n)	1n TX	采集单元1过程层组网
2	橙		1J-A-2	ZXJC：ZWR	采集单元1(1n)	1n RX	采集单元1过程层组网

至110kV内桥一GIS智能控制柜
110kV过程层中心交换机1   8   ZXJC-G131

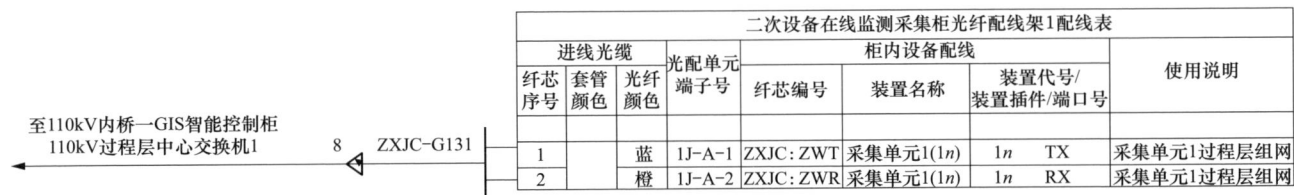

说明：本图仅为示意，不应作为工程设计依据，请根据工程中标设备实际情况引接。

图 21-6　二次设备在线监测采集柜尾缆联系图

站控层Ⅰ区A网交换机

变电站网络交换机

GND PWR1+ PWR1- PWR2+ PWR2-   FAIL COM ALM

电源1 运行
电源2 告警

GND PWR1+ PWR1- PWR2+ PWR2-   FAIL COM ALM

调试口

上排端口（从左到右）：
- 监控主机柜 网络打印机 DYJ-130A（2）
- 监控主机柜 监控主机1 JK-130A（4）
- 监控主机柜 监控主机2 JK-131A（6）
- 本柜 Ⅰ区数据通信网关机1 WL-130A（8）
- 本柜 防火墙 WL-132A（10）
- 本柜 智能接口装置 GYZH-130A（12）
- 本柜 Ⅰ区数据通信网关机2 WL-131A（14）
- 本柜 110kV间隔层网络交换机1 YWLJ-01A（16）
- 公用测控柜 一体化电源监控系统 UPS-130A（18）
- UPS柜（20, 22, 24）

下排端口（从左到右）：
- 10kV网络交换机柜 10kV间隔层交换机1n WL-134A（1）
- 微机防误主机柜 智能防误主机1 WF-130A（3）
- 微机防误主机柜 智能防误主机2 WF-131A（5）
- 时钟同步柜 GPS-130A（7）
- 网络分析柜 网络记录分析装置 WFWL-130A（9）
- 二次设备在线监测主机柜 服务器主机 ZXJC-130A（11）
- （13, 15, 17, 19, 21, 23）

G2 G4
G1 G3

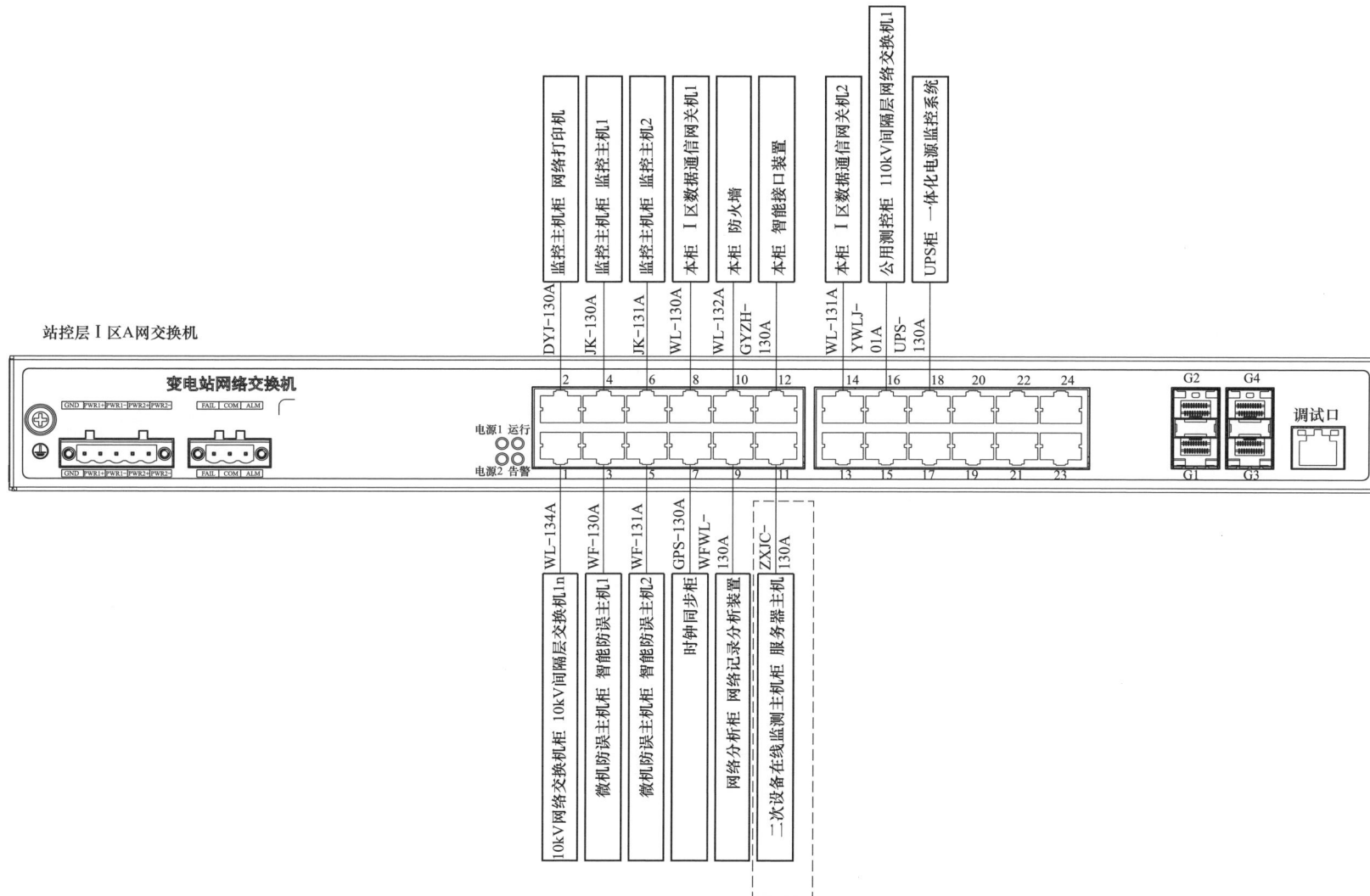

说明：虚线框内为二次设备在线监测主机柜服务器主机接入示意。虚线框外接线仅为示意，不应作为工程设计依据，请根据工程实际情况引接。

图 21-7 站控层Ⅰ区交换机接线示意图 1

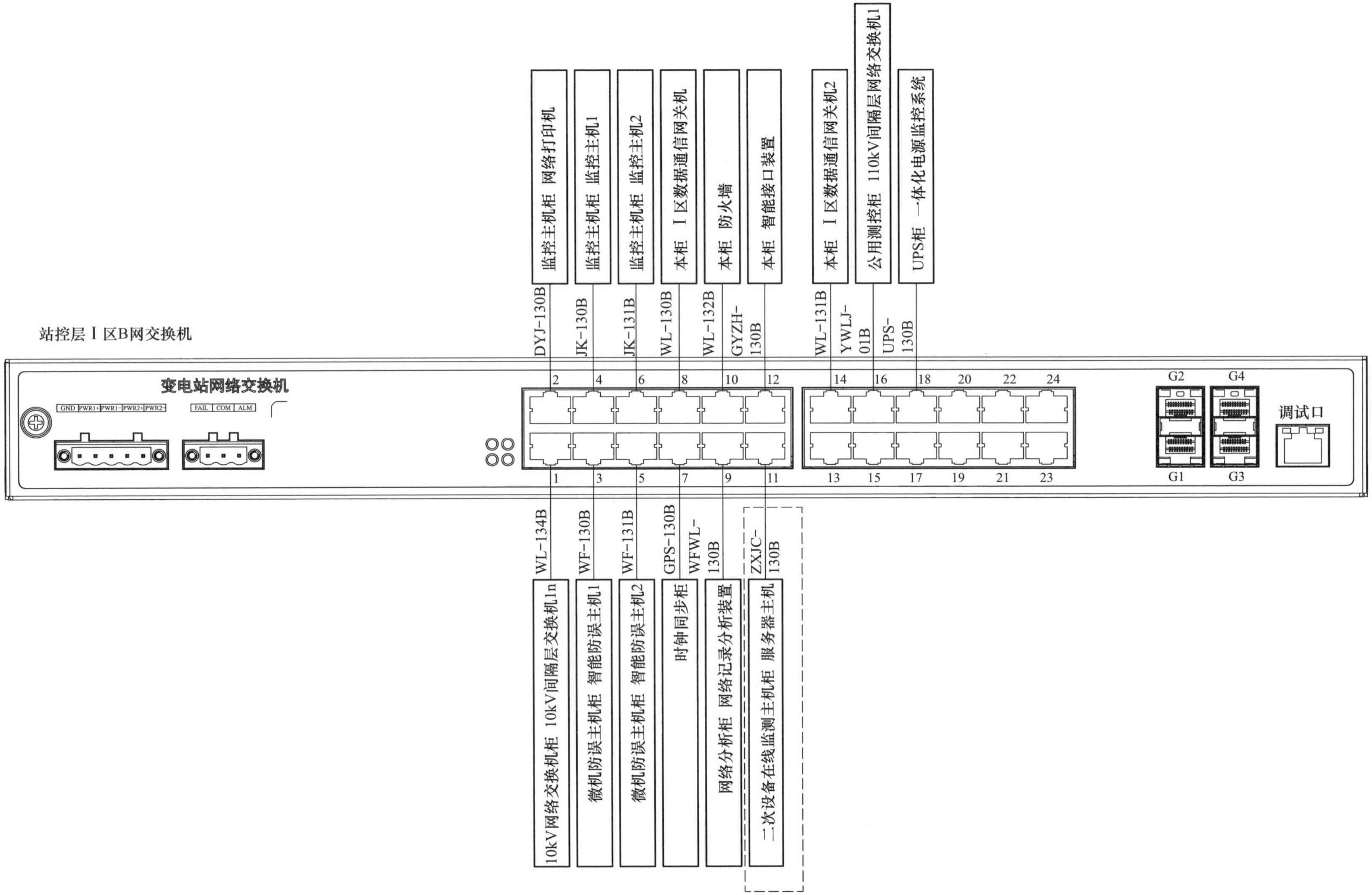
站控层Ⅰ区B网交换机
变电站网络交换机
GND
PWR1+
PWR1-
PWR2+
PWR2-
FAIL
COM
ALM
调试口
G1
G2
G3
G4
监控主机柜 网络打印机
DYJ-130B
监控主机柜 监控主机1
JK-130B
监控主机柜 监控主机2
JK-131B
本柜 Ⅰ区数据通信网关机
WL-130B
本柜 防火墙
WL-132B
本柜 智能接口装置
GYZH-130B
本柜 Ⅰ区数据通信网关机2
WL-131B
公用测控柜 110kV间隔层网络交换机1
YWLJ-01B
UPS柜 一体化电源监控系统
UPS-130B
WL-134B
10kV网络交换机柜 10kV间隔层交换机1n
WF-130B
微机防误主机柜 智能防误主机1
WF-131B
微机防误主机柜 智能防误主机2
GPS-130B
时钟同步柜
WFWL-130B
网络分析柜 网络记录分析装置
ZXJC-130B
二次设备在线监测主机柜 服务器主机

说明：虚线框内为二次设备在线监测主机柜服务器主机接入示意。虚线框外接线仅为示意，不应作为工程设计依据，请根据工程实际情况引接。

图 21-8 站控层Ⅰ区交换机接线示意图 2

过程层交换机1(1~40*n*)

G1	R T	LC/LC多模尾缆	1GLT1 1GLR1	至故障录波柜 故障录波监测装置
G2	R T	LC/LC多模跳线	1WF1-R1 1WF1-T1	至本柜 网络报文记录分析装置一采集单元(3*n*)
G3	R T			
G4	R T	LC/LC多模跳线	JHJJL-T1 JHJJL-R1	至本柜 过程层交换机(2~40*n*)
1	R T	LC/LC多模尾缆	1B：AMUZWT 1B：AMUZWR	至1号主变压器保护柜 免熔接光纤配线架J1
2	R T	LC/LC多模尾缆	1BS：AZDZWT 1BS：AZDZWR	至1号主变压器保护柜 免熔接光纤配线架J1
3	R T	LC/LC多模尾缆	1B：BMUZWT 1B：BMUZWR	至1号主变压器保护柜 免熔接光纤配线架J3
4	R T	LC/LC多模尾缆	1B：ZDZWT 1B：ZDZWR	至1号主变压器保护柜 免熔接光纤配线架J3
5	R T	LC/LC多模尾缆	1BS：BZDZWT 1BS：BZDZWR	至1号主变压器保护柜 免熔接光纤配线架J3
6	R T	LC/LC多模尾缆	2B：AMUZWT 2B：AMUZWR	至2号主变压器保护柜 免熔接光纤配线架J1
7	R T	LC/LC多模尾缆	2B：BMUZWT 2B：BMUZWR	至2号主变压器保护柜 免熔接光纤配线架J4
8	R T	LC/LC多模尾缆	2B：ZDZWT 2B：ZDZWR	至2号主变压器保护柜 免熔接光纤配线架J4
9	R T	LC/LC多模尾缆	ZXJC：ZWT ZXJC：ZWR	至二次设备在线监测采集柜 采集单元1
10	R T			

说明：虚线框内为二次设备在线监测主机柜服务器主机接入示意。虚线框外接线仅为示意，不应作为工程设计依据，请根据工程实际情况引接。

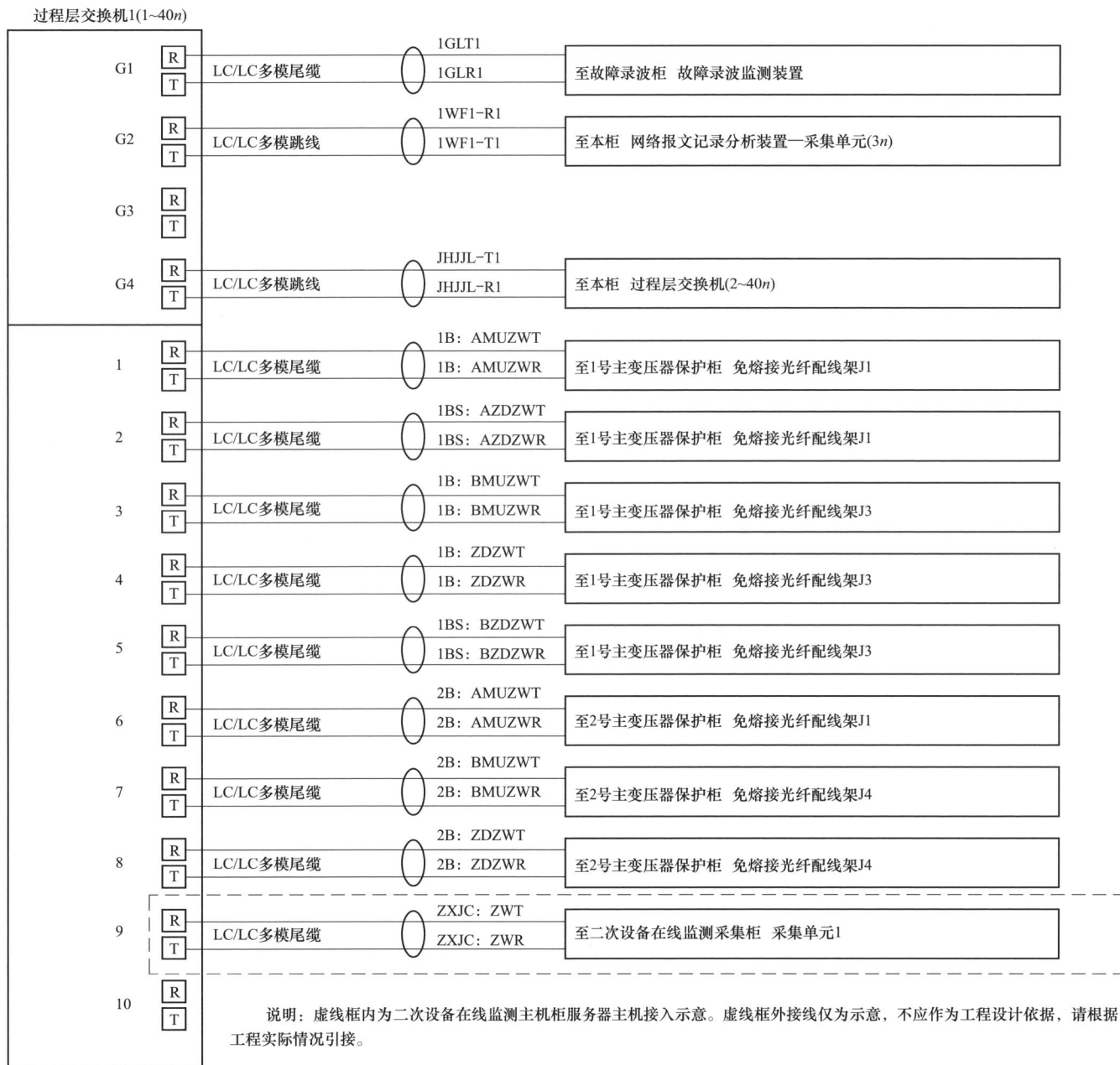

图 21-9 网络分析柜接线示意图

第4篇　土建专业低碳技术

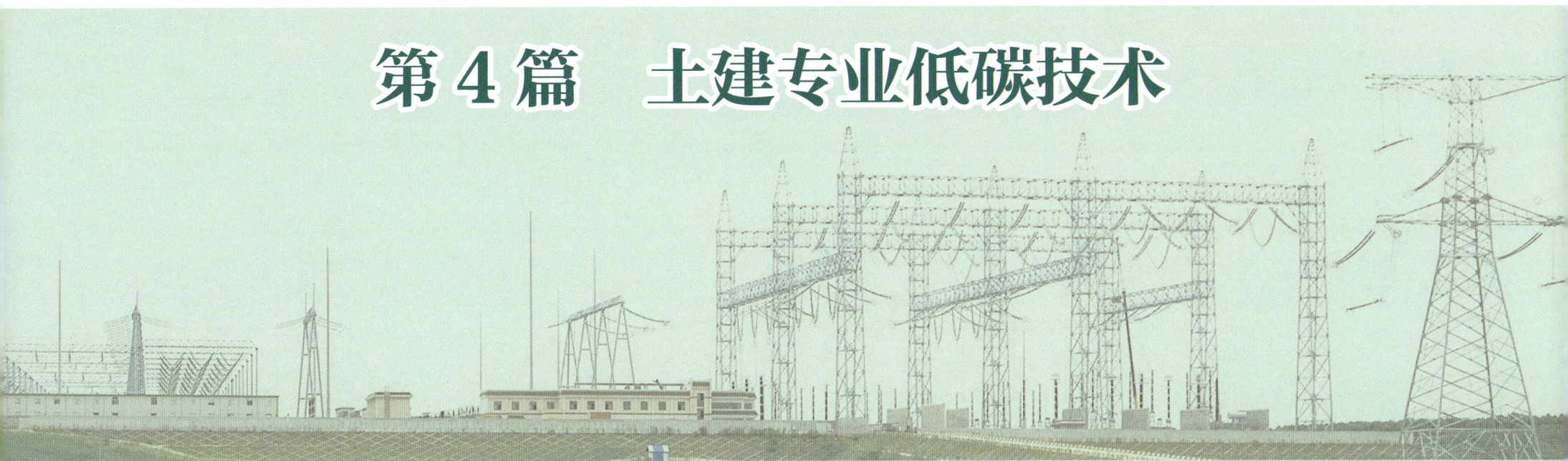

第 22 章　低碳技术及图纸目录

土建专业低碳技术及图纸目录见表 22-1。

续表

表 22-1　土建专业低碳技术及图纸目录

章号	技术名称	图纸目录
第 23 章	装配式围墙	图 23-2　装配式围墙图纸说明 图 23-3　装配式围墙详图 图 23-4　预制柱配筋图 图 23-5　墙板及柱帽图 图 23-6　围墙基础示意图
第 24 章	植被混凝土生态护坡	图 24-2　植被混凝土生态护坡大样 1 图 24-3　植被混凝土生态护坡大样 2
第 25 章	装配式建筑物单元式一体化墙板	图 25-2　单元式一体化墙板设计说明 图 25-3　墙板标准构造横剖、竖剖节点图 图 25-4　墙板标准构造阴角、阳角节点图 图 25-5　墙板标准构造底部节点图 图 25-6　墙板标准构造顶部节点图 图 25-7　墙板与钢梁连接竖剖节点图 图 25-8　墙板与钢梁连接横剖节点图 图 25-9　墙板铝合金门窗构造节点图 图 25-10　墙板设备孔洞构造节点图 图 25-11　墙板与室外雨棚、门柱连接构造节点图 图 25-12　墙板防雷接地卡构造节点图 1 图 25-13　墙板防雷接地卡构造节点图 2 图 25-14　墙板雨水管构造节点图 1 图 25-15　墙板雨水管构造节点图 2 图 25-16　墙板壁挂设备构造节点图 1 图 25-17　墙板壁挂设备构造节点图 2 图 25-18　墙板穿墙套管构造节点图 1 图 25-19　墙板穿墙套管构造节点图 2 图 25-20　墙板爬梯构造节点图 图 25-21　建筑立面分板示意图 1 图 25-22　建筑立面分板示意图 2
第 26 章	单元式辅助用房	图 26-1　一层平面布置图（16m×3m）
第 26 章	单元式辅助用房	图 26-2　1-5 轴建筑立面图（16m×3m） 图 26-3　B-A 轴建筑立面图（16m×3m） 图 26-4　16m×3m 警卫室三维模型 图 26-5　一层平面布置图（6m×8m） 图 26-6　1-2 轴建筑立面图（6m×8m） 图 26-7　C-A 轴建筑立面图（6m×8m） 图 26-8　6m×8m 警卫室三维模型 图 26-9　室内做法节点 图 26-10　屋面做法详图 图 26-11　节点详图 图 26-12　连接节点大样图一 图 26-13　连接节点大样图二
第 27 章	装配式建筑物钢结构全栓接技术	图 27-2　装配式建筑物钢结构全栓接设计总说明 图 27-3　构件连接节点通用详图 图 27-4　焊接符号大样图 图 27-5　上翼缘加强构造详图 图 27-6　节点连接详图（抗震设防烈度为 6 度 0.05g） 图 27-7　节点连接详图（抗震设防烈度为 7 度 0.10g） 图 27-8　节点连接详图（抗震设防烈度为 8 度 0.20g） 图 27-9　主次梁栓接详图 1 图 27-10　主次梁栓接详图 2
第 28 章	装配式防火墙	图 28-2　装配式防火墙布置图 图 28-3　梁配筋与沉降观测标图 图 28-4　装配式防火墙详图
第 29 章	标准化预制小型构件	图 29-1　预制主变压器电缆沟卡槽式盖板图 预制混凝土散水-标准工艺图集 0101011001 预制主变压器油池壁压顶-标准工艺图集 0101020403 预制围墙压顶-标准工艺图集 0101030107 预制电缆沟压顶-标准工艺图集 0101030803 预制电缆沟盖板-标准工艺图集 0101030804 预制灯具混凝土基础-标准工艺图集 0101031201 预制电缆沟过水板-标准工艺图集 0101030800-2 预制清水混凝土空调外机基础-标准工艺图集 0101011502

第23章 装配式围墙

23.1 技术简介

变电站装配式围墙采用预制混凝土柱、预制墙板及预制压顶等，装配式围墙墙体高度2.5m。墙体材料采用清水混凝土工艺预制成型，达到Ⅳ级清水混凝土标准。墙板与柱脚埋板切口做切角处理，外包预制柱护脚及墙勒脚，立柱柱帽与墙板压顶安装均采用螺栓紧固。立柱底部插入杯口基础。墙板压顶紧固螺栓应在预制墙板两侧各至少设置一组。围墙柱采用预制钢筋混凝土工字柱，立柱间距均取3m，当围墙总长度不满足3m的倍数时，可按实际长度调整部分相邻两跨的立柱间距，调整后的立柱间距在2~3.0m范围内，围墙顶部设置预制压顶。围墙基础及圈梁采用现浇钢筋混凝土。装配式围墙见图23-1。

图23-1 装配式围墙

23.2 技术经济对比与低碳性能分析

变电站采用装配式建筑围墙，工程材料在预制工厂完成，不用考虑天气影响，缩短了现场作业工期，对环境不会造成噪声、粉尘污染。装配式围墙与传统围墙对比见表23-1。

表23-1 装配式围墙与传统围墙对比表

对比指标	装配式围墙	传统围墙（彩钢围墙、砖砌围墙）
重复利用	装配式围墙可拆卸拼装、重复利用	无法重复利用
施工工期	装配式围墙的施工期只有砖砌围墙的1/3	施工工期长
安装	成品化工厂预制，现场拼装即可	现场进行砌筑或现浇，安装复杂
环境保护	用装配式围墙代替砖砌围墙，湿作业少，对环境污染较小	现场湿作业多
后期维护	装配式围墙是由多个构件组合而成，对于部分构件损坏的可以进行部分替换安装	对于损坏的部分，需要较大面积拆除再进行砌筑修复
经济对比	装配式围墙造价比传统围墙高出约500元/m²	

相较于传统做法，装配式预制板围墙方案可以实现构件标准化生产，施工安装方便，工期短。

23.3 适用范围

采用实体围墙的变电站。

23.4 应用案例

泉州石院220kV变电站工程。

23.5 设计要点

（1）构件采用清水混凝土工艺预制成型，要求达到Ⅳ级清水混凝土标准。

（2）围墙中需要预埋电气埋管时，需在工厂进行提前预埋，对于未利用的管，应采用水泥砂浆等严密封堵。

23.6 设计图纸

设计图如图23-2~图23-6所示。

1. 编制依据

《220~750kV 变电所设计技术规程》（DL/T 5218—2012）

《变电站建筑结构设计技术规程》（DL/T 5457—2012）

《变电站总布置设计技术规程》（DL/T 5056—2007）

《建筑结构荷载规范》（GB 50009—2012）

《混凝土结构设计规范》（2015 年版）（GB 50010—2010）

《地下工程防水技术规范》（GB 50108—2008）

《电力工程制图标准》（DL/T 5028—2015）

2. 材料要求

钢材：ϕ 为 HPB300 级钢，Φ 为 HRB400 级钢，型钢、钢板为 Q235B 号钢，焊条为 E43、E50 型。

所有外露铁件防腐除注明外均采用热镀锌，现场焊接处采用喷锌进行防腐。

立柱、墙板、柱帽、压顶等预制构件 C30。

3. 围墙概况：本围墙采用混凝土装配式围墙，基础采用杯口插入式基础，尺寸依据具体工程情况确定，装配式围墙墙体高度 2.5m。

4. 混凝土保护层厚度：基础、地梁 40mm。预制围墙立柱 25mm，围墙墙板、柱帽、墙板压顶等均取为 20mm。

5. 构件采用清水混凝土工艺预制成型，要求达到Ⅳ级清水混凝土标准。

6. 根据围墙布置图设置围墙双柱伸缩缝，填缝要求如下：

（1）围墙变形缝围墙变形缝宜留在墙垛处，缝宽 25mm，并与墙基础变形缝上下贯通；

（2）变形缝打胶顺直、弧度一致、美观清洁；

（3）变形缝中间填塞橡胶泡沫板，两侧各嵌 20~30mm 沥青麻丝、20mm 厚的发泡剂，然后用硅酮耐候胶封闭。

7. 围墙立柱间距均取 3m，当围墙总长度不满足 3m 倍数时，可按实际长度调整部分相邻两跨的立柱间距，调整后立柱间距应在 2~3.5m 范围内。

8. 围墙墙板因场地坡度影响，倾斜度不能超过千分之五。

9. 围墙中需要预埋电气埋管时，需在工厂进行提前预埋，对于未利用的埋管，应采用水泥砂浆等严密封堵。

10. 根据围墙布置图每隔 30m 设置一道变形缝，地质变化处必须设置，缝宽 25mm，其他要求详见《国家电网有限公司输变电工程标准工艺（变电工程土建分册）2022 版》第七章　第九节。

图 23-2　装配式围墙图纸说明

柱帽：预制400×400×60

抗风柱(标准柱)：300×300

围墙压顶

伸缩缝　25　抗风柱(半柱)：300×150

围墙墙板

基础梁，具体尺寸依据具体工程确定

围墙立面图　1：50

预制中柱

预制中柱

25　预伸缩缝柱

硅酮胶密封

硅酮胶密封

硅酮胶密封

60 1010 60

60 1010 60

60 10 10 60

3000

3000

1—1

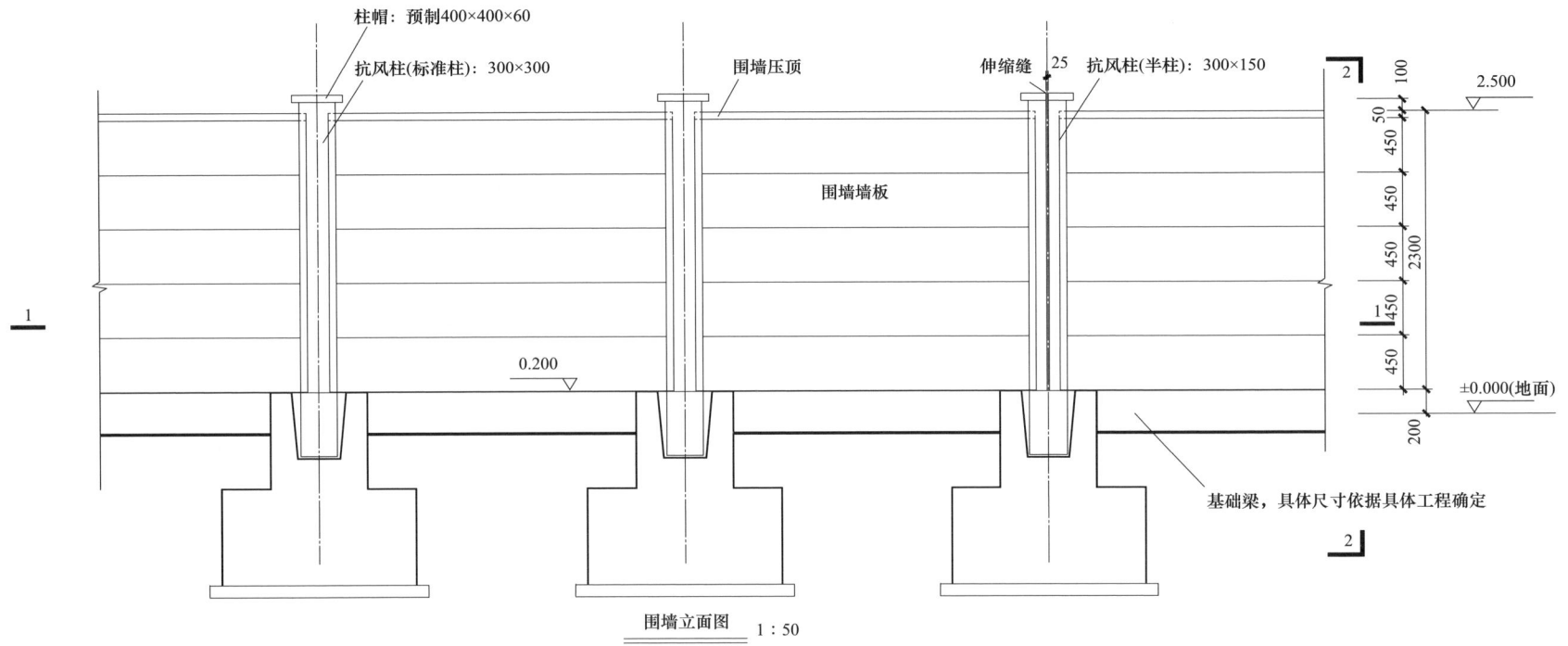

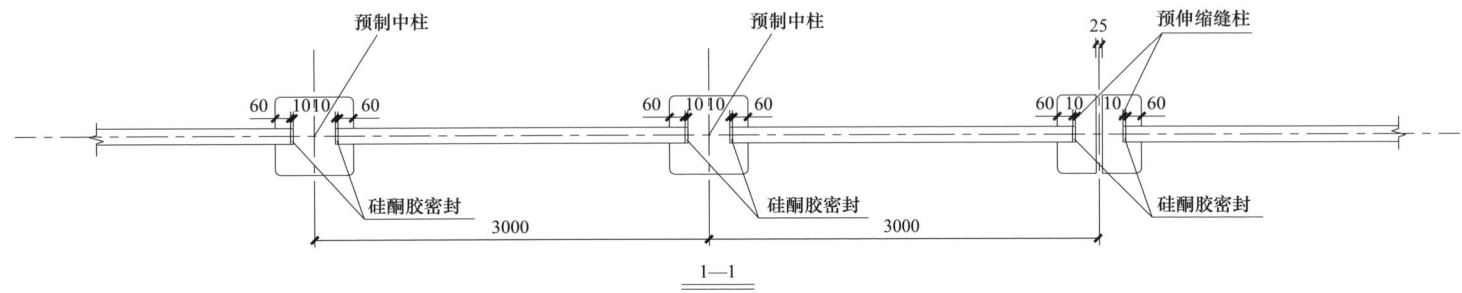

说明：墙板高度宽度可依据工程实际情况进行调整，满足规范要求。

图23-3　装配式围墙详图

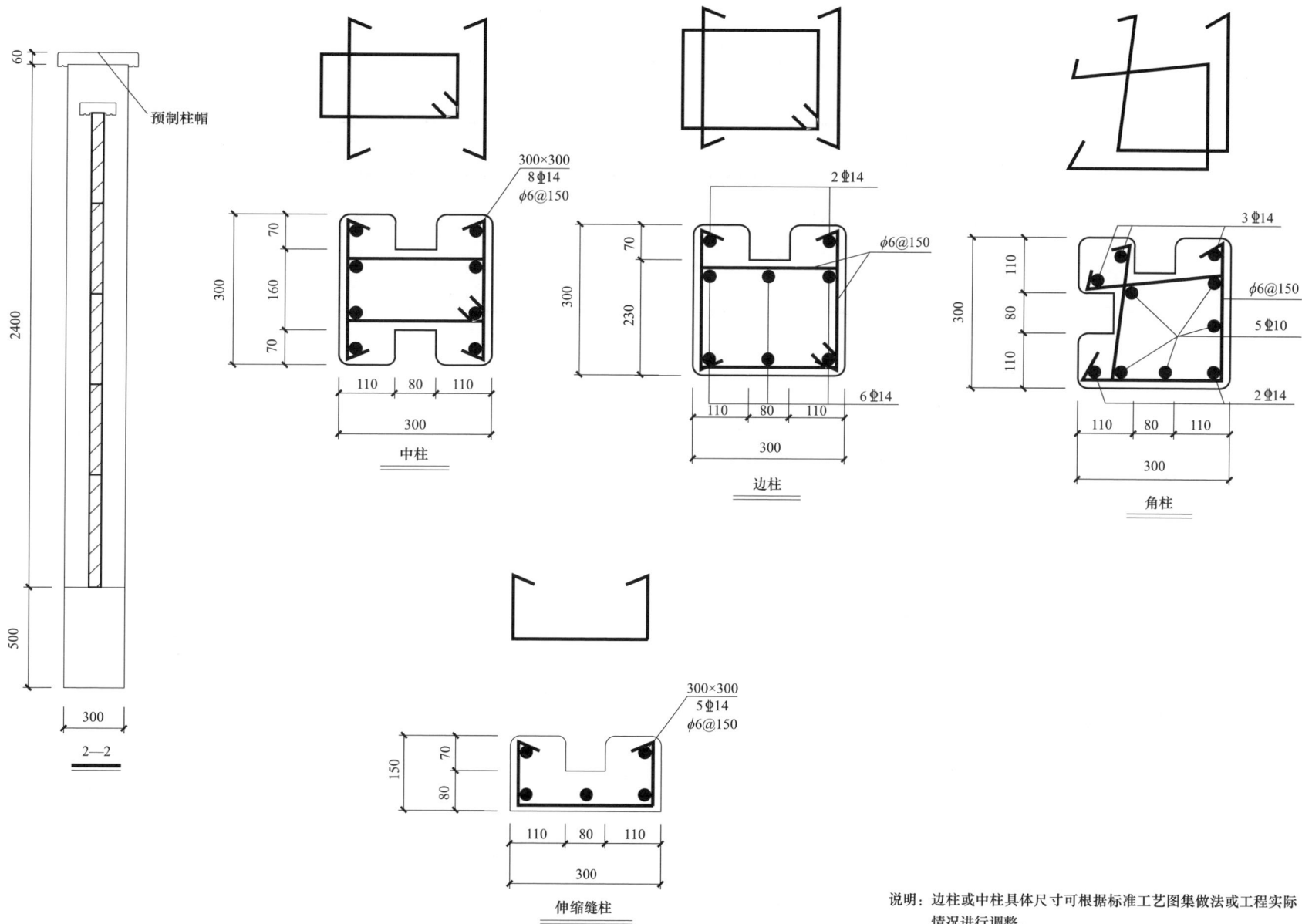

预制柱帽

2400

60

500

300

2—2

300×300
8Φ14
φ6@150

300

70
160
70

110 80 110

300

中柱

2Φ14

300

70
230

φ6@150

110 80 110

300

6Φ14

边柱

3Φ14

300

110
80
110

φ6@150

5Φ10

110 80 110

300

2Φ14

角柱

300×300
5Φ14
φ6@150

150

70
80

110 80 110

300

伸缩缝柱

说明：边柱或中柱具体尺寸可根据标准工艺图集做法或工程实际
　　　情况进行调整。

图 23-4　预制柱配筋图

L

450

$\phi6@150$

$5\Phi8$

墙板

四角倒圆阴角R5

滴水线10×10

$\phi6@150$

450

$5\Phi8$

60

400

20 10 20

400

60

400

$\phi6@250$

180

60

$3\Phi8$

压顶

说明：墙板宽度可依据工程实际情况进行调整。

柱帽图

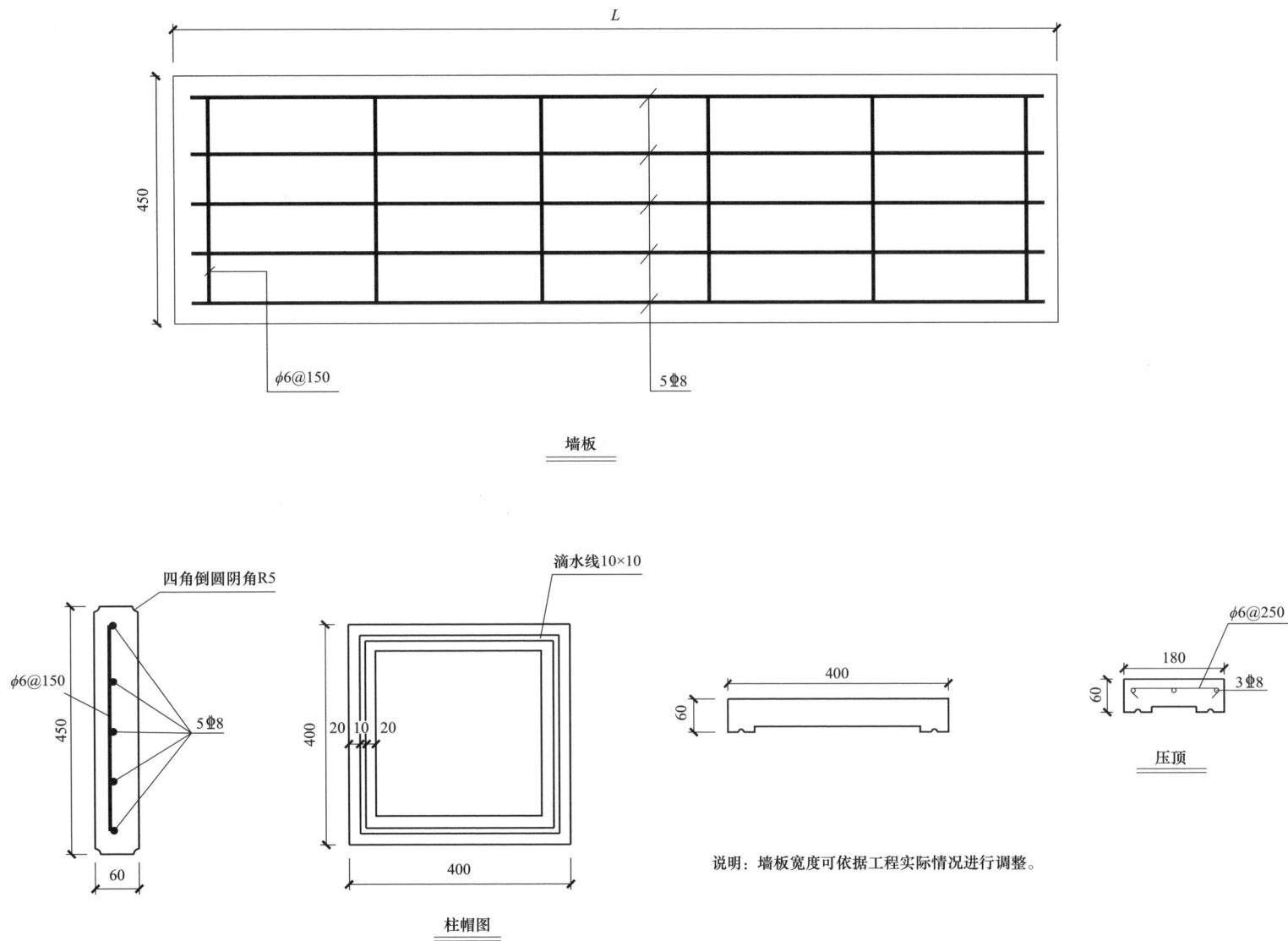

图23-5 墙板及柱帽图

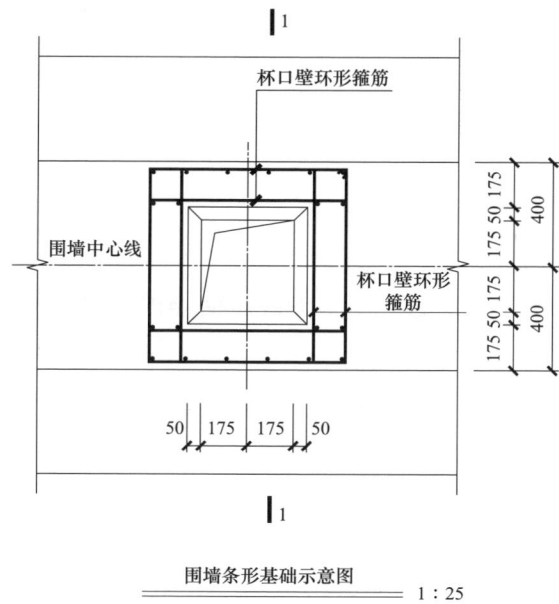

围墙条形基础示意图 ══════ 1 : 25

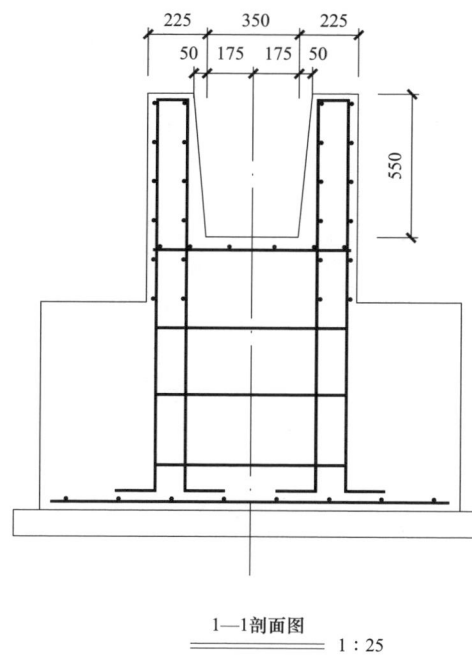

1—1剖面图 ══════ 1 : 25

说明：基础采用杯口插入式基础，基础尺寸及配筋根据具体工程确定。

图 23-6　围墙基础示意图

第 24 章　植被混凝土生态护坡

24.1　技术简介

目前生态边坡的形式多种多样，有人工种草护坡、TBS 植草护坡、液压客土喷播植草护坡、生态袋护坡、网格生态护坡、植被混凝土生态护坡等。部分类型生态护坡已有图集可参考，本书仅介绍植被混凝土生态护坡。

植被混凝土生态修复技术针对工程扰动导致的生态破坏和水土流失问题，采用挂网加筋植被基材型混凝土，将传统硬性加固措施与现有生态修复技术有机结合，既达到了工程防护要求，又实现了工程创面的生态结构与功能的重建，开启了边坡防护与生态修复研究的新领域。

植被混凝土是根据边坡地理区域、边坡坡度、岩石性质、生态修复效果等来确定种植土、水泥、有机物料、植被混凝土生态改良剂、肥料、混合物种和水组成比例的基材。基材中水泥的加入使其强度更高、抗冲刷能力及附着能力更强；同时添加活性添加剂，不仅可以增强护坡强度和抗冲刷能力，使植被混凝土层不龟裂，而且还可以有效地改善植被混凝土的化学特性和生物特性，营造较好的植物生长环境；再加之植物根系的"加筋锚固"效应，使得基材力学性能得到增强，有利于基材的长期稳定性。植被混凝土早期属于半刚性结构，施工时可以和下承层密合，形成强度后，结构致密，能够整体固定在坡度超过 80° 的陡边坡甚至垂直坡面上。面向 60° 以下边坡采用湿喷工艺，面向 60° 以上边坡采用干喷工艺。

工艺流程如下：

（1）坡面清理。清除坡面的淤积物和浮石，如有倒坡需修整。

（2）边坡截排水处理。在截排水设计时，对于具备条件的边坡应在坡面上缘与坡顶截水沟之间设置坡顶生态集水区，用于补充坡面植被生态用水需求。

（3）灌溉系统布设。宜采用固定式喷灌或滴灌或渗灌等形式，选材、布设应符合 GB/T 20203—2006《农田低压管道输水灌溉工程技术规范》的有关规定。

（4）加筋系统布设。布设锚钉和挂网。目的为：增强基材在坡面稳定性，同时网片可为植物根系攀援生长提供依托，促使基材-加筋系统-坡面融为一体。

（5）植物物种遴选与配置。遵循"草灌结合、本地物种与先锋物种结合、冷暖季结合"的原则，同时考虑种间互作效应，避免选用相互排斥的植物物种。

（6）基材配制。分基层和面层，基层不含植物种子，面层含植物种子，面层水泥和改良剂用量是基层的 1/2。

（7）基材喷植。坡面浸润。使干渴的湿透，微循环系统形成。一般不低于 12h。喷植分两次进行，先喷植基层（±8cm），再喷植面层（±2cm），时间间隔 4h 以内。

（8）养护管理。至少 60d 苗期养护管理。内容包括覆盖保墒、灌溉、局部缺陷修补等。

植被混凝土生态修复技术在修复受损创面自然生态环境的同时具备显著的浅层防护作用，具有良好的工程、生态和景观效应，修复效果如图 24-1 所示。

24.2　技术经济对比与低碳性能分析

不同类型生态护坡技术经济对比见表 24-1。

生态边坡实现植被快速生长，在混凝土边坡上建植"森林"植被，防止水土流失，保护生态多样性，再造自然和谐的生态环境。

24.3　应用范围 / 适用条件

适用于具有边坡、高边坡的变电站工程。

24.4　应用案例

福建省目前应用的工程包括永泰抽水蓄能电站、厦门抽水蓄能电站、福

图 24-1　永泰抽水蓄能电站生态边坡植被修复效果

表 24-1　不同类型生态护坡技术经济对比表

对比指标	植被混凝土	TBS 植草	液压客土喷播
技术原理	由种植土、水泥、生境基材改良剂、植物种子和水混合而成的拌合物，具有抗冲刷性强、肥力高以及固、液、气三相分布合理的特性，是一种典型的生境基材	使用喷播车将拌和均匀的厚层基材混合物按设计厚度喷射到岩土坡面上的工程技术，厚生基材是本项技术的核心，由 GBM 绿化基材、结构改良剂、BPR 混合草种三部分组成	是以团粒剂使客土形成团粒化结构，加筋纤维在其中起到类似植物根茎的网络加筋作用，从而造就有一定厚度的具有耐雨水、风侵蚀，牢固透气，与自然表土相类似或更优的多孔稳定土壤结构
喷播工艺	专用设备或混凝土喷射机干喷 / 植生水泥土湿喷	客土喷播机湿喷	客土喷播机湿喷
应用场景	各类型边坡（一般不陡于 1 : 0.2，容许局部直立坡，采用特殊工艺解决）	一般不陡于 1 : 0.75（53°）的土质边坡或土石混合坡	一般不陡于 1 : 1（45°）的土质边坡
稳定性	无剥离	—	—
抗侵蚀性	无流蚀	—	—
收缩恢复性	无裂缝	—	—
团粒化度	—	≥60.0%	—
有效持水量	—	≥ 30.0%	—
降雨强度 80mm/h 的侵蚀模数 $[g/(m^2 \cdot h)]$	≤1.0×10²	—	—
28d 无侧限抗压强度（MPa）	0.40～0.55	—	—
pH 值	6.0～8.5	5.5～7.5	—
有机揽含量（g/kg）	5～30	25	—
市场评估	能够实现其他技术所不胜任的在高陡岩石或混凝土边坡上的生态修复功能	市面上多是客土喷播冒认为 TBS，之前是先进技术，当前状态下抗冲刷性能不如植生水泥土而单价相当	广泛应用于不陡于 1 : 1 的缓边坡，同比单价较低，可以用植生水泥土的面层或薄基层＋面层代替

清王母山风电场、平潭青峰二期风电场等。省外在湖北、江苏、四川等地应用较多。

24.5 设计要点

（1）本技术适用于常规段挖方边坡（土质、岩质或混合边坡），坡度 1：0.5 或以上。

（2）植被混凝土生态修复应在边坡安全稳定的基础上开展，其边坡稳定性应考虑植被混凝土生态修复工程对坡体产生的附加荷载。

（3）工程设计前应对项目区域的基本资料进行调查，掌握气象、地质、水源、表土资源、天然有机料、植物等信息。

（4）其他要点详见图 24-2 和图 24-3。

24.6 设计图纸

设计图如图 24-2、图 24-3 所示。

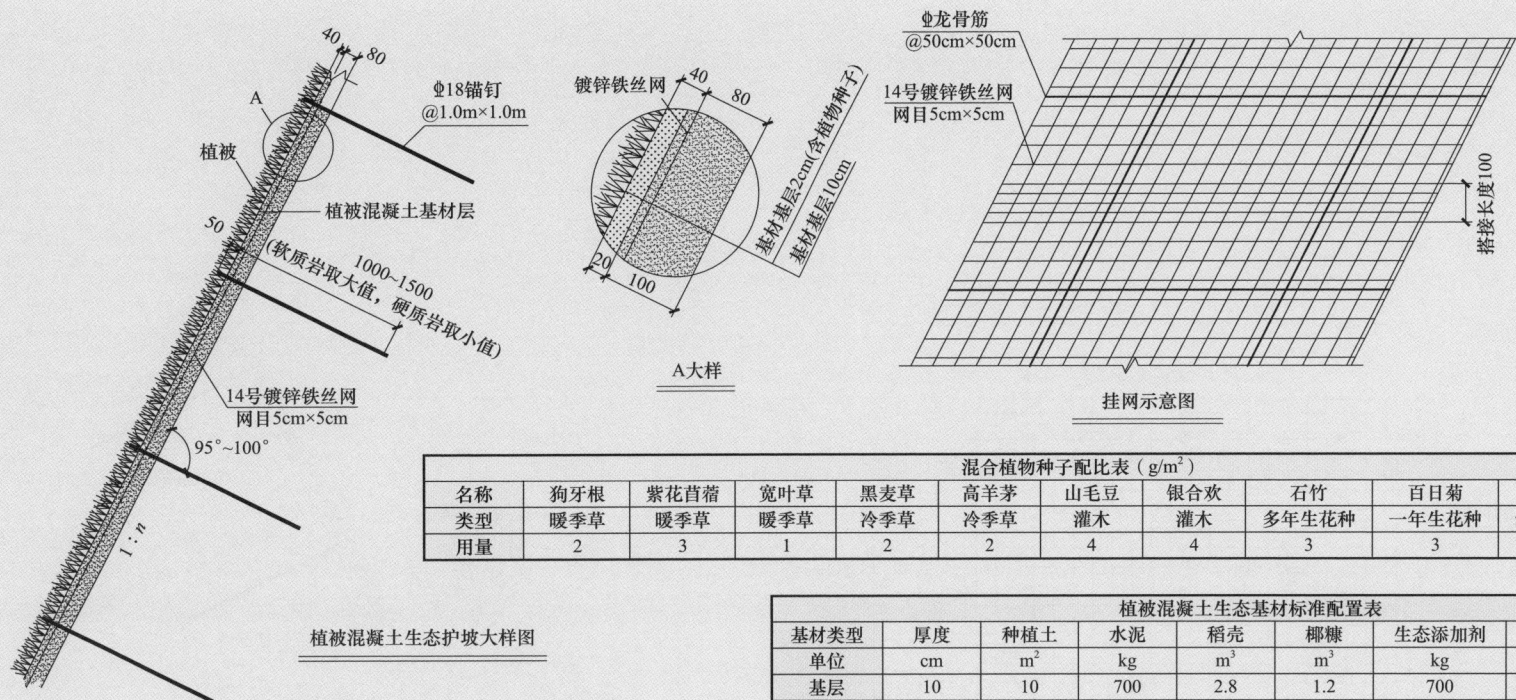

图 24-2　植被混凝土生态护坡大样 1

混合植物种子配比表（g/m²）

名称	狗牙根	紫花苜蓿	宽叶草	黑麦草	高羊茅	山毛豆	银合欢	石竹	百日菊	野花组合	葛藤
类型	暖季草	暖季草	暖季草	冷季草	冷季草	灌木	灌木	多年生花种	一年生花种	组合型花种	藤本
用量	2	3	1	2	2	4	4	3	3	3	3

植被混凝土生态基材标准配置表

基材类型	厚度	种植土	水泥	稻壳	椰糠	生态添加剂	有机肥	复合肥
单位	cm	m²	kg	m³	m³	kg	kg	kg
基层	10	10	700	2.8	1.2	700	150	6
面层	2	10	350	2.8	1.2	350	150	6

植被混凝土标准挂网参数表

基材厚度	锚钉			龙骨筋		镀锌勾花铁丝网	
	直径	长度	间距	直径	间距	型号	网目
cm	mm	cm	cm	mm	cm		cm
12	18	100	100	8	50	14 号	5×5

说明:
1. 本图适用于常规段挖方边坡（土质、岩质或混合边坡），坡度 1:0.5 或以上，挂网前应清理坡面松石浮渣。
2. 锚钉钻孔采用汽腿风钻，孔径 50mm，锚钉为 HRB400Φ18 钢筋，间距 1.0m×1.0m，长度 100～150cm，根据坡面岩质相应取值，清孔验收后注浆。
3. 镀锌铁丝网网径 14 号，网目 5cm×5cm，搭接长度不小于 10cm，镀锌网外部布置 HRB400Φ8 龙骨筋，间距为 50cm×50cm。边坡如有系统锚杆支护，铁丝网和龙骨筋应与之紧密连接，形成整体。
4. 植物选种应考虑坡面岩质、湿度、风向、日照角度等综合因素合适搭配，保证绿化景观多样性和层次感。
5. 除特别说明外，本图标示尺寸均为毫米。
6. 外观鉴定:
   a. 草坪面应无杂草、无枯黄、无明显病虫害。
   b. 无连续 0.5m² 以上空白面积。
   c. 冷暖季草种、一年生和多年生野花、高低灌木和藤本作物合理搭配。
7. 技术指标:
   a. 植物物种：≥5 种。　　　　　　　g. 群落性状：与设计目标吻合度高。
   b. 抗侵蚀性：无流蚀。　　　　　　 h. 根系状况：大量根系深入植生层底部。
   c. 稳定性：无剥离。　　　　　　　 i. 28d 无侧限抗压强度≥0.38MPa。
   d. 收缩恢复性：无裂缝。　　　　　 j. 降雨强度 80mm/h 的侵蚀模数≥1.0×10²g/（m²·h）。
   e. 植被覆盖率：≥95%。　　　　　　k. pH 值 6.5～8.0。
   f. 苗木成活率：≥95%。　　　　　　l. 有机质含量 5～30g/kg。

植被混凝土生态基材施工要求:
1. 植被混凝土分为基层和面层，两者应分别配置。基层配置时，固相拌和料由种植土、生境基材有机料、水泥和生境基材改良剂组成；面层配置时增加植物种子。
2. 生态混凝土施工时混合料中种植土、生境基材有机料、水泥、肥料、混合草籽和水等的配合比可根据边坡坡率、开挖所见地质情况和当地气候条件进行调整，混合草籽用量每 1000m² 不宜少于 25kg。
3. 在风速大于 10.8m/s 或气温低于 12℃时不宜喷播作业。
4. 喷植应分两次进行，先喷植基层，再喷植面层，面层与基层喷植时间间隔应控制在 4h 以内，喷枪的喷射角应控制在 15° 以内，喷枪口与坡面间距宜为 0.8～1.2m。
5. 喷植应均匀，防止漏喷，重点关注坡面的凹凸及死角部位。
6. 植被混凝土喷植应及时检验，如检验不合格应及时调整材料配比，植被混凝土检验指标及要求应符合 NB/T 10490—2021《水电工程边坡植生水泥土生境构筑技术规范》的有关要求。

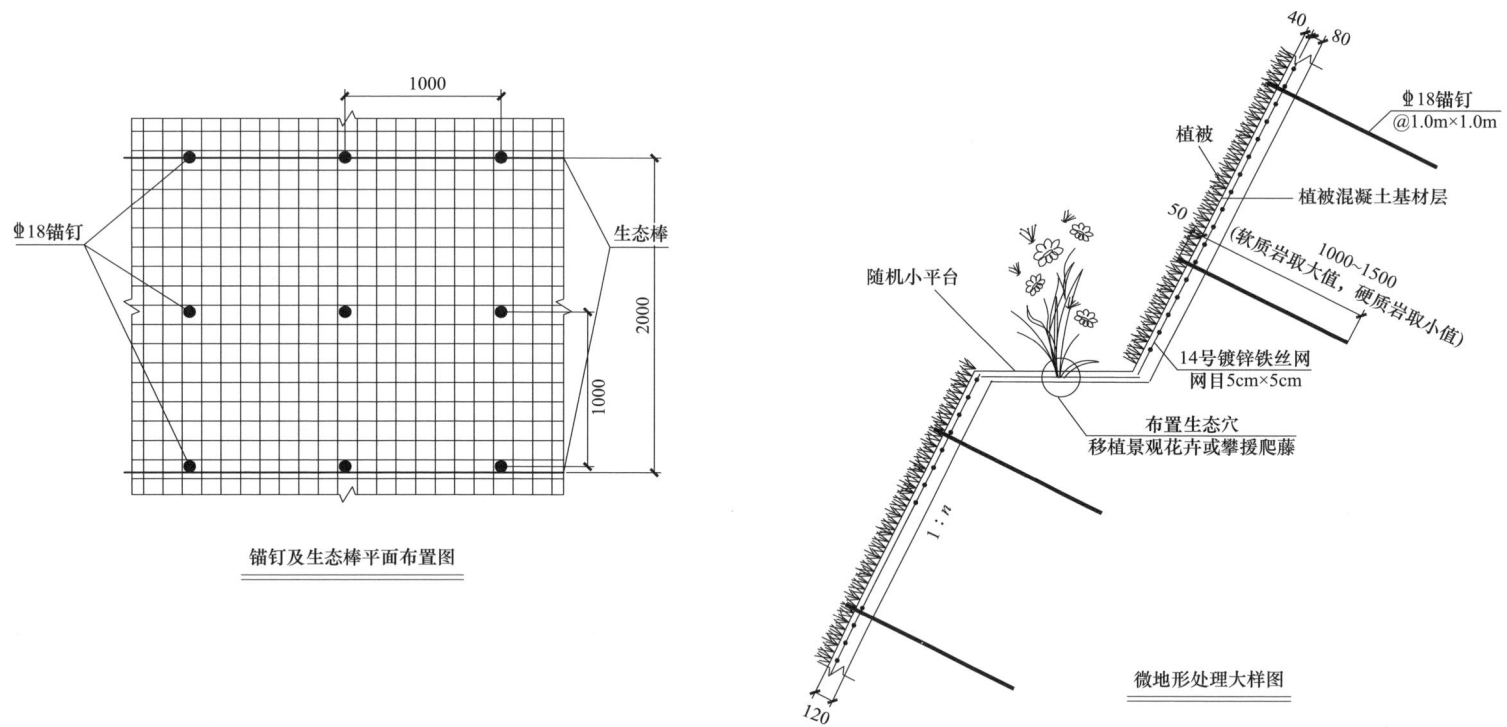

1000

Φ18锚钉

生态棒

2000

1000

锚钉及生态棒平面布置图

40

80

Φ18锚钉
@1.0m×1.0m

植被

植被混凝土基材层

50

1000~1500
(软质岩取大值,
硬质岩取小值)

随机小平台

14号镀锌铁丝网
网目5cm×5cm

布置生态穴
移植景观花卉或攀援爬藤

1:n

120

微地形处理大样图

图 24-3 植被混凝土生态护坡大样 2

第 25 章　装配式建筑物单元式一体化墙板

25.1　技术简介

单元式一体化墙板是一种大尺寸单元板块一体化墙板，采用纤维水泥板及纤维增强硅酸盐防火板、防火岩棉、钢龙骨及铝合金辅材复合而成，外装饰面板一般采用纤维水泥板，内侧采用装饰面板；中间填充材料采用纤维增强硅酸盐防火板、防火岩棉、钢龙骨；板块拼接密封采用铝合金辅材及防水胶条。

单元板块推荐规格为 4800mm×2400mm（高度 × 宽度），局部因门洞需加大尺寸，最大宽度不宜大于 2600mm，宽度超过 2600mm 的板块需现场拼接。板块可根据类型分为标准板块、含窗板块、转角板块，具体样式如图 25-1 所示。

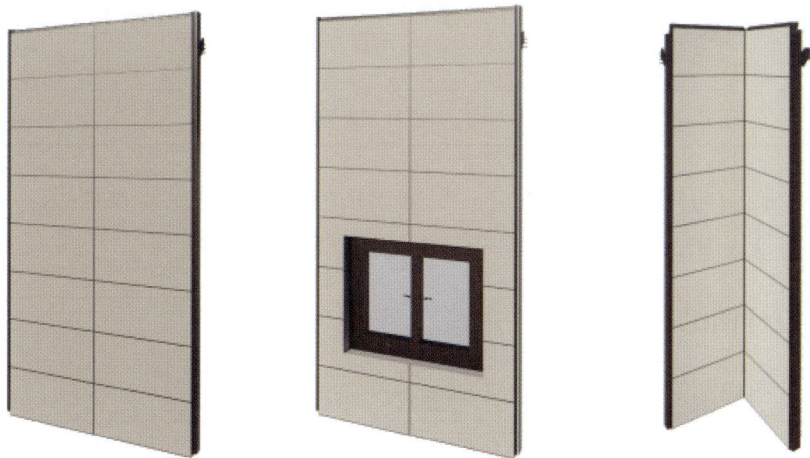

图 25-1　一体化墙板样式图

主要性能如下：

（1）隔热性能。单元板块整体热传导率低，具有优异的隔热保温性能，能够有效隔热，降低气候对室内的影响。

（2）耐久性能。单元板块的稳定性、冷热收缩、膨胀等各项指标均不受气候、日照、风化等因素影响，长久保持美观，可使用年限不少于 50 年。

（3）不燃性能。单元板块具有很好的不燃性能，符合 GB 8624《建筑材料及制品燃烧性能分级》A1 级，整体耐火时间可达 4h，超过要求的 3h 标准。

（4）隔音性能。单元板材有很好的隔离噪声性能，既能隔绝站外的噪声，也能有效降低室内电气设备发出的噪声对站外的影响。

（5）环保性能。单元板块中所有产品均 100% 不含石棉，无挥发性气体，零甲醛，绿色环保，安全可靠。

（6）抗震性能。单元板块自重轻，约为 100kg/m²，地震时可大大减轻对建筑负载的影响，有利于建筑抗震。

25.2　技术经济对比与低碳性能分析

单元式一体化墙板与常规墙板技术经济对比见表 25-1。

表 25-1　单元式一体化墙板与常规墙板技术经济对比表

对比指标	单元式一体化墙板	常规墙板
规格（mm×mm）	2400×4800	600×1200
安装工具	大型机械	人工
模块安装方式	吊装	挂装
墙板与主结构连接方式	螺栓连接在主结构梁上	骨架螺栓 / 焊接连接在主结构上
墙板模块拼接处	拼插连接，金属骨架隐藏	—
安装工序	吊装墙体模块板→板缝密封→施工结束	连接骨架→挂装外墙板→螺栓固定墙板→垫塞岩棉→封装岩棉→安装石膏板→墙面涂装→墙缝密封等
墙板安装工期	安装一块单元板约 30min，对比常规墙板安装方式工期较短	工序多、工期长
综合单价	1600 元 /m²（含主材、龙骨、辅材、窗、机械费、税费、运输费），不含施工总承包利润及其他费用	外墙：约 1900 元 /m² 内墙：约 800 元 /m²

单元式一体化墙板提高了现场装配率,采用环保材料,现场无湿作业,减少了在生产过程、现场施工过程、日后维护过程以及报废过程中的碳排放,全寿命周期内的碳排放量为常规典设墙板的 60%。

25.3 应用范围 / 适用条件

变电站各方案均适用。

25.4 应用案例

福州仓山妙峰 110kV 变电站。

25.5 设计要点

(1)建筑立面分板原则。

1)门洞、窗洞位置宜居中布置,标准板块大小建议 2400mm×4800mm。

2)板块分格不应与女儿墙雨水管位置重合,至少距离雨水管位置 250mm,现场需二次复核实际雨水管位置。

3)板块分格与洞口位置净距离应大于等于 200mm,避免板块龙骨与设备洞口碰撞。

4)板块分格宜按标准尺寸统一,若因设备洞口、门洞等因素,可局部设置部分小板块,板块横向分格不宜大于 2400mm。

(2)电气管线明敷布置原则。因单元式一体化墙板无法现场开洞,设计时应配合电气做好管线明敷布置设计。

在楼板浇筑前预埋水平方向照明动力电缆管线,竖向电缆通过耐火分支槽盒贴内墙装饰板引下敷设至开关和插座处,简洁整齐,体现工业化定位。墙上设备安装高度统一布置,见表 25-2。

表 25-2 电气管线明敷布置表

房间名称	设备类型	设备距地面安装高度(m)
通用	接地端子箱、插座箱、插座	0.3
通用	照明开关、断接卡箱、带消防电话插孔、手动报警按钮、温湿度传感器、配电箱	1.3
通用	声光告警器	2.5
10kV 配电室,二次设备室,蓄电池室,资料室	壁灯、摄像头	2.5
GIS 室、主变压器室、主变压器散热器室	壁灯、摄像头	3.5
通用	红外光束感烟探测器	4

(3)提前与钢结构设计配合。根据钢结构图纸配合设置预埋点,预埋点需结构专业设计人员配合校核是否存在遗漏、偏位、碰撞。

25.6 设计图纸

设计图如图 25-2～图 25-22 所示。

1. 规格及主要技术指标

名称	长 × 宽（mm）	厚度（mm）	抗风压等级（kPa）	耐火极限（h）	使用位置
单元式一体化墙板	1200～6000 × 2400～2600	180～210	1.0≤P<2.5	≥3	外墙

注：墙板标准尺寸为 2400mm×4800mm，高度最高不超过 6000mm。板块宽度为 2400mm，局部因门洞需加大尺寸，最大宽度不宜大于 2600mm，宽度超过 2600mm 的板块需现场拼接。

2. 材料技术要求

2.1 纤维增强水泥板

采用 100% 无石棉高密度纤维增强水泥板，墙板板块板材的物理性能应符合下表的规定（指标要求根据规范 JG/T 396—2012《外墙用非承重纤维增强水泥板》）。

性能指标		技术要求值	性能指标	技术要求值
物理性能	密度	1.4<D≤1.7	饰面及防水要求	铅笔硬度	≥3H
	不透水性	24H 反面不出现水滴		耐洗刷性（次）	≥10000
	抗冲击性	落球法试验冲击 5 次，板面无贯通裂纹		耐水性	160H 无异常
	吸水率	≤22		光泽度偏差	≤10
	温度变形（%）	≤0.07		耐人工老化性	2000H，不要起泡，不脱落
	耐冲击性能（kg·cm）	≥30			不开裂，粉化 0 级，失光 1 级
	板基燃烧性能	炉内温升高（℃）	A（A1）级	≤30		耐沾污性，%	≤5
		持续燃烧时间（s）		=0		耐酸性	（化学纯硫酸 50g/L，168H）无异常
		质量损失率（%）		≤50		耐久性（耐热雨性能）	经 50 次热雨循环，板面不应出现可见裂纹，分层或其他缺陷
		总热值 PCS（MJ/kg）		≤2.0			
	饱水状态抗折强度（MPa）Ⅲ级	≥18 当平板长宽比≤7 时，平板较弱方向的抗折强度不应小于平均抗折强度的 70%		附着力（间距 2mm）	≤1

2.2 纤维增强硅酸盐防火板 （指标要求根据图集 07J905《防火建筑构造》）

名称	密度 体积（kg/m³）	含水率（%）	湿胀率（%）	抗折强度（MPa）纵向	抗折强度（MPa）横向
12mm 厚纤维增强硅酸盐防火板	900～1200	≤10	0.25	≥9	≥7

2.3 钢材

（1）钢材质量应符合 GB/T 700—2006《碳素结构钢》等规定，钢材应具有抗拉强度、伸长率、屈服强度和硫磷含量的钢材合格保证，对焊接结构尚应具有碳含量的合格保证。

（2）抗震地区钢材的屈服强度实测值与抗拉强度实测值的比值不应大于 0.85，钢材应有明显的屈服台阶，且伸长率应大于 20%。

（3）钢材还应具有良好的可焊性和合格的冲击韧性。

（4）钢材应采用喷砂或抛丸除锈，除锈等级为 Sa2.5（非常彻底的喷射或抛射除锈），钢材作热浸镀锌处理时，热浸镀锌层的厚度应大于 45μm。

钢材作氟碳漆喷涂或聚氨酯漆处理时，涂层厚度应大于 45μm。

钢材作防锈漆处理，防锈漆宜采用环氧富锌（或无机富锌）类防锈漆，底漆、中间漆和面漆共三道，漆膜总厚度室内不小于 120μm，室外不小于 150μm。

2.4 铝型材

（1）铝合金型材质量应符合 GB/T 5237《铝合金建筑型材》的规定，型材尺寸允许偏差应达到高精级或超高精级。

（2）铝型材的打胶面表面处理应能满足胶的相容性（如采用阳极氧化等），且应在胶的相容性合格后方可施工。

2.5 硅酮结构密封胶、硅明耐候密封胶

（1）应使用符合要求、质量合格的中性硅酮结构胶和中性硅酮密封胶。要求生产厂家提供质保书，产品合格证。进口硅酮结构密封胶应具有商检报告。

（2）中性硅酮结构密封胶要求提供不低于 10 年的产品质保资料。与结构胶和耐候胶相接触的材料要做相容性试验。结构胶、耐候胶要在有效期内使用，严禁使用过期胶。

（3）硅酮结构密封胶的变位能力，取对应于其受应力为 0.14N/mm 时的伸长率，在温度作用下硅酮结构密封胶的变位承受能力应≥10%；地震作用下硅酮结构密封胶的变位承受能力应≥10%。耐候胶的变位能力≥25%。

（4）防火密封胶采用优质产品，防火密封胶燃烧性能不低于 GB/T 2408—2021《塑料 燃烧性能的测定 水平法和垂直法》规定的 HB 级（V0 级）。

2.6 紧固、连接件

所用的各类紧固件均采用不锈钢制品，不锈钢宜采用奥氏体不锈钢 OCr17Ni12Mo2（304 不锈钢）抗拉强度设计值为 180MPa，抗剪强度设计值为 105MPa。

2.7 密封垫、密封胶条

（1）密封垫和密封胶条符合 GB 10711《建筑橡胶密封垫预成型实芯硫化的结构密封垫用材》的有关规定。密封垫挤压成块、密封胶条为挤压成条，邵氏硬度为（70±5）RHD 并具有 20%～30% 的压缩度。不得采用"再生胶条"。

（2）密封胶条及胶垫：密封垫和密封胶条采用高密度的三元乙丙橡胶（EPDM），其延伸率>20%、抗拉强度>11MPa，须具有良好的抗臭氧及紫外光性能，能耐 −50～+150℃的温度，耐老化年限不小于 30 年。

3. 其他

（1）图面标注尺寸除标高以米为单位外，其余均以毫米为单位。

（2）未注明的固定螺钉为 M6 的不锈钢螺钉，未注明的螺钉间距均为 300mm。

（3）墙板深化设计时应提供工程完整的各专业图纸，固定于墙板上的构件应提前设置受力件。安装前需复核现场实际结构误差。

（4）墙板选用的配套材料应满足设计要求及相关规范，提供产品合格证及质量保证书。

（5）防火门需固定于单独的结构构造柱上，铝合金门窗可固定于墙板模块上，墙板设计时需提前预留好门窗体系结构受力构件，铝合金门窗螺钉固定间距等要求应满足 GB/T 8478—2020《铝合金门窗》规范要求。

（6）本图集做法仅限参考，具体详见实际工程要求及依据的国家现行主要设计规范、规程、标准：

《建筑幕墙》（GB/T 21086—2007）
《建筑防火封堵应用技术标准》（GB/T 51410—2020）
《建筑设计防火规范》[GB 50016—2014（2018 版）]
《火力发电厂与变电站设计防火标准》（GB 50229—2019）
《建筑物防雷设计规范》（GB 50057—2010）
《钢结构设计标准》（GB 50017—2017）
《建筑抗震设计规范》[GB 50011—2010（2016 年版）]
《建筑结构可靠性设计统一标准》（GB 50068—2018）
《铝合金建筑型材 第 1 部分：基材》（GB 5237.1—2008）
《建筑用硅酮结构密封胶》（GB 16776—2005）
《建筑装饰装修工程施工质量验收规范》（GB 50210—2018）
《铝合金门窗》（GB/T 8478—2020）
《建筑结构荷载规范》（GB 50009—2012）

图 25-2 单元式一体化墙板设计说明

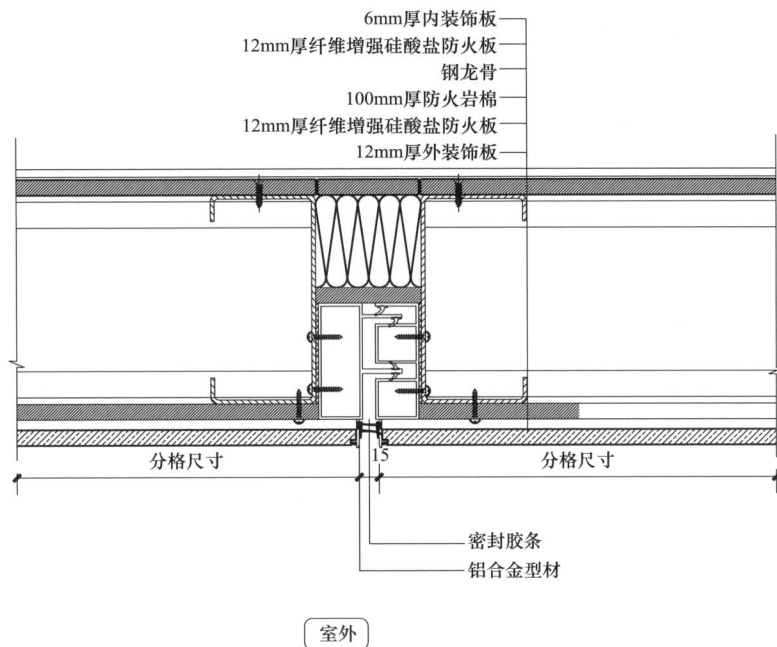

6mm厚内装饰板
12mm厚纤维增强硅酸盐防火板
钢龙骨
100mm厚防火岩棉
12mm厚纤维增强硅酸盐防火板
12mm厚外装饰板

分格尺寸   15   分格尺寸

密封胶条
铝合金型材

室外

横剖节点图

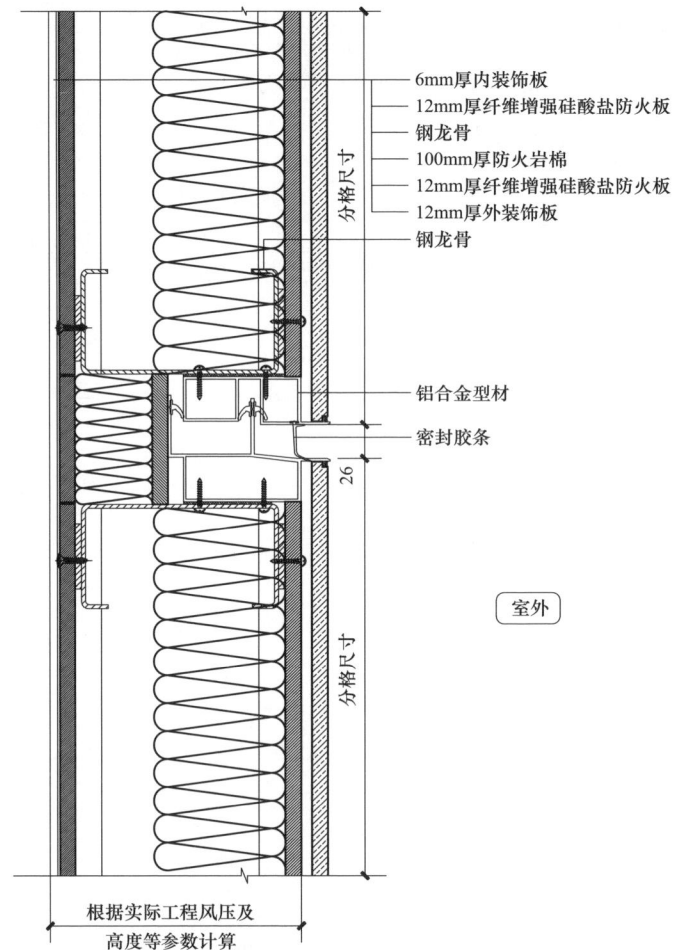

6mm厚内装饰板
12mm厚纤维增强硅酸盐防火板
钢龙骨
100mm厚防火岩棉
12mm厚纤维增强硅酸盐防火板
12mm厚外装饰板
钢龙骨

铝合金型材
密封胶条

室外

根据实际工程风压及
高度等参数计算

竖剖节点图

说明：1. 钢龙骨采用 160 系列冷弯镀锌 C 型钢，具体尺寸需根据实际工程风压计算。
　　　2. 内、外装饰板均采用纤维增强水泥板。

图 25-3　墙板标准构造横剖、竖剖节点图

6mm厚内装饰板
12mm厚纤维增强硅酸盐防火板
钢龙骨
100mm厚防火岩棉
12mm厚纤维增强硅酸盐防火板
12mm厚外装饰板

钢龙骨

分格尺寸

泡沫棒、密封胶

室外

分格尺寸

根据实际工程风压及
高度等参数计算

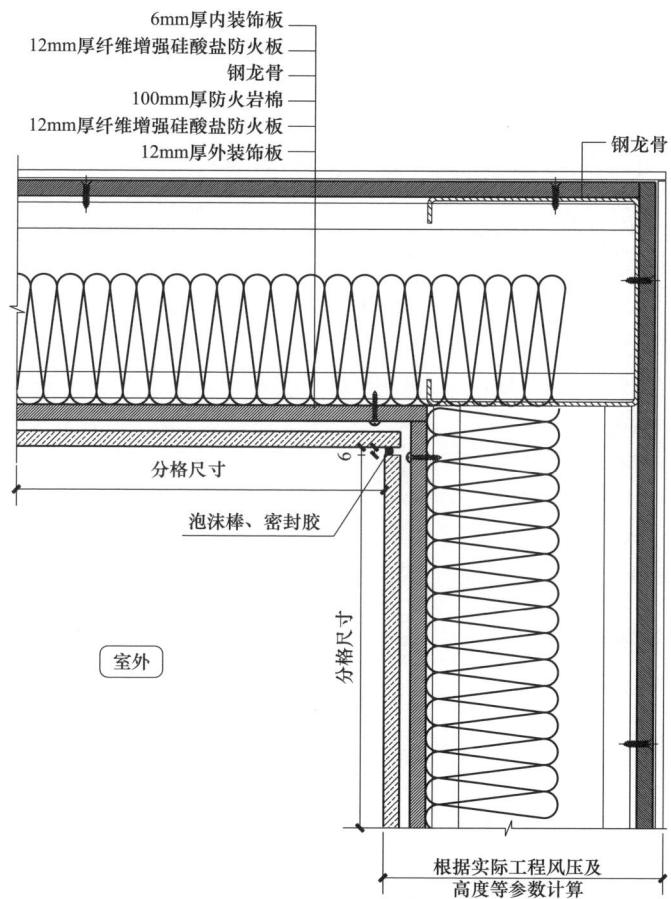

阴角横剖节点图

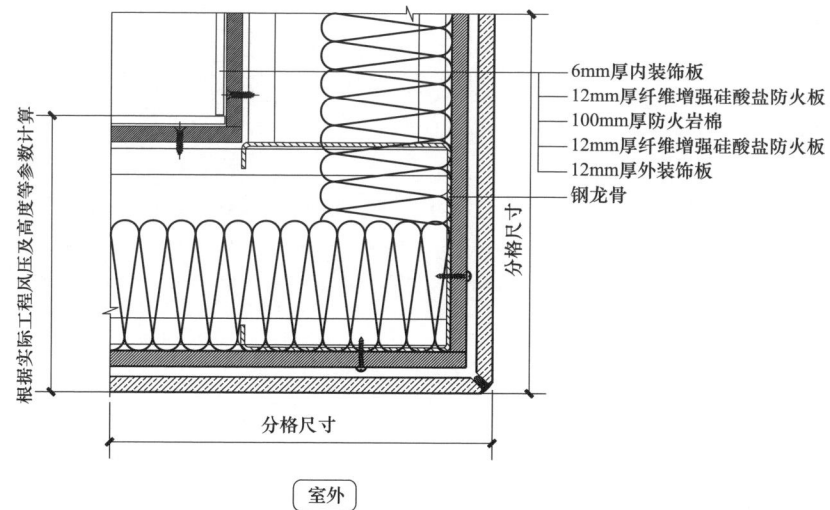

6mm厚内装饰板
12mm厚纤维增强硅酸盐防火板
100mm厚防火岩棉
12mm厚纤维增强硅酸盐防火板
12mm厚外装饰板

钢龙骨

分格尺寸

根据实际工程风压及高度等参数计算

分格尺寸

室外

阳角横剖节点图

图 25-4 墙板标准构造阴角、阳角节点图

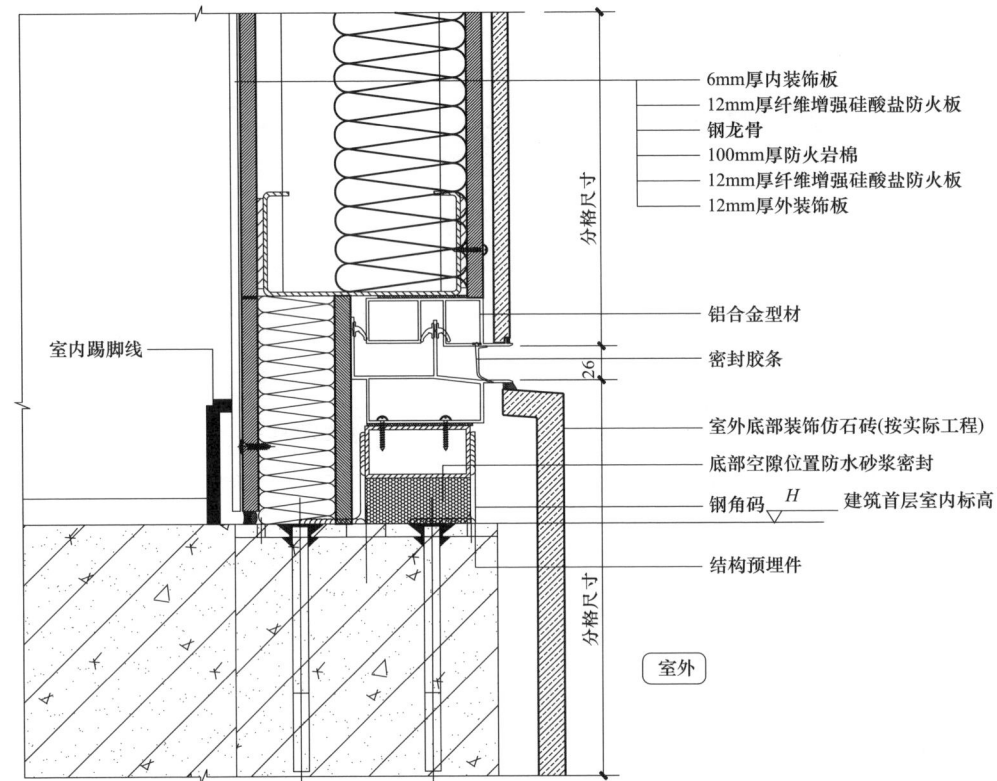

右侧标注（从上到下）：
6mm厚内装饰板
12mm厚纤维增强硅酸盐防火板
钢龙骨
100mm厚防火岩棉
12mm厚纤维增强硅酸盐防火板
12mm厚外装饰板

铝合金型材
密封胶条

室外底部装饰仿石砖(按实际工程)
底部空隙位置防水砂浆密封
钢角码　　H　　建筑首层室内标高
结构预埋件

左侧标注：
室内踢脚线

竖向标注：分格尺寸、分格尺寸、26

室外

底部节点图

图 25-5　墙板标准构造底部节点图

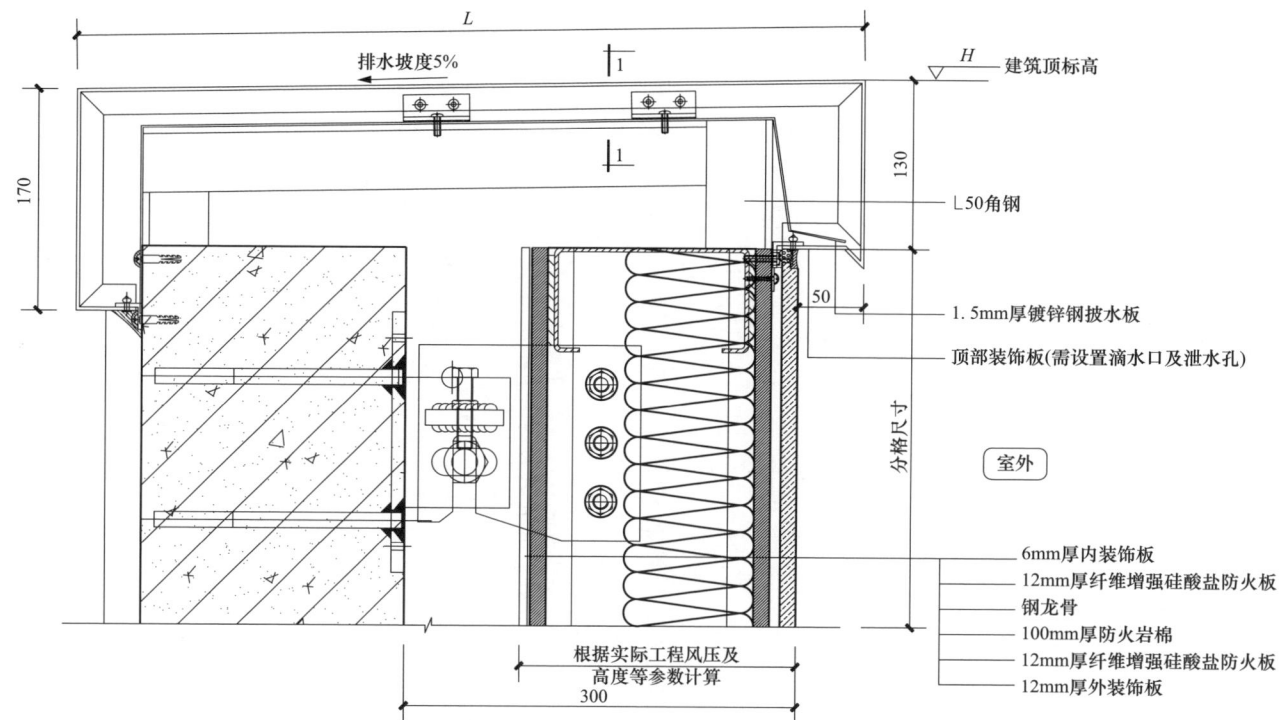

L

排水坡度5%

H ▽ 建筑顶标高

130

L50角钢

50

1.5mm厚镀锌钢披水板

顶部装饰板(需设置滴水口及泄水孔)

室外

分格尺寸

170

根据实际工程风压及
高度等参数计算
300

6mm厚内装饰板
12mm厚纤维增强硅酸盐防火板
钢龙骨
100mm厚防火岩棉
12mm厚纤维增强硅酸盐防火板
12mm厚外装饰板

顶部节点图

顶部装饰板
分格尺寸 分格尺寸 2mm厚柔性胶条
1.5mm厚镀锌钢披水板

钢龙骨

1—1

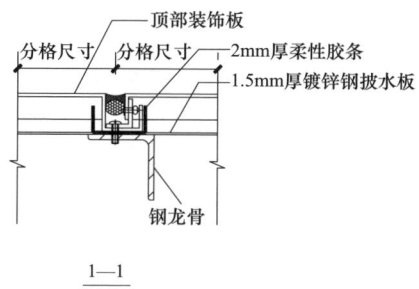

图 25-6 墙板标准构造顶部节点图

板块与楼层结构缝隙采用防火材料及防火岩棉填充

铝合金型材

密封胶条

不锈钢调节螺栓

2-镀锌钢挂件

不锈钢螺栓

室外

钢角码

钢梁预埋件

钢梁包覆

6mm厚内装饰板
12mm厚纤维增强硅酸盐防火板
钢龙骨
10mm厚防火岩棉
12mm厚纤维增强硅酸盐防火板
12mm厚外装饰板

根据实际工程风压及
高度等参数计算

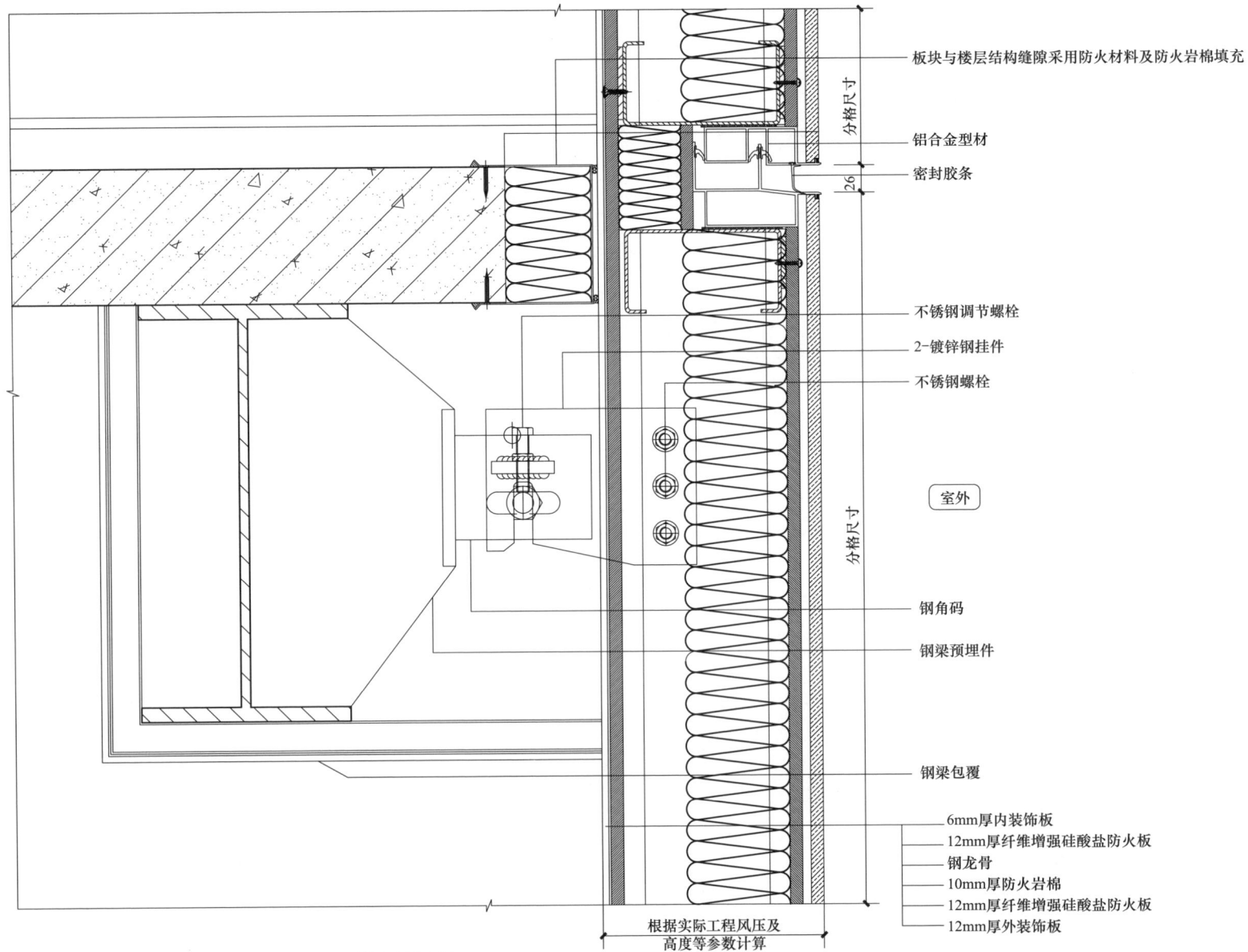

墙板与钢梁连接竖剖节点图

图 25-7　墙板与钢梁连接竖剖节点图

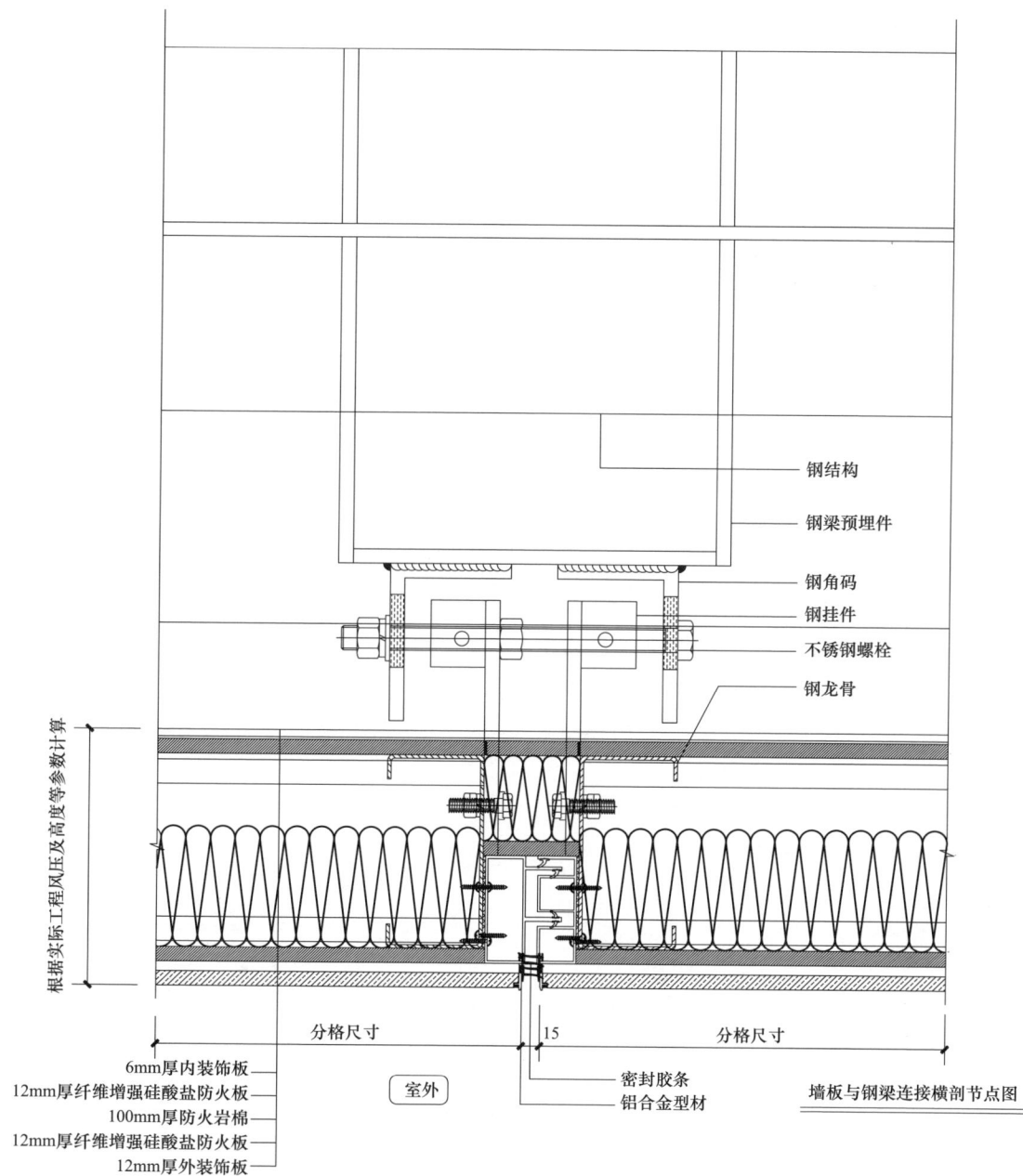

钢结构

钢梁预埋件

钢角码

钢挂件

不锈钢螺栓

钢龙骨

根据实际工程风压及高度等参数计算

分格尺寸

15

分格尺寸

6mm厚内装饰板
12mm厚纤维增强硅酸盐防火板
100mm厚防火岩棉
12mm厚纤维增强硅酸盐防火板
12mm厚外装饰板

室外

密封胶条
铝合金型材

墙板与钢梁连接横剖节点图

图 25-8　墙板与钢梁连接横剖节点图

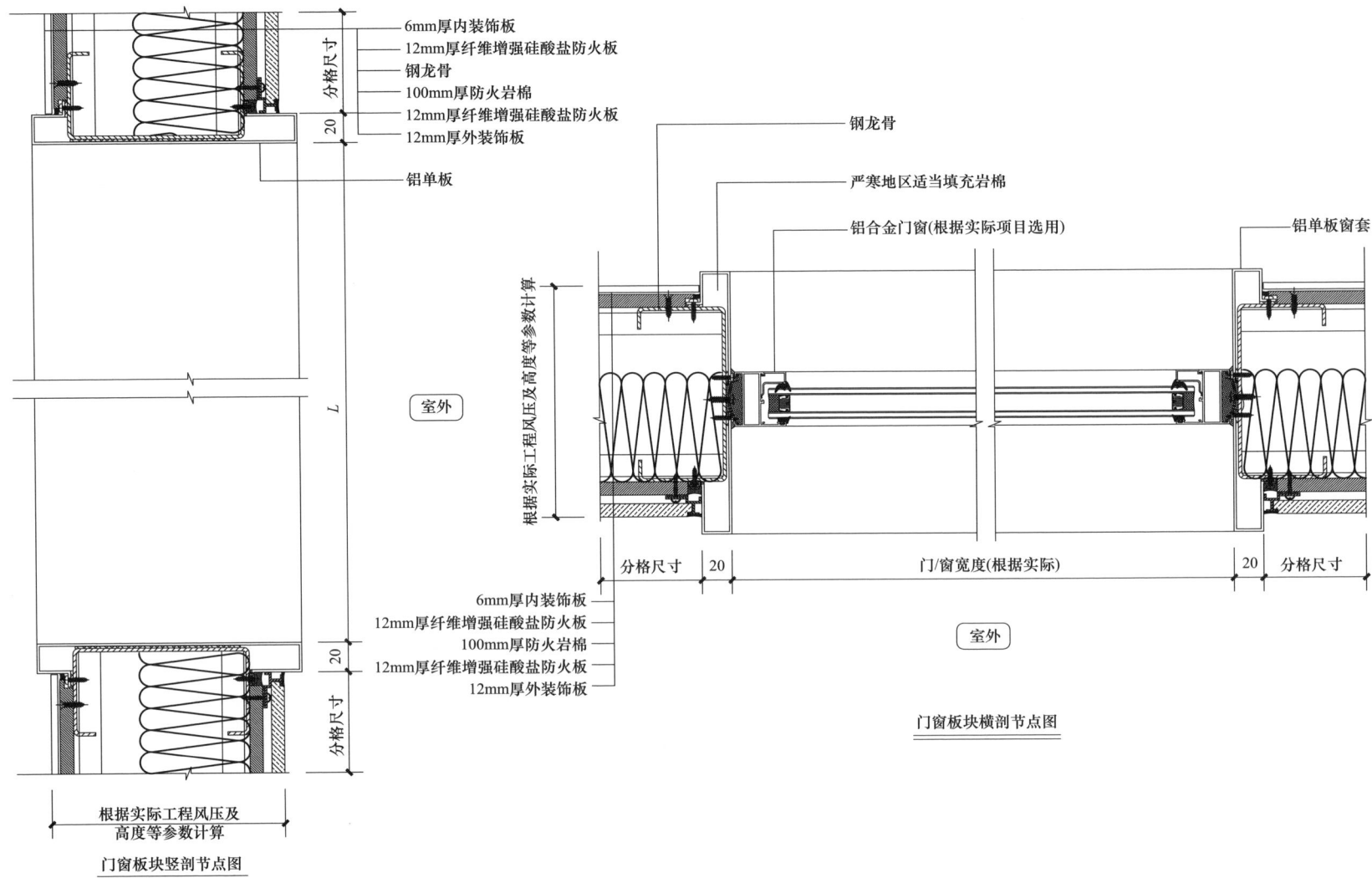

6mm厚内装饰板
12mm厚纤维增强硅酸盐防火板
钢龙骨
100mm厚防火岩棉
12mm厚纤维增强硅酸盐防火板
12mm厚外装饰板

铝单板

室外

根据实际工程风压及高度等参数计算

钢龙骨

严寒地区适当填充岩棉

铝合金门窗(根据实际项目选用)

铝单板窗套

分格尺寸   20   门/窗宽度(根据实际)   20   分格尺寸

室外

6mm厚内装饰板
12mm厚纤维增强硅酸盐防火板
100mm厚防火岩棉
12mm厚纤维增强硅酸盐防火板
12mm厚外装饰板

根据实际工程风压及
高度等参数计算

门窗板块竖剖节点图

门窗板块横剖节点图

图 25-9 墙板铝合金门窗构造节点图

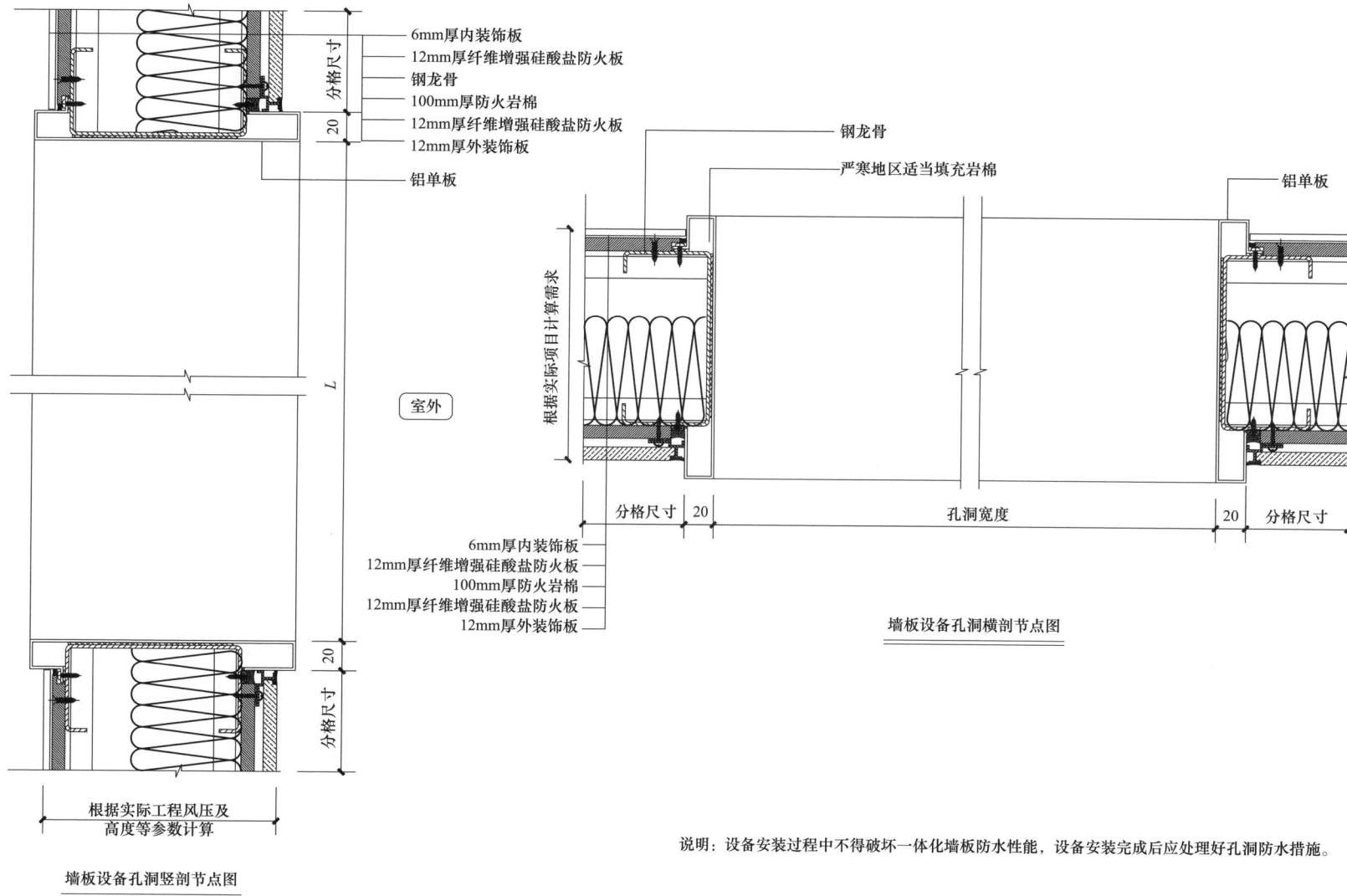

6mm厚内装饰板
12mm厚纤维增强硅酸盐防火板
钢龙骨
100mm厚防火岩棉
12mm厚纤维增强硅酸盐防火板
12mm厚外装饰板

铝单板

分格尺寸
20

室外

L

6mm厚内装饰板
12mm厚纤维增强硅酸盐防火板
100mm厚防火岩棉
12mm厚纤维增强硅酸盐防火板
12mm厚外装饰板

20
分格尺寸

根据实际工程风压及
高度等参数计算

墙板设备孔洞竖剖节点图

钢龙骨

严寒地区适当填充岩棉

铝单板

根据实际项目计算需求

分格尺寸 20 孔洞宽度 20 分格尺寸

墙板设备孔洞横剖节点图

说明：设备安装过程中不得破坏一体化墙板防水性能，设备安装完成后应处理好孔洞防水措施。

图 25-10　墙板设备孔洞构造节点图

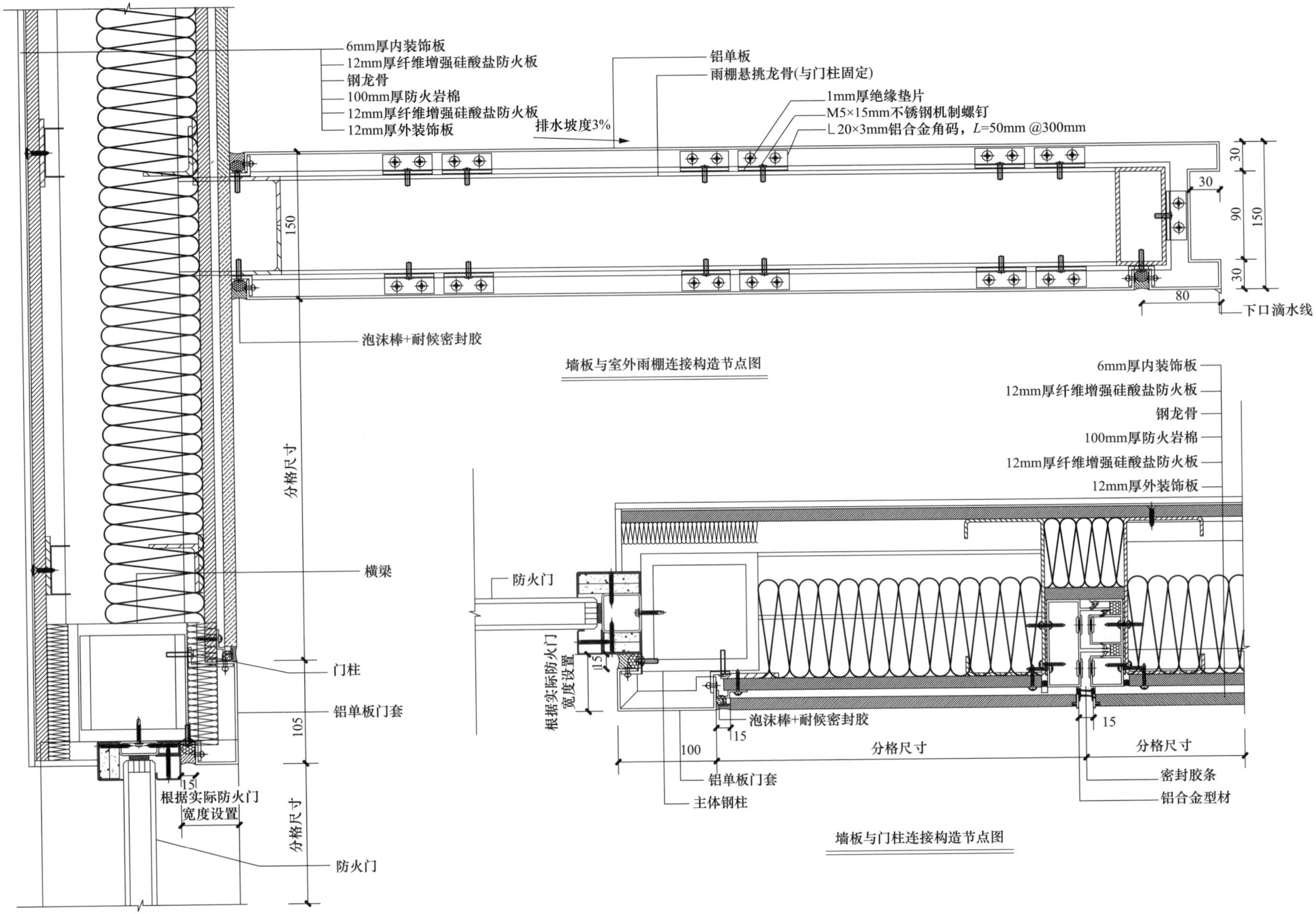

图 25-11　墙板与室外雨棚、门柱连接构造节点图

墙板与室外雨棚连接构造节点图

墙板与门柱连接构造节点图

图中文字标注：

左侧墙板节点（上方）：
- 6mm厚内装饰板
- 12mm厚纤维增强硅酸盐防火板
- 钢龙骨
- 100mm厚防火岩棉
- 12mm厚纤维增强硅酸盐防火板
- 12mm厚外装饰板
- 排水坡度3%
- 泡沫棒+耐候密封胶
- 横梁
- 门柱
- 铝单板门套
- 根据实际防火门宽度设置
- 防火门
- 150
- 105
- 15
- 分格尺寸

雨棚节点（右上）：
- 铝单板
- 雨棚悬挑龙骨(与门柱固定)
- 1mm厚绝缘垫片
- M5×15mm不锈钢机制螺钉
- L20×3mm铝合金角码，L=50mm @300mm
- 30
- 90
- 150
- 30
- 80
- 下口滴水线

右下墙板与门柱节点：
- 6mm厚内装饰板
- 12mm厚纤维增强硅酸盐防火板
- 钢龙骨
- 100mm厚防火岩棉
- 12mm厚纤维增强硅酸盐防火板
- 12mm厚外装饰板
- 防火门
- 根据实际防火门宽度设置
- 泡沫棒+耐候密封胶
- 铝单板门套
- 主体钢柱
- 密封胶条
- 铝合金型材
- 100
- 15
- 15
- 分格尺寸

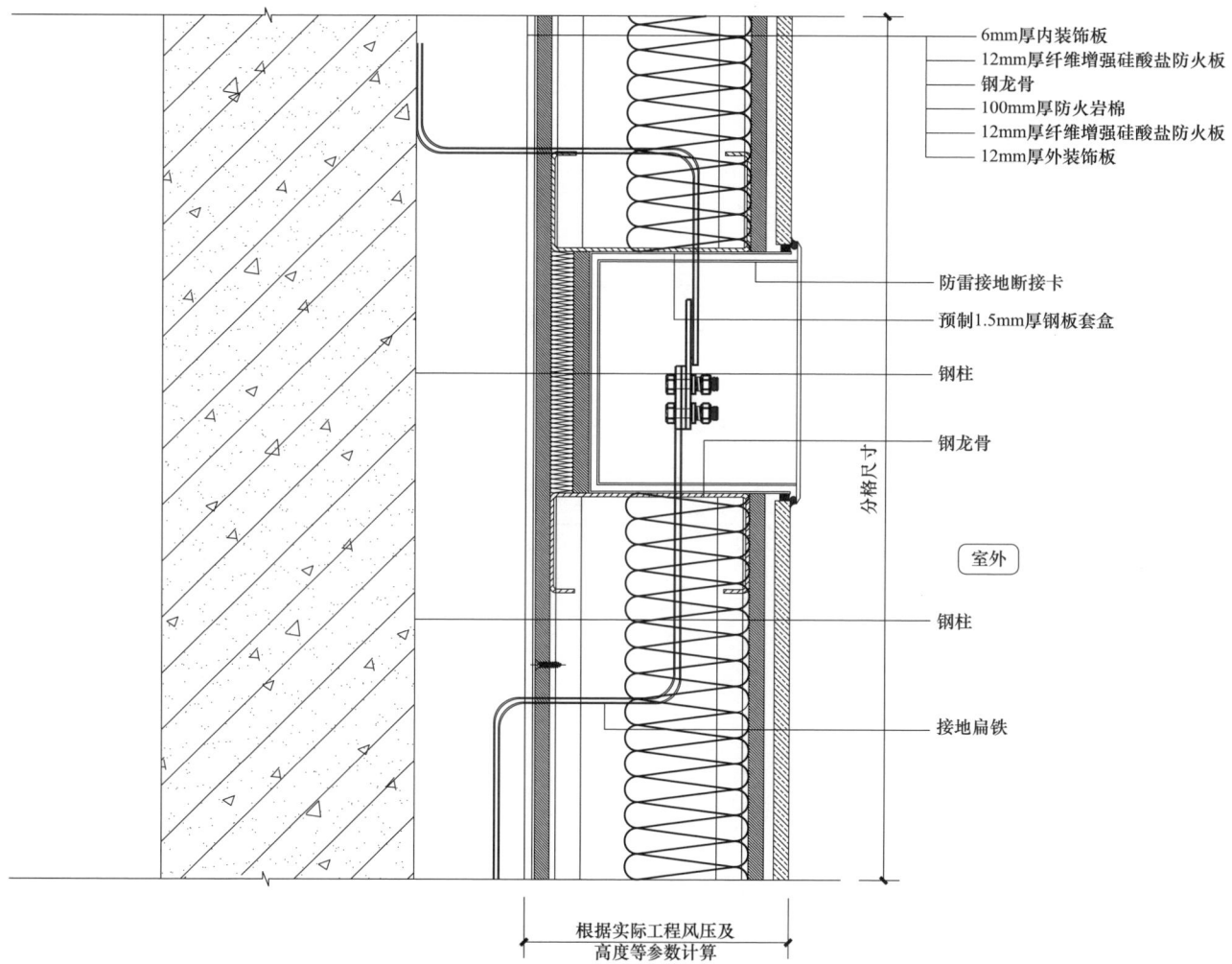

右侧标注（从上到下）：
- 6mm厚内装饰板
- 12mm厚纤维增强硅酸盐防火板
- 钢龙骨
- 100mm厚防火岩棉
- 12mm厚纤维增强硅酸盐防火板
- 12mm厚外装饰板
- 防雷接地断接卡
- 预制1.5mm厚钢板套盒
- 钢柱
- 钢龙骨
- 钢柱
- 接地扁铁

分格尺寸

室外

根据实际工程风压及
高度等参数计算

墙板防雷接地断接卡竖剖节点图

图 25-12　墙板防雷接地卡构造节点图 1

防雷接地断接卡

防雷接地断接卡

钢龙骨

预制1.5mm厚钢板套盒

防雷接地断接卡

按实际工程

分格尺寸

室外

6mm厚内装饰板
12mm厚纤维增强硅酸盐防火板
100mm厚防火岩棉
12mm厚纤维增强硅酸盐防火板
12mm厚外装饰板

防雷接地断接卡横剖节点图

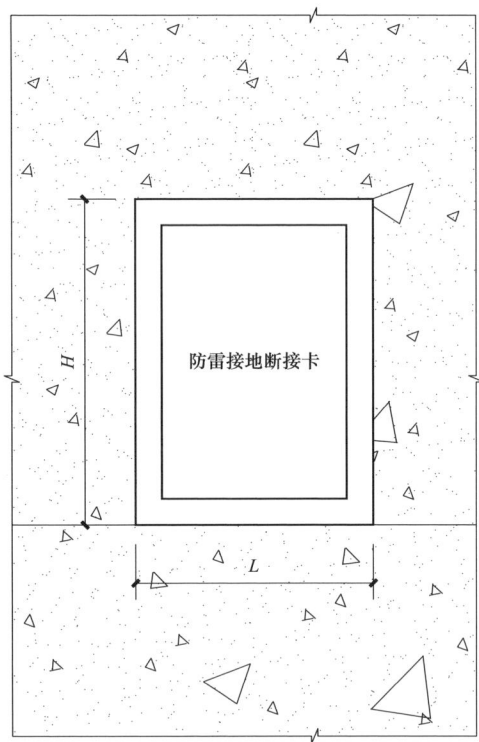

墙板内嵌防雷接地局部立面图

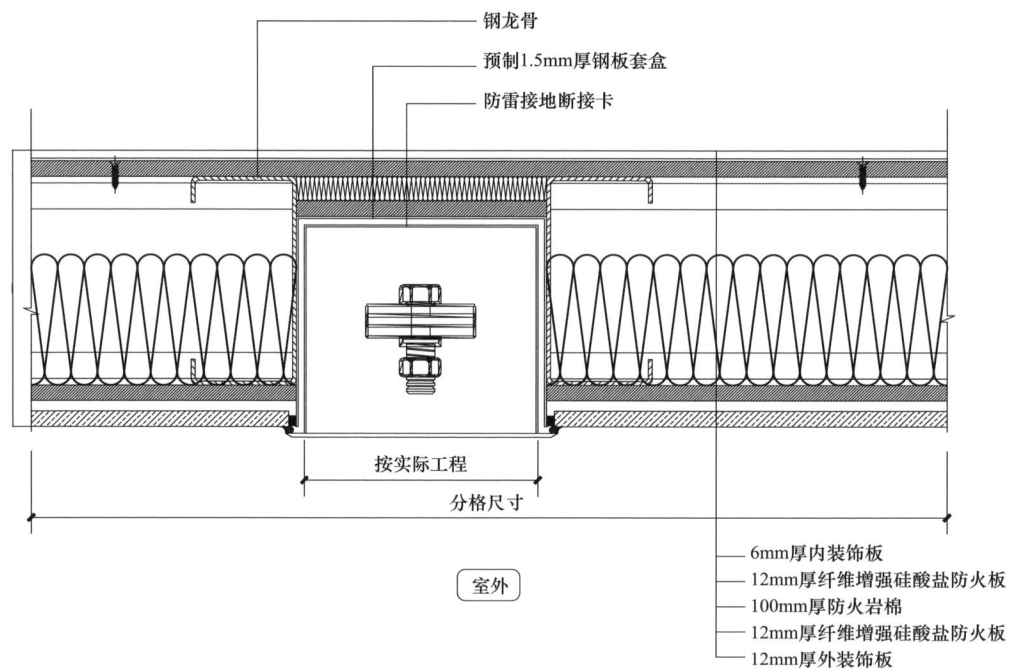

图25-13 墙板防雷接地卡构造节点图2

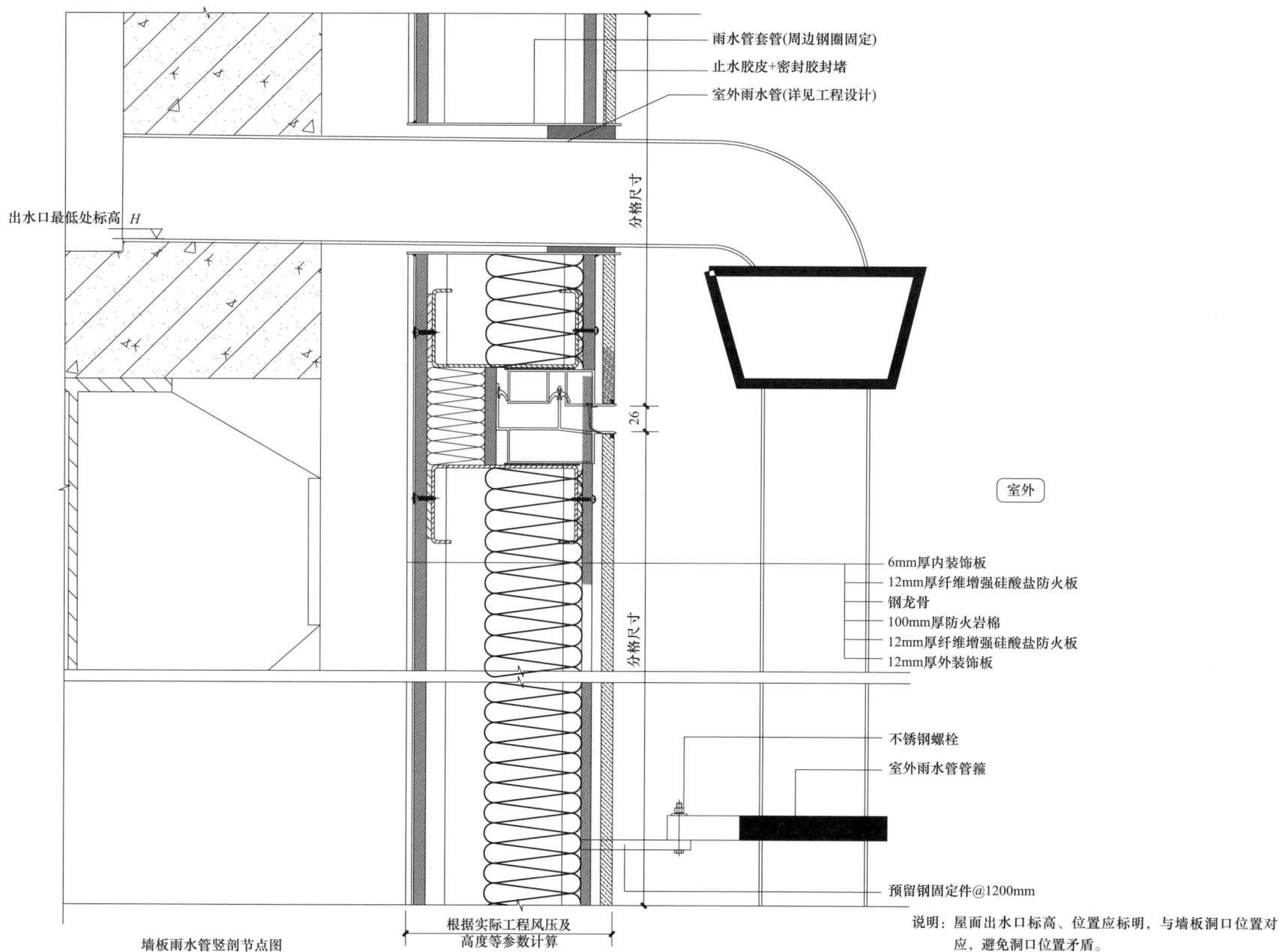

雨水管套管(周边钢圈固定)

止水胶皮+密封胶封堵

室外雨水管(详见工程设计)

出水口最低处标高 H

分格尺寸

室外

26

分格尺寸

6mm厚内装饰板
12mm厚纤维增强硅酸盐防火板
钢龙骨
100mm厚防火岩棉
12mm厚纤维增强硅酸盐防火板
12mm厚外装饰板

不锈钢螺栓

室外雨水管管箍

预留钢固定件@1200mm

墙板雨水管竖剖节点图

根据实际工程风压及
高度等参数计算

说明:屋面出水口标高、位置应标明,与墙板洞口位置对
应,避免洞口位置矛盾。

图 25-14 墙板雨水管构造节点图 1

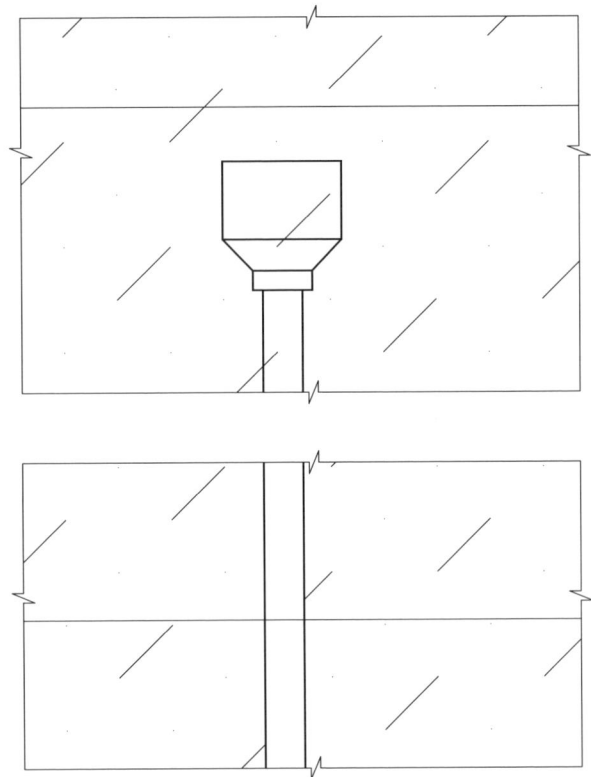

墙板落水管局部立面图

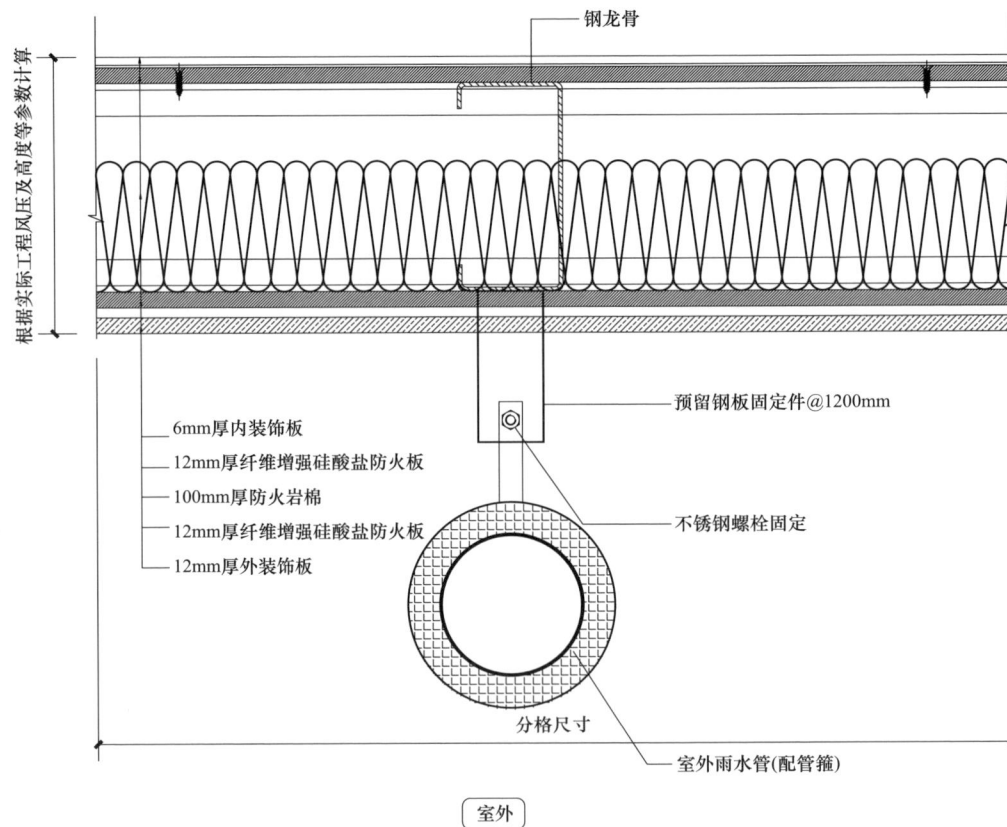

钢龙骨

根据实际工程风压及高度等参数计算

6mm厚内装饰板
12mm厚纤维增强硅酸盐防火板
100mm厚防火岩棉
12mm厚纤维增强硅酸盐防火板
12mm厚外装饰板

预留钢板固定件@1200mm

不锈钢螺栓固定

分格尺寸

室外雨水管(配管箍)

室外

墙板雨水管横剖节点图

图 25-15　墙板雨水管构造节点图 2

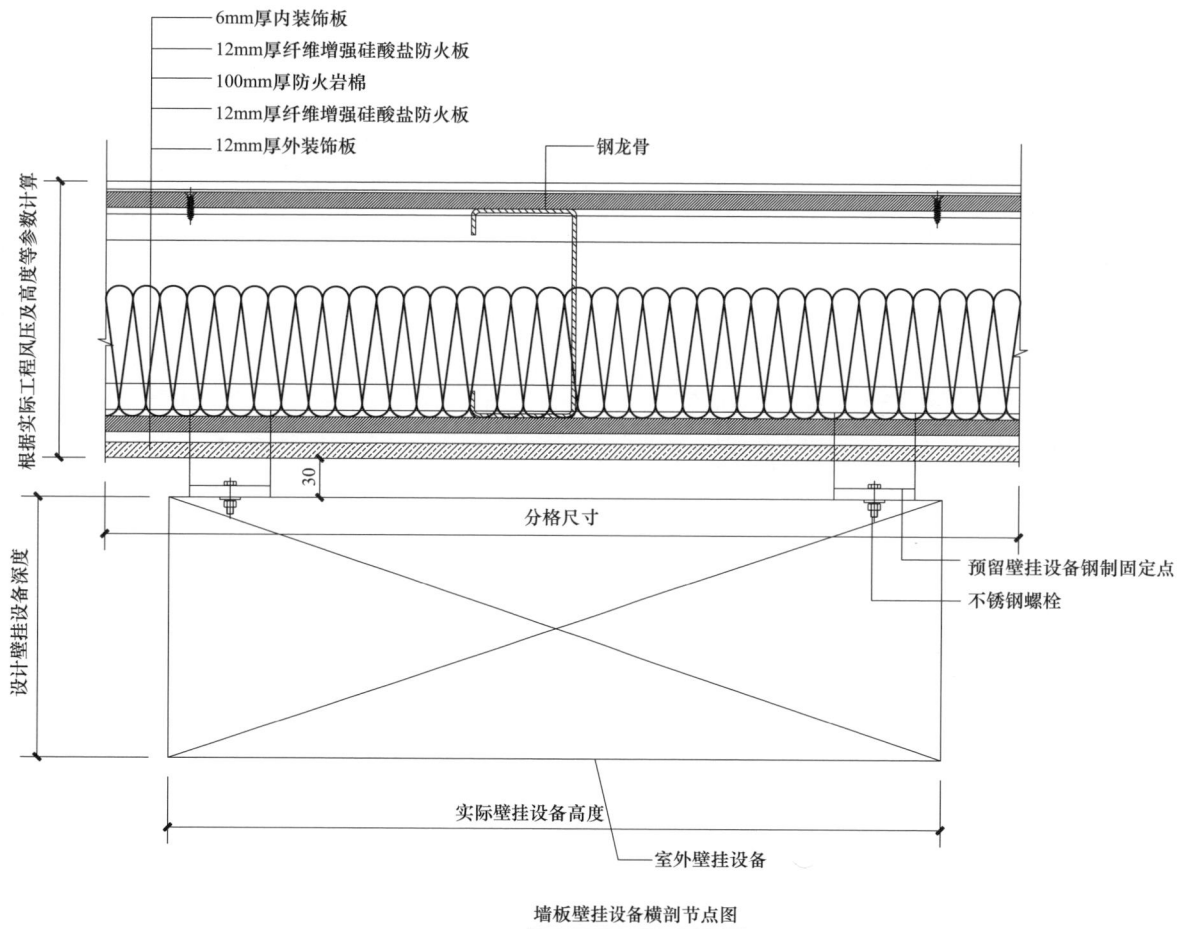

墙板壁挂设备横剖节点图

图 25-16 墙板壁挂设备构造节点图 1

6mm厚内装饰板
12mm厚纤维增强硅酸盐防火板
钢龙骨
100mm厚防火岩棉
12mm厚纤维增强硅酸盐防火板
12mm厚外装饰板

设计壁挂设备深度

不锈钢螺栓

室外壁挂设备

预留钢固定件

实际壁挂设备高度

分格尺寸

室外

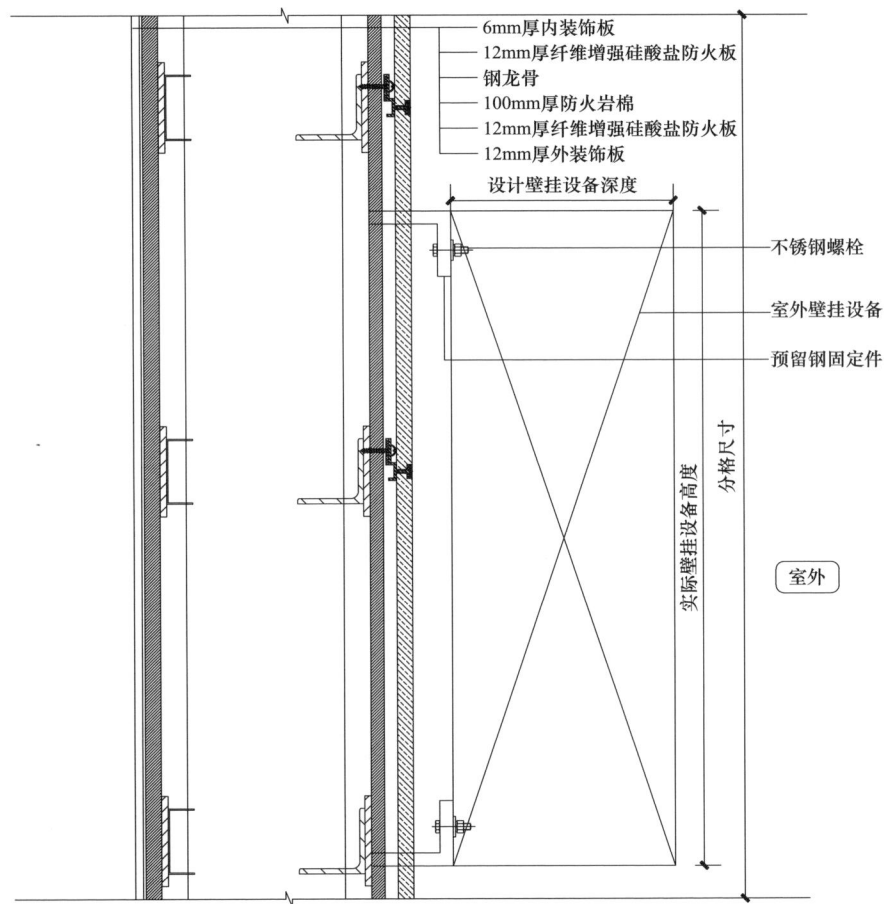

墙板壁挂设备竖剖节点图

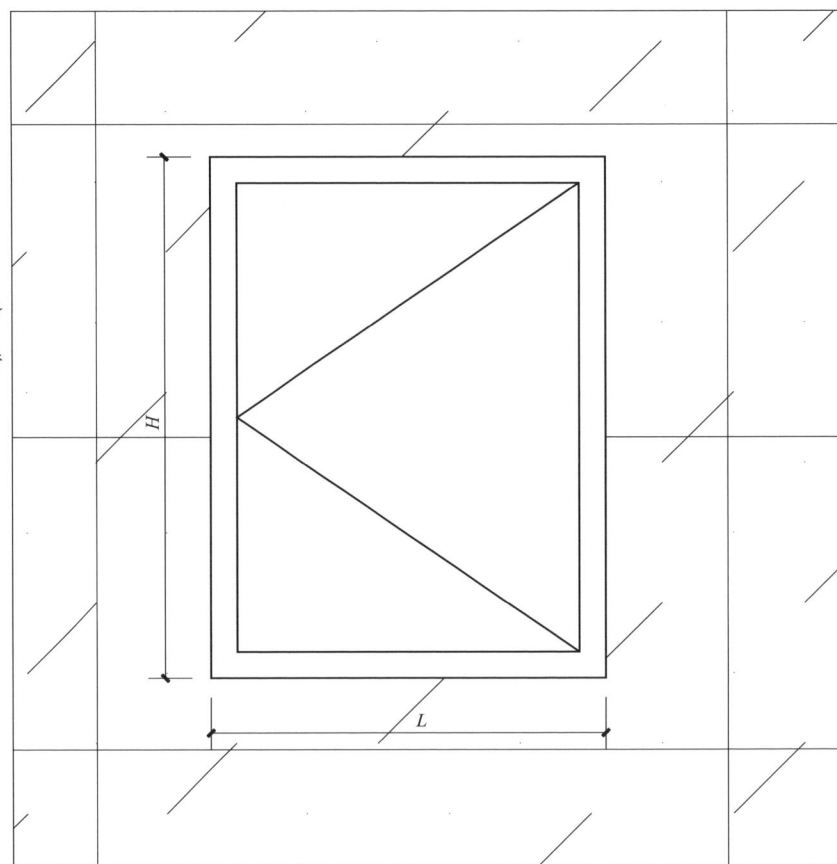

墙板壁挂设备局部立面图

图 25-17 墙板壁挂设备构造节点图 2

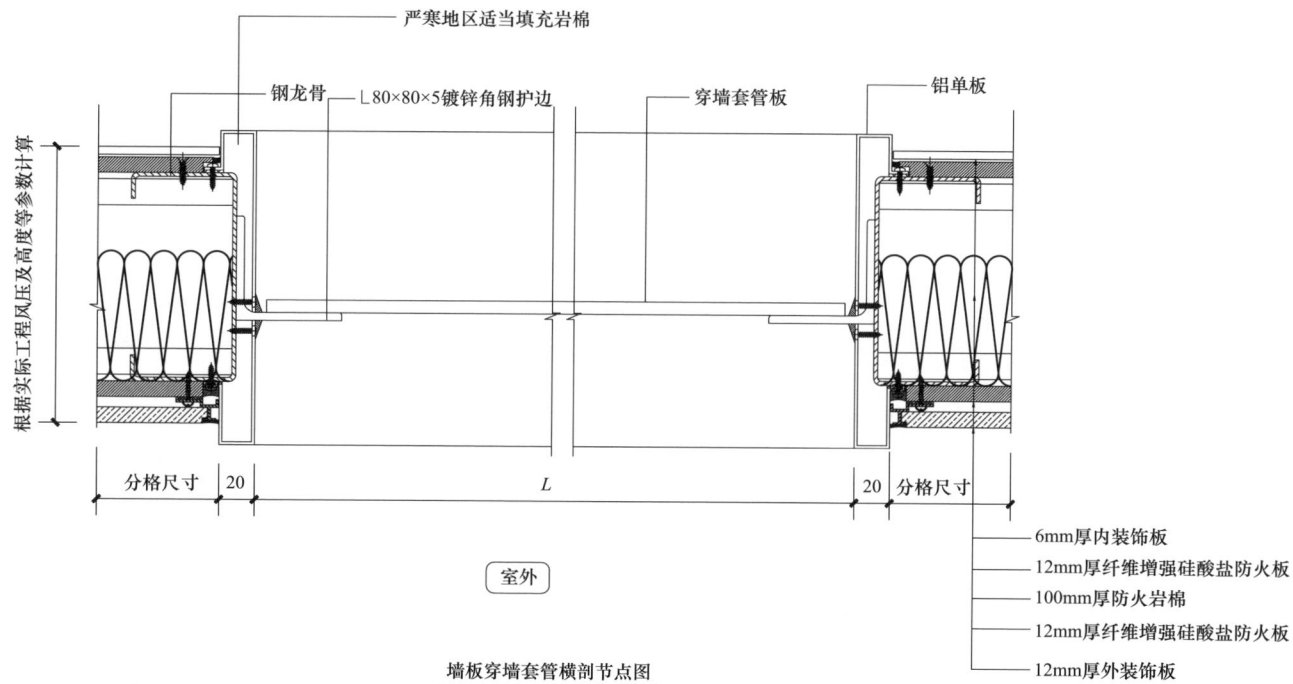

严寒地区适当填充岩棉

钢龙骨 L80×80×5镀锌角钢护边 穿墙套管板 铝单板

根据实际工程风压及高度等参数计算

分格尺寸 20 L 20 分格尺寸

室外

6mm厚内装饰板
12mm厚纤维增强硅酸盐防火板
100mm厚防火岩棉
12mm厚纤维增强硅酸盐防火板
12mm厚外装饰板

墙板穿墙套管横剖节点图

图 25-18　墙板穿墙套管构造节点图 1

根据实际工程风压及高度等参数计算

6mm厚内装饰板
12mm厚纤维增强硅酸盐防火板
钢龙骨
100mm厚防火岩棉
12mm厚纤维增强硅酸盐防火板
外装饰板

铝单板 顶部设置滴水线

80×80×5镀锌角钢护边

穿墙套管板

铝单板 底部设置排水坡度

排水坡度3%

室外

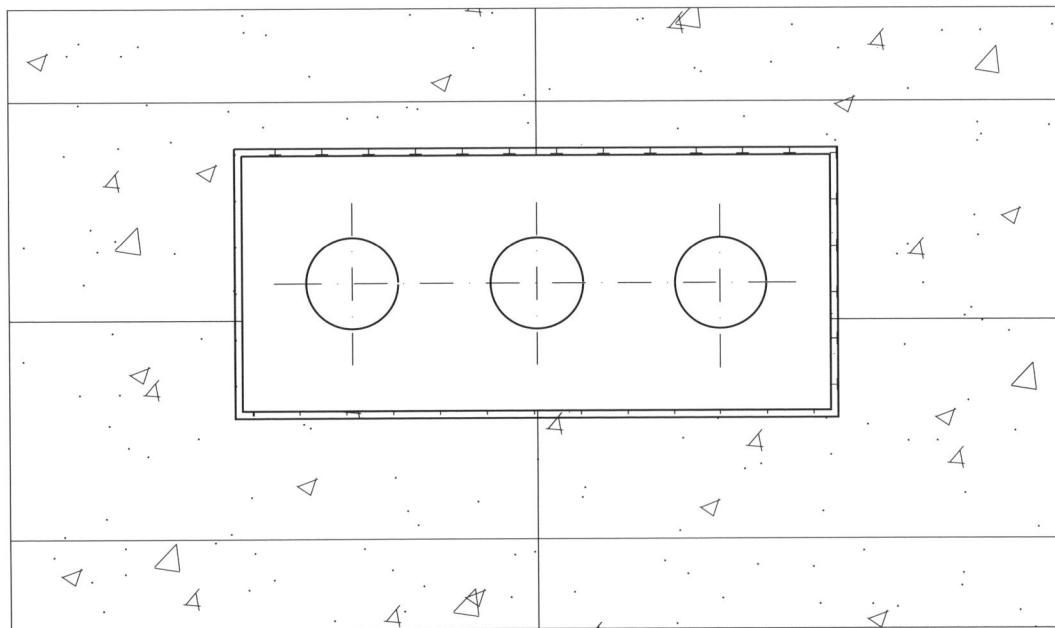

墙板室外穿墙套管立面图

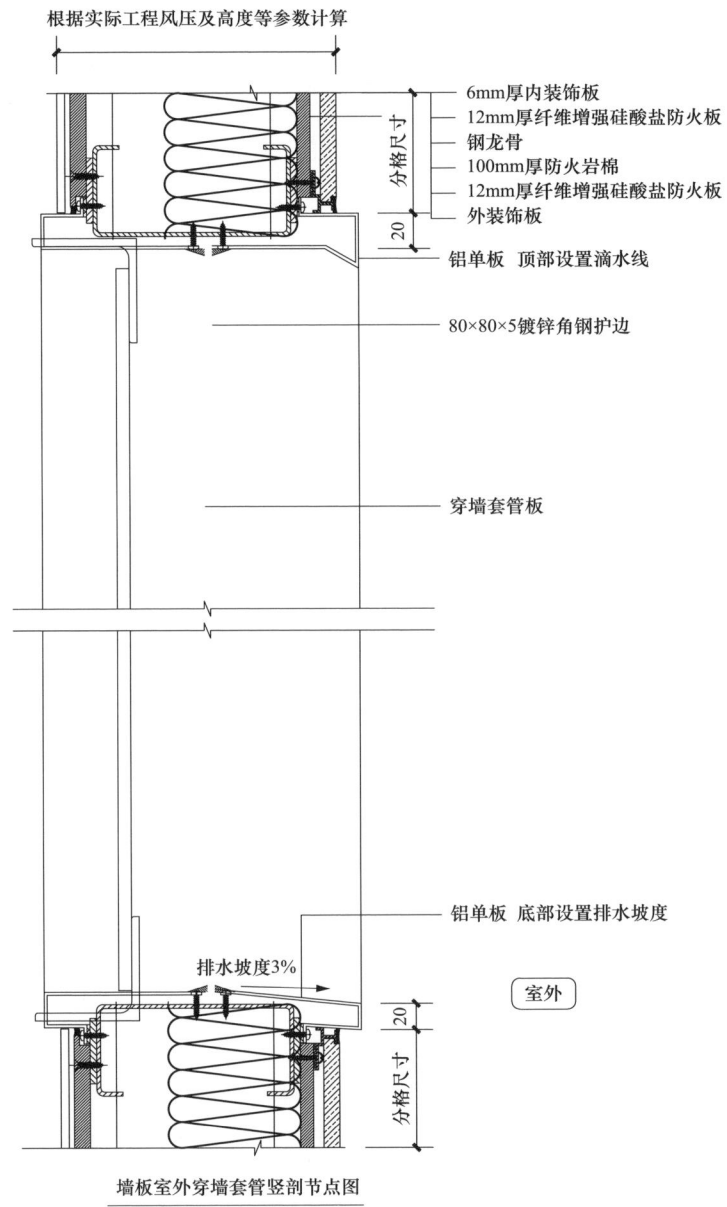

墙板室外穿墙套管竖剖节点图

图 25-19　墙板穿墙套管构造节点图 2

墙板爬梯横剖节点图

6mm厚内装饰板
12mm厚纤维增强硅酸盐防火板
100mm厚防火岩棉
12mm厚纤维增强硅酸盐防火板
12mm厚外装饰板

钢龙骨

爬梯设备钢制固定点
不锈钢螺栓

钢爬梯

一体化墙板

M8不锈钢螺栓

爬梯
预留5mm厚镀锌钢板

室外

M8不锈钢螺栓

爬梯
预留5mm厚镀锌钢板

墙板爬梯竖剖节点图

爬梯

墙板爬梯构造立面图

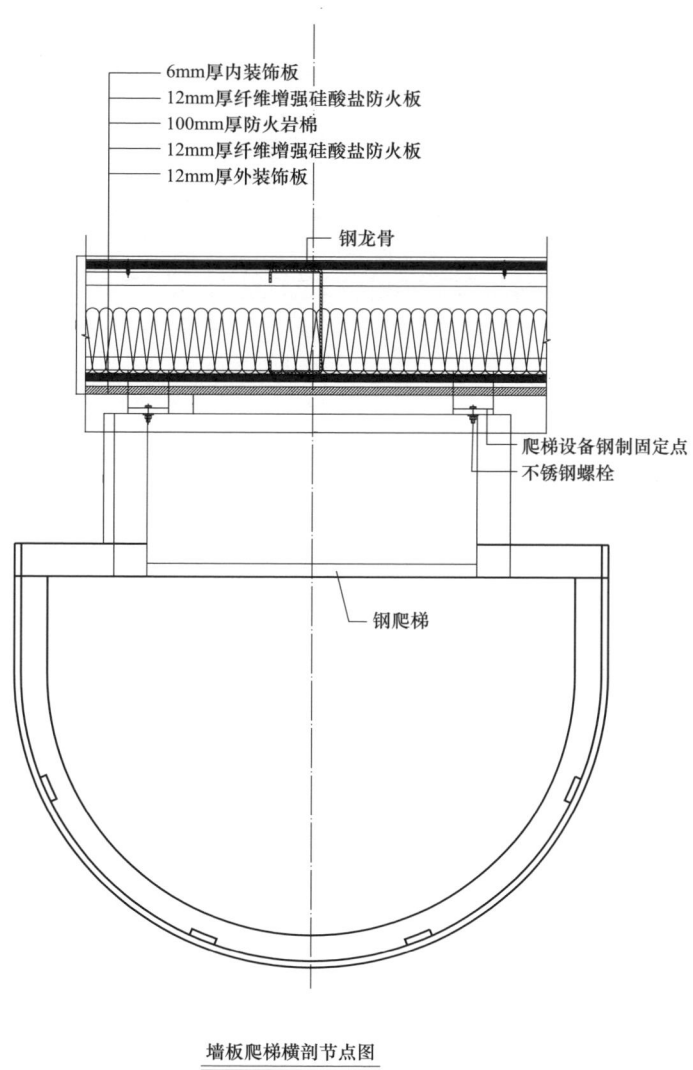

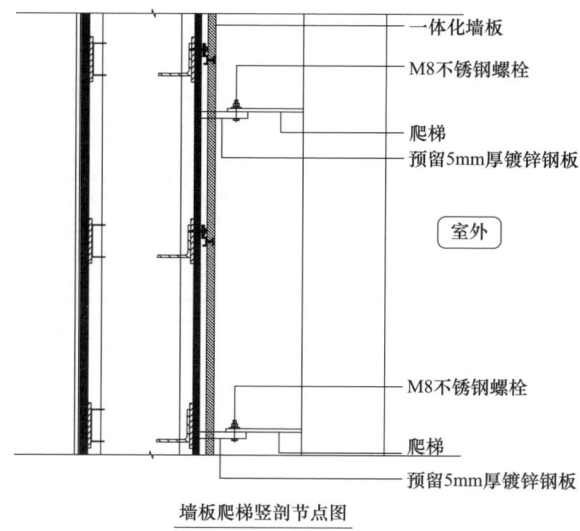

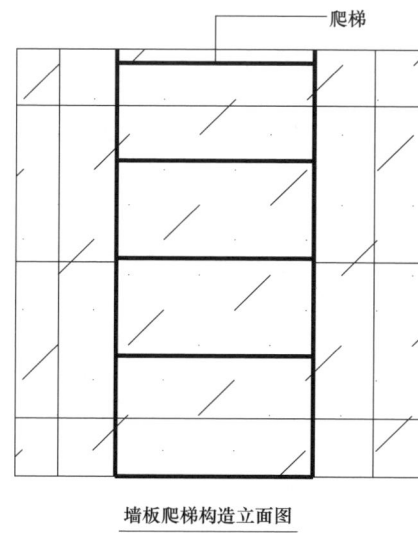

图25-20　墙板爬梯构造节点图

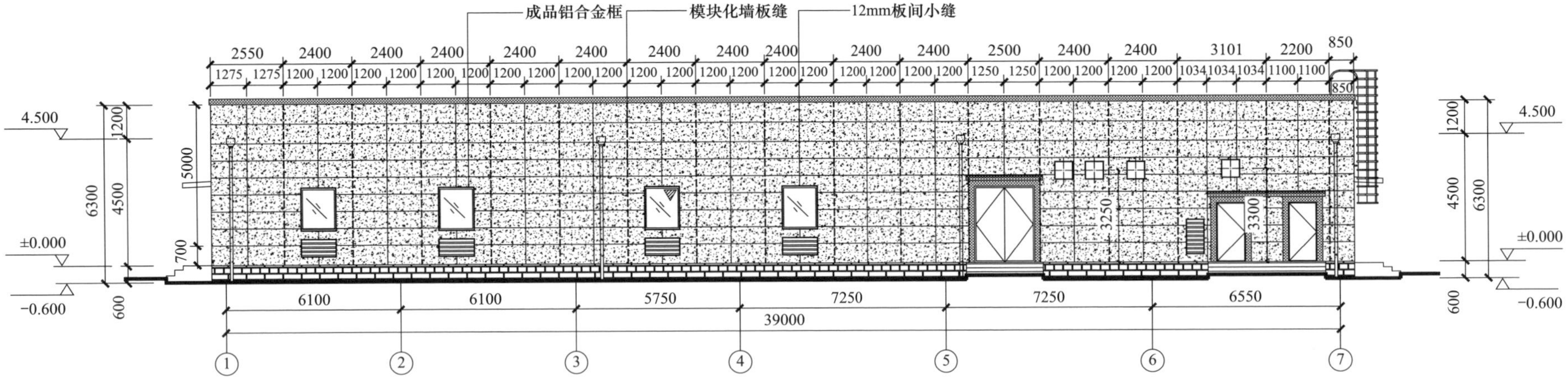

成品铝合金框　模块化墙板缝　12mm板间小缝

2550　2400　2400　2400　2400　2400　2400　2400　2400　2400　2400　2500　2400　2400　3101　2200　850

1275 1275 1200 1200 1200 1200 1200 1200 1200 1200 1200 1200 1200 1200 1200 1200 1250 1250 1200 1200 1200 1034 1034 1034 1100 1100 850

4.500

1200

6300　4500　5000

700

±0.000

3250

3300

4.500

1200

4500　6300

±0.000

-0.600　600

6100　6100　5750　7250　7250　6550

39000

-0.600

600

① ② ③ ④ ⑤ ⑥ ⑦

①—⑦轴建筑立面分板图

450 1200 2400 2400 2400 2400 2110 2110 2110 2800 2430 2400 2110 2110 2800 1220 2400 2400 1200 550

450 1200 1200 1200 1200 1200 1200 1200 1055 1055 1055 1055 1055 1055 1400 1400 1215 1215 1200 1200 1055 1055 1055 1055 1400 1400 1220 1200 1200 1200 1200 1200 550

5.050

650

6300　5050

±0.000

650

200

700

600　700　600　600

5050　6300

600

700

5.050

±0.000

-0.600　600

6550　7250　7250　5750　6100　6100

39000

-0.600

600

⑦ ⑥ ⑤ ④ ③ ② ①

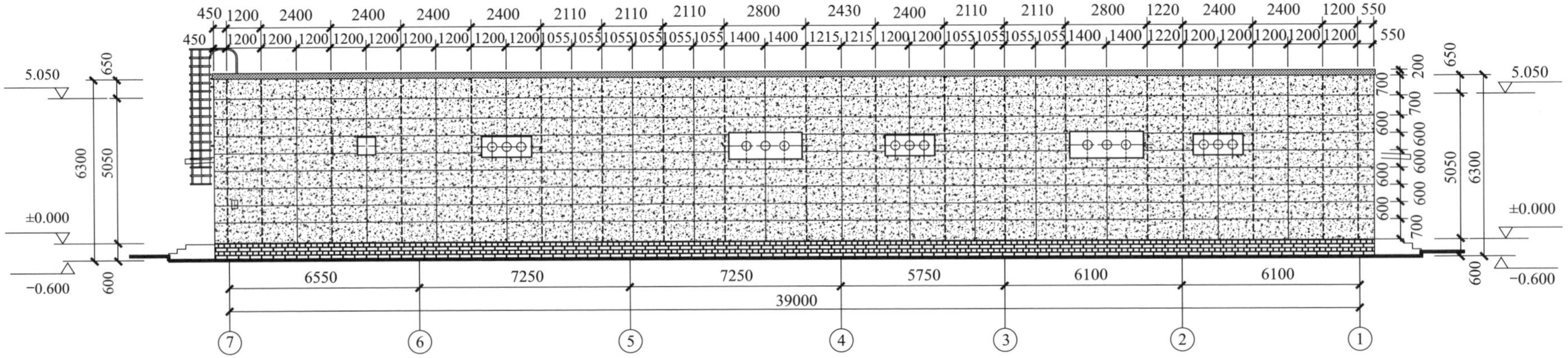

⑦—①轴建筑立面分板图

图例：

2.5mm厚铝单板

12mm厚浅灰色纤维水泥板

深灰色文化砖

图 25-21　建筑立面分板示意图 1

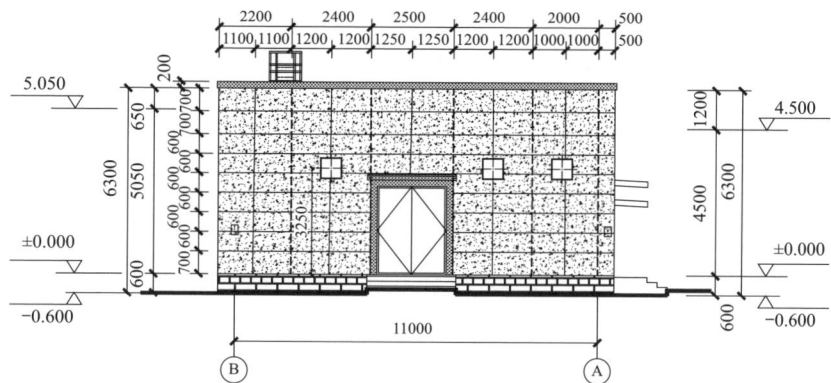

$\underline{\text{B}-\text{A} \text{ 轴建筑立面分板图}}$

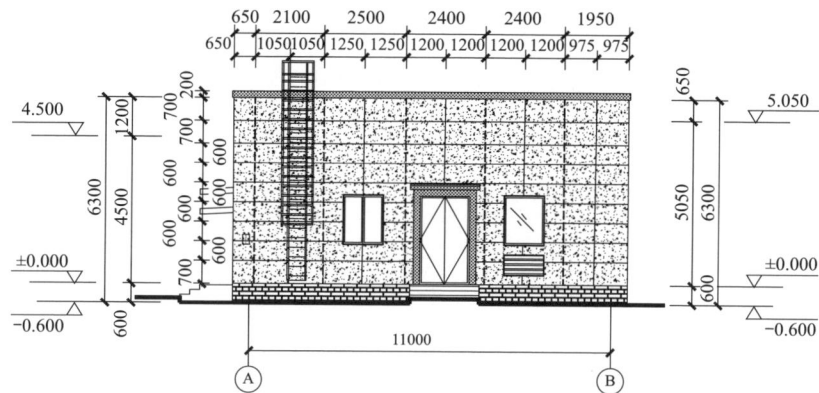

$\underline{\text{A}-\text{B} \text{ 轴建筑立面分板图}}$

图例：

⌐‥⌐ 2.5mm厚铝单板

⌐‥⌐ 12mm厚浅灰色纤维水泥板

▦ 深灰色文化砖

图 25-22　建筑立面分板示意图 2

第 26 章 单元式辅助用房

26.1 技术简介

单元式小型建筑其主体刚架、围护体系，以及电气、水暖、通信等设施及预留接口均在工厂内一体化完成，一次性整体运输，是现场吊装拼接后即能使用的高度集成化建筑成品。单元房采用顶部吊装法现场拼装。

根据目前 110kV 变电站辅助用房使用要求，以及现有的运输条件及吊装要求，将原来的辅助用房方案改为 16m×3.0m、8.0m×6.0m 两种方案；生产时，拆分为 8m×3.0m 的两个单元，到现场后再拼接合成。

26.2 技术经济对比与低碳性能分析

单元式辅助用房同框架结构辅助用房低碳性能与技术经济对比见表 26-1。

表 26-1 单元式辅助用房同框架结构辅助用房低碳性能与技术经济对比表

名称	单元式辅助用房	框架结构辅助用房
生产工艺	工厂内一体化完成，整体运输，现场安装即可	采用现浇钢筋混凝土的作业方式，施工现场有大量的湿作业工序，需要大量的水泥、沙石、钢筋等建筑材料
减能节排	工厂化一体完成，不产生落地灰，扬尘得到有效抑制；不需要夜间施工，降低了光污染	现场湿作业较多，产生大量废水、废浆；建筑材料在运输、装卸、堆放、控料过程中，扬尘污染多

续表

名称	单元式辅助用房	框架结构辅助用房
施工工期	机械化程度明显提高，操作人员劳动强度得到有效缓解，使工程施工周期缩短	施工工期较长
经济对比	土建造价约 30 万元	土建造价约 28 万元

26.3 应用范围 / 适用条件

在新建变电站工程中全范围适用。

26.4 应用案例

永春仙夹 35kV 变电站、永春吾峰 35kV 变电站。

26.5 设计要点

成品辅助用房设计时，应综合考虑现有的运输条件及施工现场实际情况，选择适宜的方案。

单元用房照明、水暖、通信、消控等设施及预留接口需在工厂内一体化完成。

26.6 设计图纸

设计图如图 26-1～图 26-13 所示。

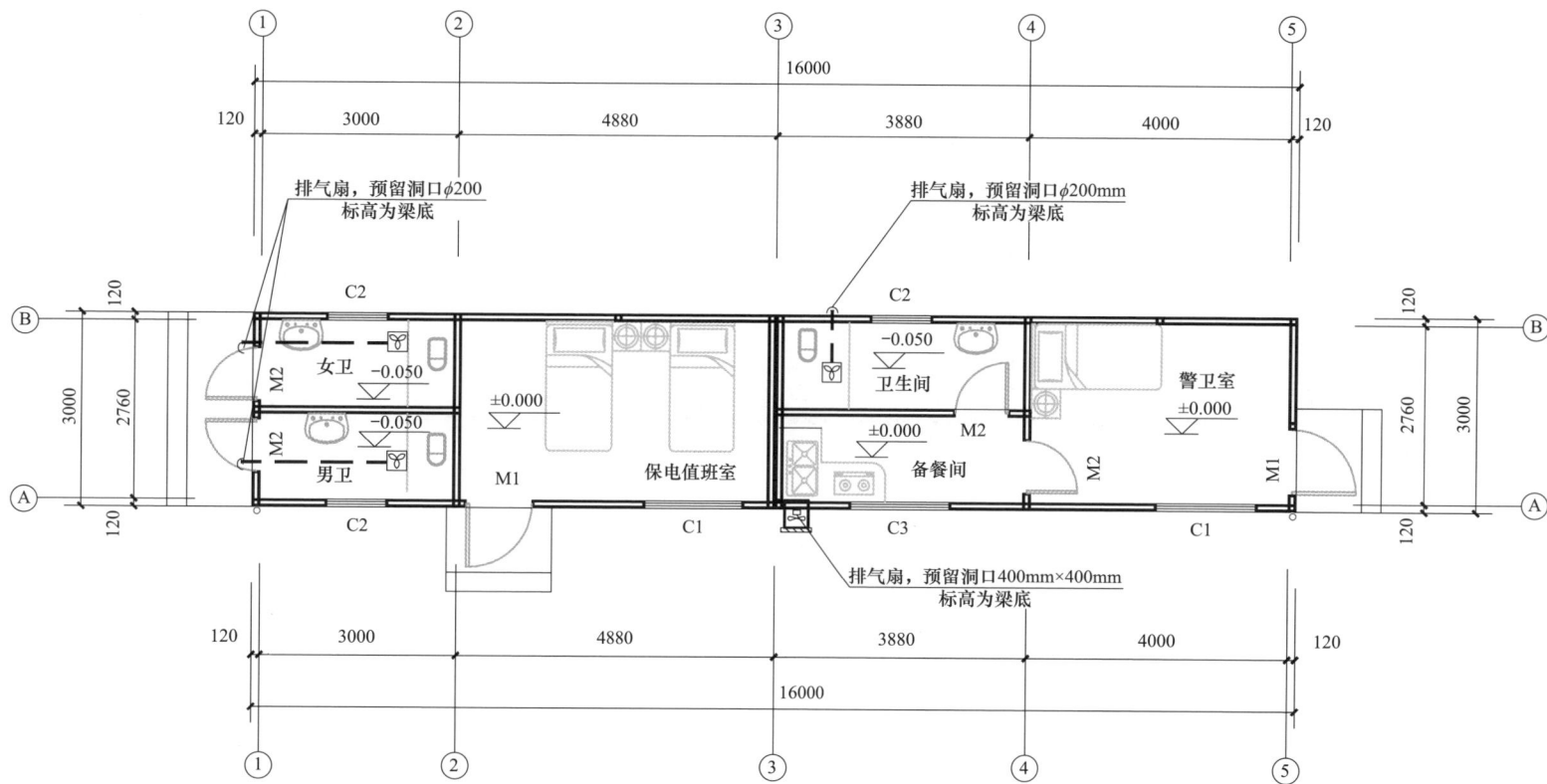

一层平面布置图　　　　1：100

图 26-1　一层平面布置图（16m×3m）

说明：平面布置图在满足工厂生产及运输要求的条件下可根据实际需要进行调整。

深灰色氟碳金属烤漆压边条
(02J503-1)-14-5-7

浅灰色金属雕花板
(02J503-1)-14-5-10

深灰色仿石面砖
(02J503-1)-14-5-7

图例:

深灰色氟碳金属烤漆压边条 (02J503-1)-14-5-7

浅灰色金属雕花板 (02J503-1)-14-5-10

深灰色仿石砖勒脚 (02J503-1)-14-5-7

①—⑤轴建筑立面图 1:100

说明: 1. 外墙装饰可根据工程需要进行调整。
2. 警卫室建筑高度在满足生产运行需求的情况下,可根据运输条件进行调整。

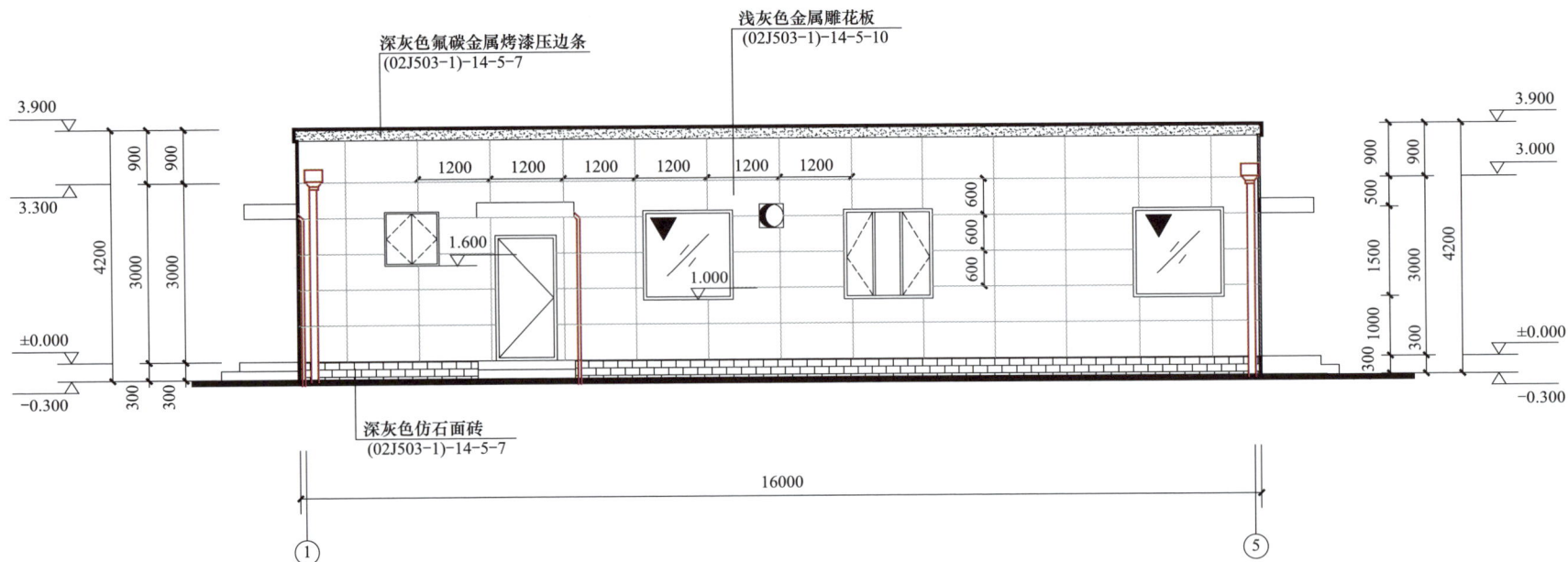

图 26-2 1-5 轴建筑立面图(16m×3m)

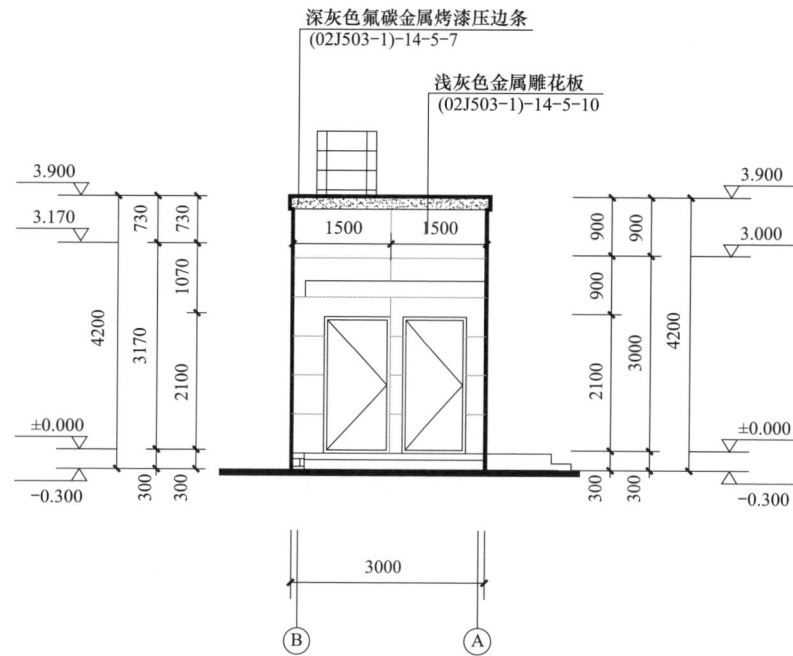

深灰色氟碳金属烤漆压边条
(02J503-1)-14-5-7

浅灰色金属雕花板
(02J503-1)-14-5-10

B－A 轴建筑立面图 1：100

图例：

▨ 深灰色氟碳金属烤漆压边条 (02J503-1)-14-5-7

□ 浅灰色金属雕花板 (02J503-1)-14-5-10

▨ 深灰色仿石砖勒脚 (02J503-1)-14-5-7

图 26-3　B-A 轴建筑立面图（16m×3m）

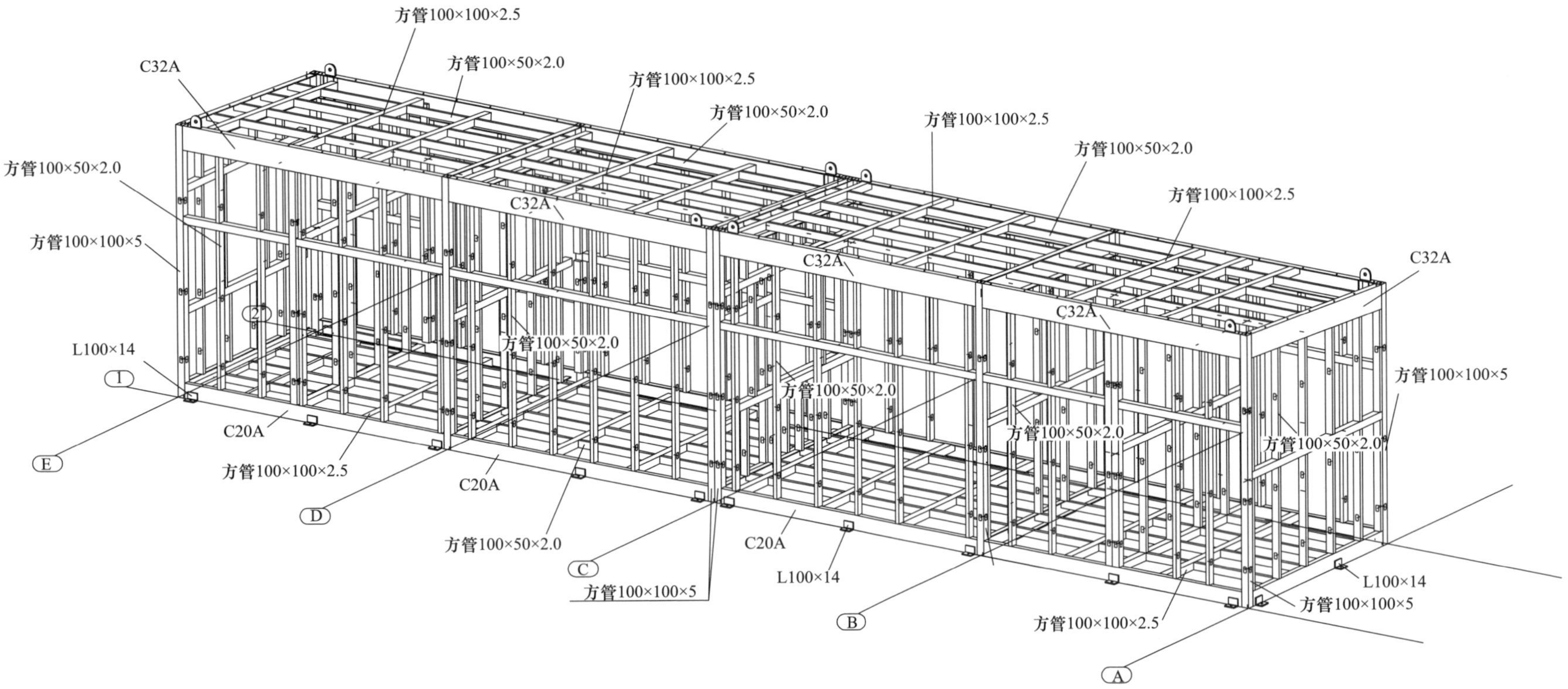

方管100×100×2.5
方管100×50×2.0
方管100×100×2.5
方管100×50×2.0
方管100×100×2.5
方管100×50×2.0
方管100×100×2.5
C32A
方管100×50×2.0
C32A
方管100×100×5
C32A
C32A
方管100×50×2.0
C32A
方管100×100×5
L100×14
方管100×50×2.0
方管100×50×2.0
方管100×50×2.0
Ⓘ
C20A
方管100×50×2.0
Ⓔ
方管100×100×2.5
C20A
方管100×50×2.0
Ⓓ
C20A
方管100×50×2.0
L100×14
Ⓒ
方管100×100×5
L100×14
Ⓑ
方管100×100×5
方管100×100×2.5
Ⓐ

图 26-4　16m×3m 警卫室三维模型

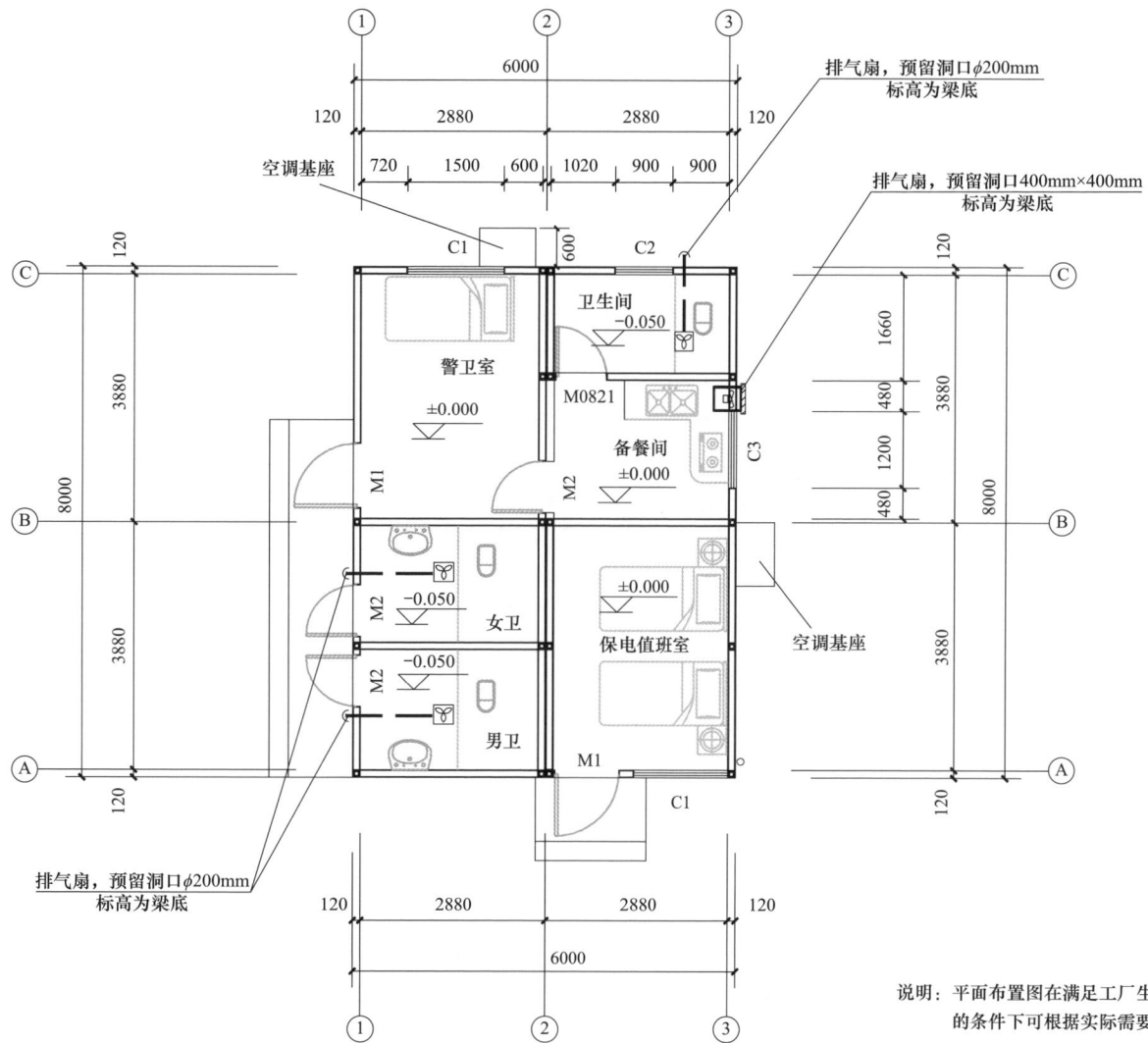

一层平面布置图 1:100

图 26-5 一层平面布置图（6m×8m）

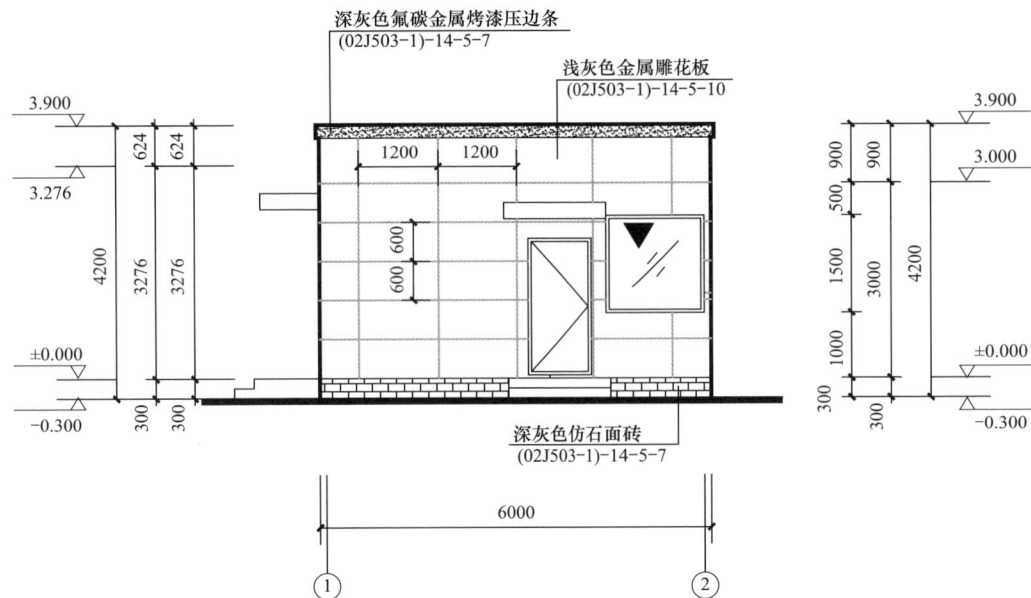

深灰色氟碳金属烤漆压边条
(02J503-1)-14-5-7

浅灰色金属雕花板
(02J503-1)-14-5-10

深灰色仿石面砖
(02J503-1)-14-5-7

①—② 轴建筑立面图 1:100

图例:

▨ 深灰色氟碳金属烤漆压边条 (02J503-1)-14-5-7

▢ 浅灰色金属雕花板 (02J503-1)-14-5-10

▨ 深灰色仿石砖勒脚 (02J503-1)-14-5-7

说明: 1. 外墙装饰可根据工程需要进行调整。
      2. 警卫室建筑高度在满足生产运行需求的情况下,可根据运输条件进行调整。

图 26-6 1-2 轴建筑立面图(6m×8m)

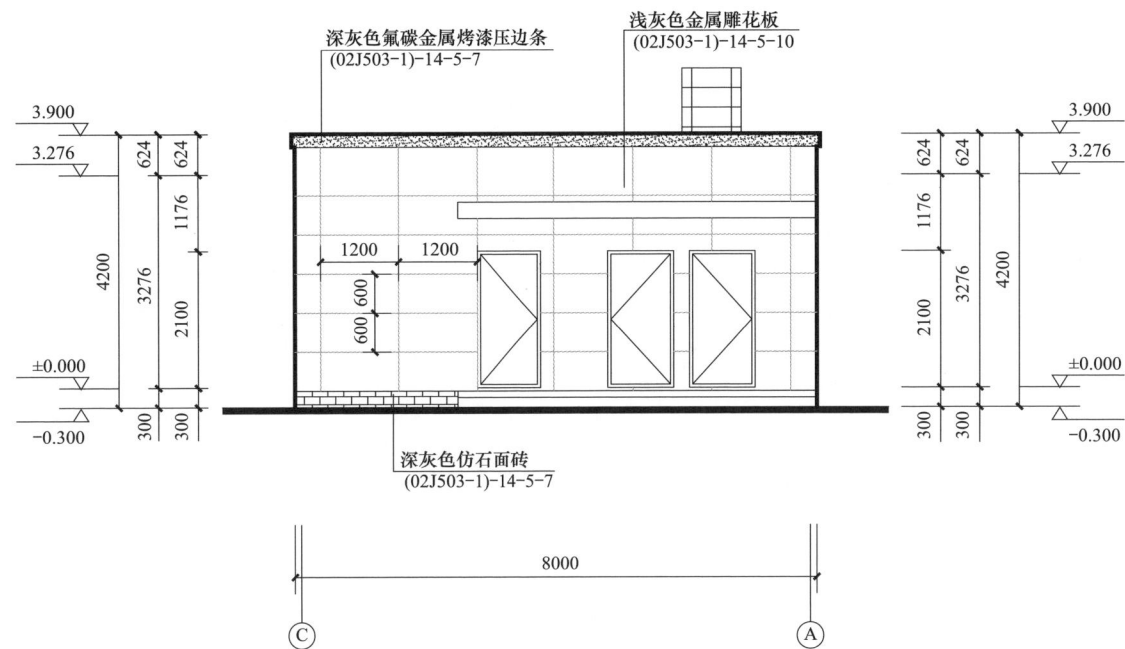

深灰色氟碳金属烤漆压边条
(02J503-1)-14-5-7

浅灰色金属雕花板
(02J503-1)-14-5-10

深灰色仿石面砖
(02J503-1)-14-5-7

$\underset{C}{\bigcirc}-\underset{A}{\bigcirc}$ 轴建筑立面图 1:100

图例:

深灰色氟碳金属烤漆压边条 (02J503-1)-14-5-7

浅灰色金属雕花板 (02J503-1)-14-5-10

深灰色仿石砖勒脚 (02J503-1)-14-5-7

图 26-7 C-A 轴建筑立面图（6m×8m）

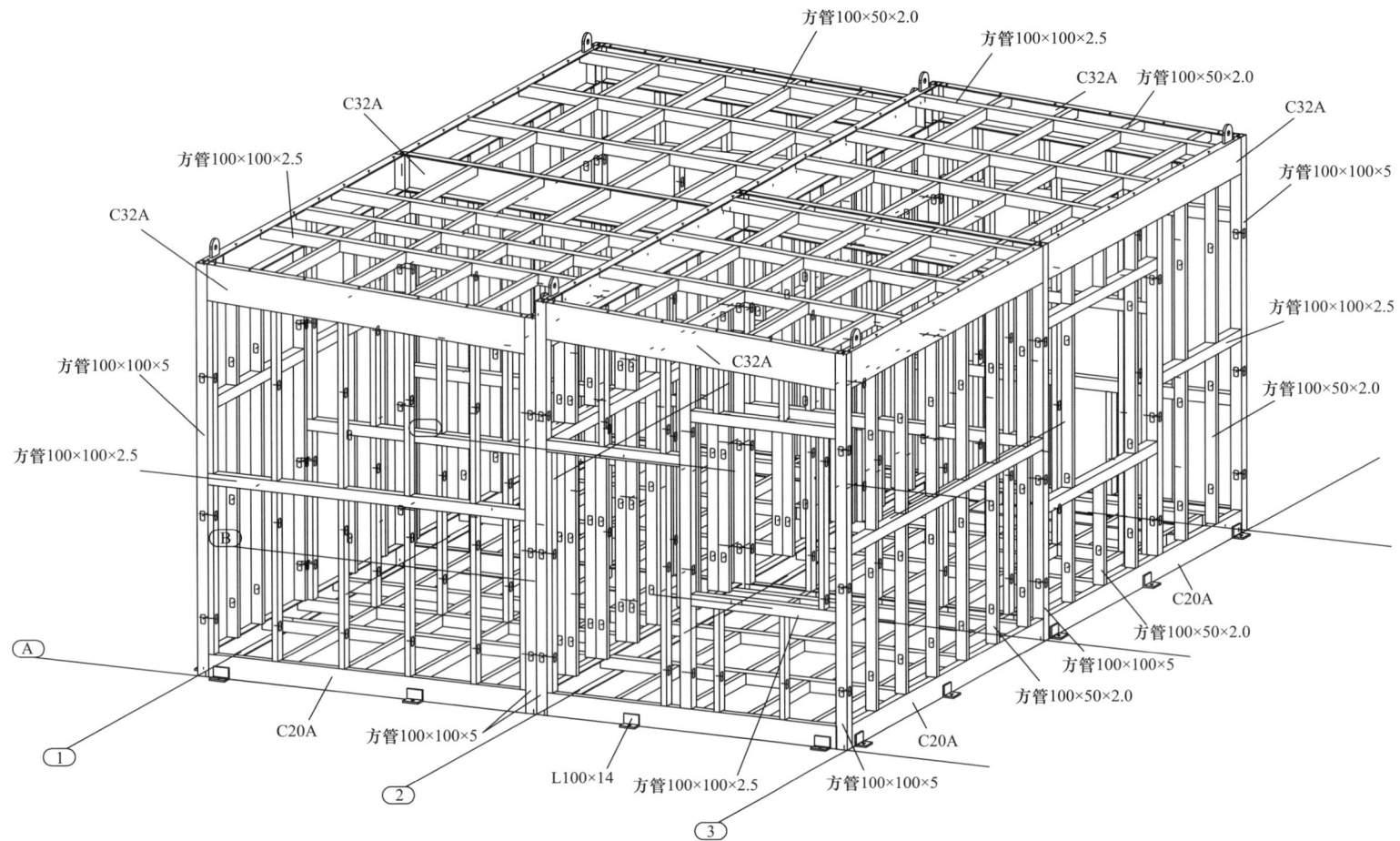

方管100×50×2.0

方管100×100×2.5

C32A 方管100×50×2.0

C32A

C32A

方管100×100×2.5

方管100×100×5

C32A

方管100×100×5

C32A

方管100×100×2.5

方管100×100×5

方管100×100×2.5

方管100×50×2.0

方管100×100×2.5

B

方管100×50×2.0

C20A

A

C20A

方管100×50×2.0

方管100×100×5

方管100×100×5

C20A

1

方管100×100×5

C20A

2

L100×14　方管100×100×2.5　方管100×100×5

3

图 26-8　6m×8m 警卫室三维模型

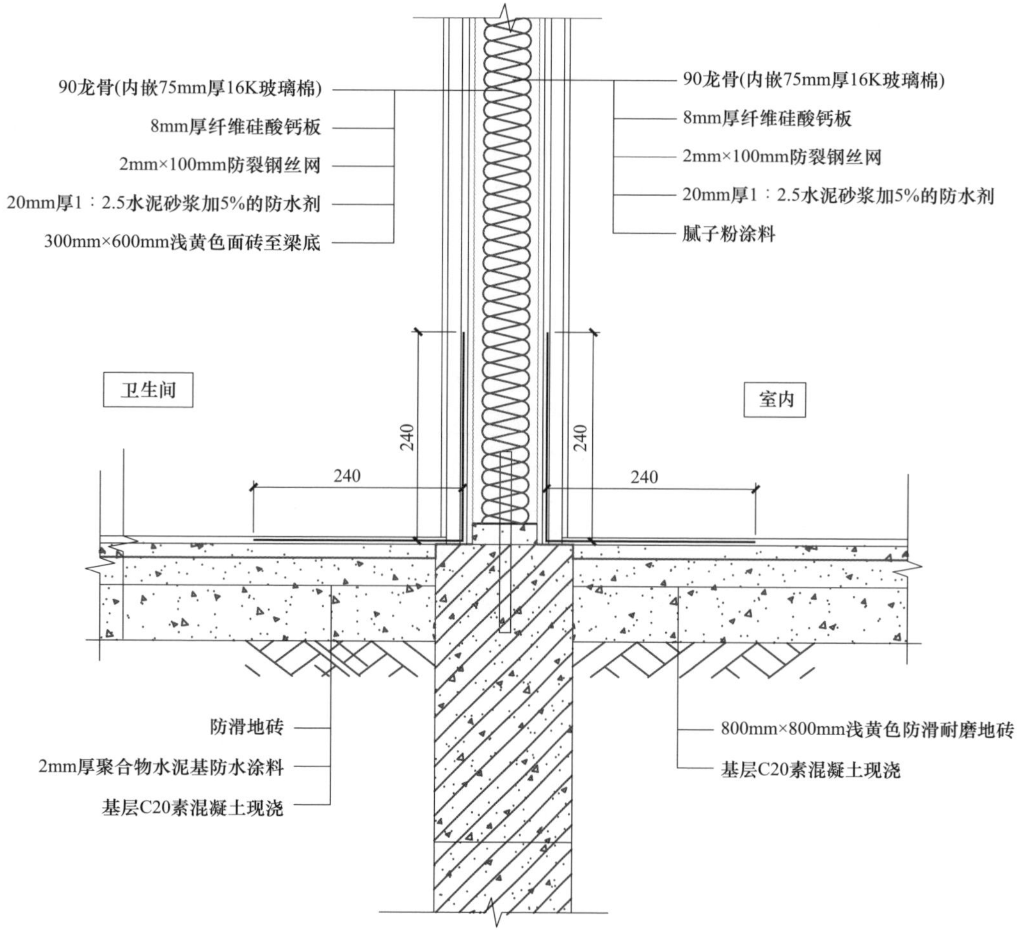

90龙骨(内嵌75mm厚16K玻璃棉) ——
8mm厚纤维硅酸钙板 ——
2mm×100mm防裂钢丝网 ——
20mm厚1：2.5水泥砂浆加5%的防水剂 ——
300mm×600mm浅黄色面砖至梁底 ——

—— 90龙骨(内嵌75mm厚16K玻璃棉)
—— 8mm厚纤维硅酸钙板
—— 2mm×100mm防裂钢丝网
—— 20mm厚1：2.5水泥砂浆加5%的防水剂
—— 腻子粉涂料

卫生间

室内

240
240
240
240

防滑地砖 ——
2mm厚聚合物水泥基防水涂料 ——
基层C20素混凝土现浇 ——

—— 800mm×800mm浅黄色防滑耐磨地砖
—— 基层C20素混凝土现浇

图 26-9　室内做法节点

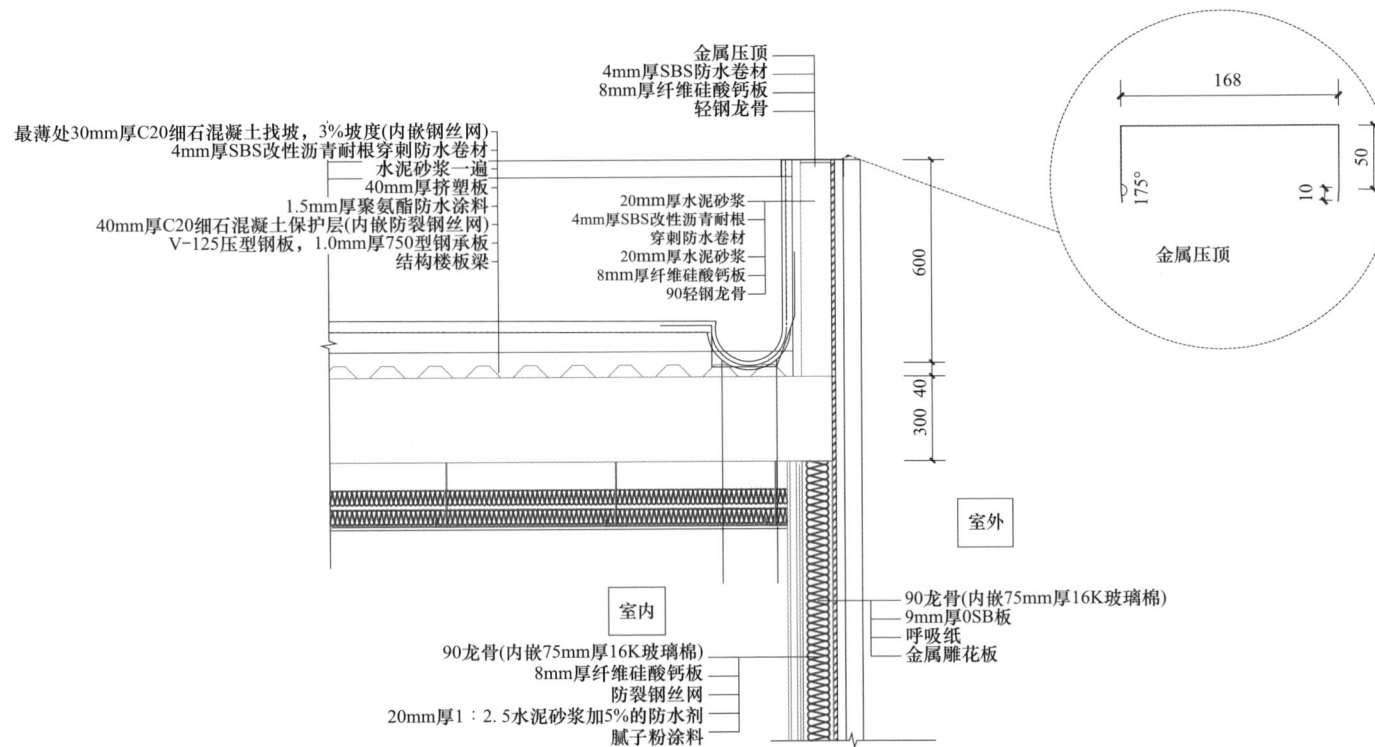

图 26-10 屋面做法详图

最薄处30mm厚C20细石混凝土找坡，3%坡度(内嵌钢丝网)
4mm厚SBS改性沥青耐根穿刺防水卷材
水泥砂浆一遍
40mm厚挤塑板
1.5mm厚聚氨酯防水涂料
40mm厚C20细石混凝土保护层(内嵌防裂钢丝网)
V-125压型钢板，1.0mm厚750型钢承板
结构楼板梁

金属压顶
4mm厚SBS防水卷材
8mm厚纤维硅酸钙板
轻钢龙骨

20mm厚水泥砂浆
4mm厚SBS改性沥青耐根穿刺防水卷材
20mm厚水泥砂浆
8mm厚纤维硅酸钙板
90轻钢龙骨

168
175°
50
10
金属压顶

600
300   40

室外

室内

90龙骨(内嵌75mm厚16K玻璃棉)
9mm厚OSB板
呼吸纸
金属雕花板

90龙骨(内嵌75mm厚16K玻璃棉)
8mm厚纤维硅酸钙板
防裂钢丝网
20mm厚1:2.5水泥砂浆加5%的防水剂
腻子粉涂料

90龙骨(内嵌75mm厚16K玻璃棉)
9mm厚OSB板
呼吸纸
16mm厚金属雕花板
30mm×50mm铝方管
金属收边件

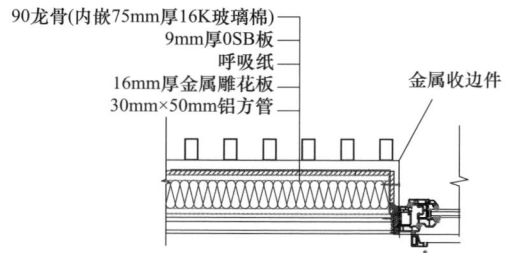

窗口节点图(左右面)

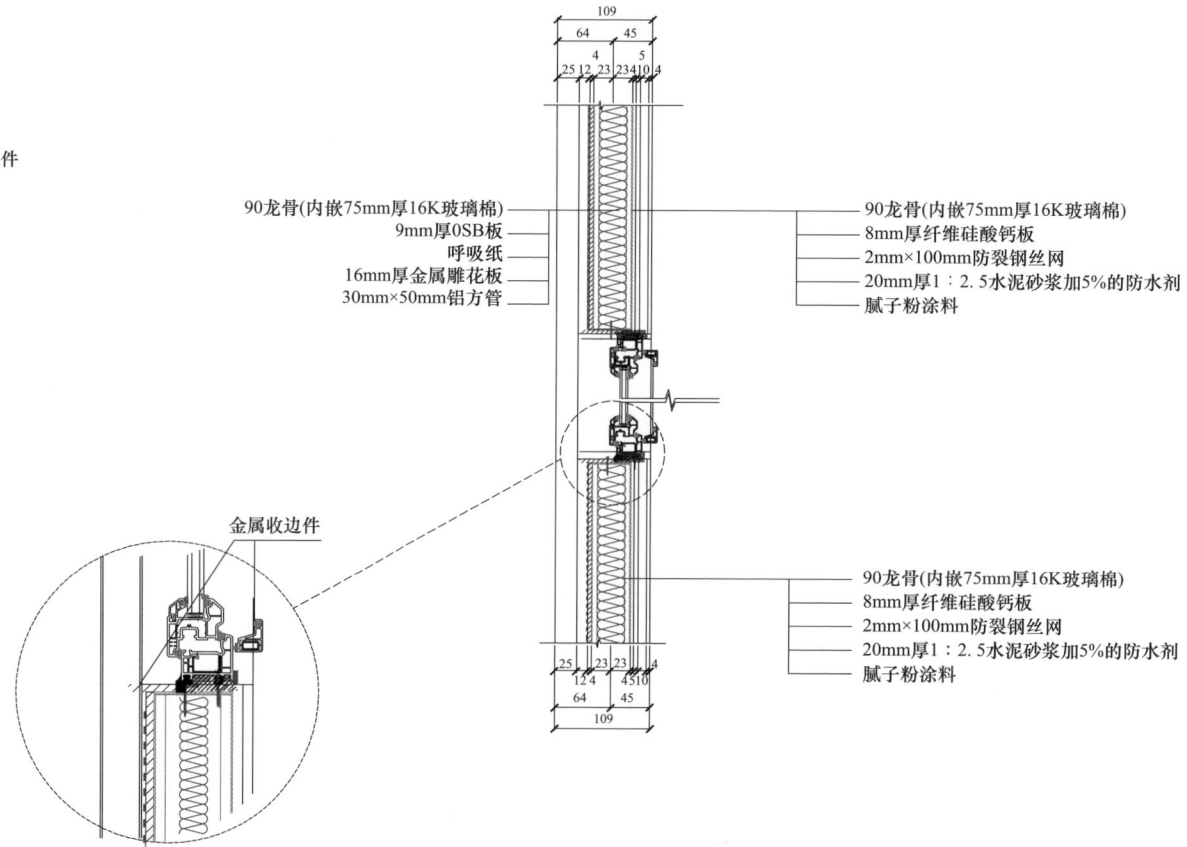

90龙骨(内嵌75mm厚16K玻璃棉)
9mm厚OSB板
呼吸纸
16mm厚金属雕花板
30mm×50mm铝方管

90龙骨(内嵌75mm厚16K玻璃棉)
8mm厚纤维硅酸钙板
2mm×100mm防裂钢丝网
20mm厚1∶2.5水泥砂浆加5%的防水剂
腻子粉涂料

109
64   45
4   5
25 12 23 23 410 4

90龙骨(内嵌75mm厚16K玻璃棉)
8mm厚纤维硅酸钙板
2mm×100mm防裂钢丝网
20mm厚1∶2.5水泥砂浆加5%的防水剂
腻子粉涂料

25   23 23   4
12 4   4310
64   45
109

金属收边件

窗口节点图(上下面)

图26-11 节点详图

多柱组合

11个ST4.8×38
六角华司钻尾螺钉

专用抗拔件
预埋件

防水橡胶垫

条形基础

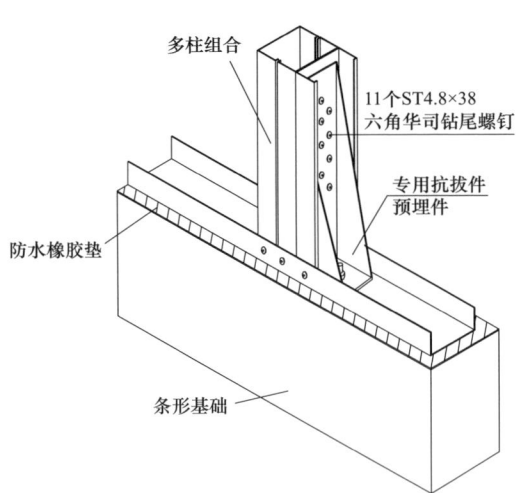

① 化学锚栓、抗拔件与基础连接节点

说明：专用抗拔件的具体位置，详见结构平面布置图。

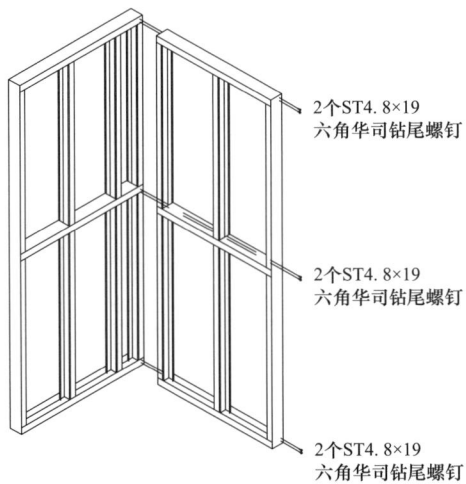

角钢折件
6个ST4.8×19
六角华司钻尾螺钉

竖龙骨

预埋件
加垫片

防水橡胶垫

墙体底部龙骨

条形基础

② 螺栓与基础连接节点

说明：膨胀螺栓间隔不大于800mm。

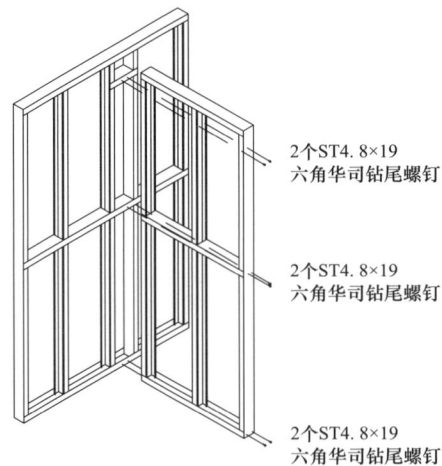

2个ST4.8×19
六角华司钻尾螺钉

2个ST4.8×19
六角华司钻尾螺钉

2个ST4.8×19
六角华司钻尾螺钉

③ 墙体转角处连接节点

说明：除上标螺钉位置外，其余每间距300mm打两颗钉子。

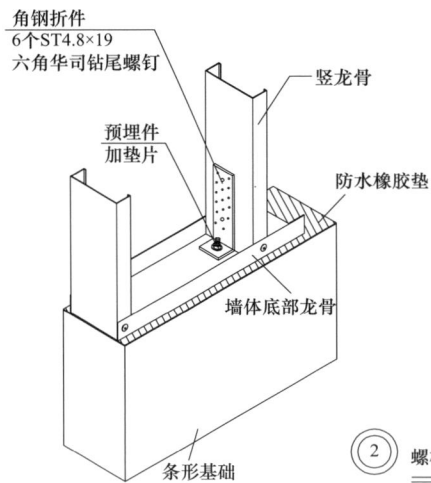

2个ST4.8×19
六角华司钻尾螺钉

2个ST4.8×19
六角华司钻尾螺钉

2个ST4.8×19
六角华司钻尾螺钉

④ T型墙体连接节点

说明：除上标螺钉位置外，其余每间距300mm打两颗钉子。

图26-12　连接节点大样图一

2个ST4.8×19
六角华司钻尾螺钉

2个ST4.8×19
六角华司钻尾螺钉

2个ST4.8×19
六角华司钻尾螺钉

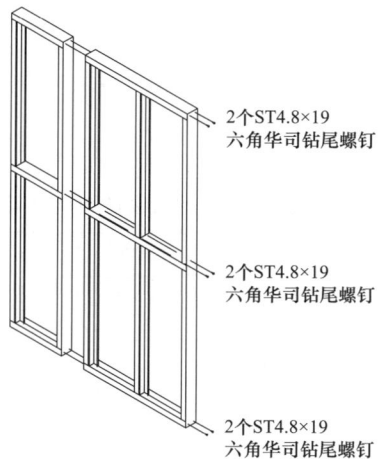

⑤ 对接墙体连接节点

说明：除上标螺钉位置外，其余每间距300mm打两颗钉子。

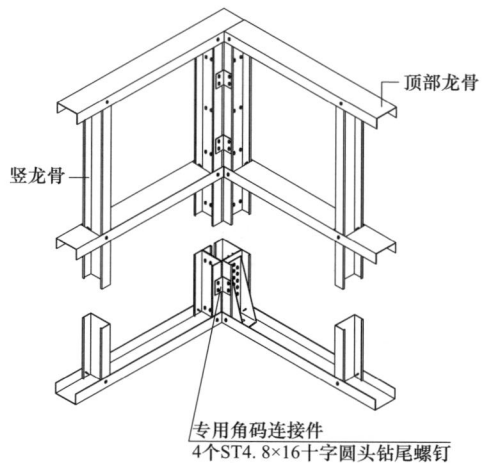

过梁

3号10—16×16

⑦ 门窗眉过梁做法

顶部龙骨

竖龙骨

专用角码连接件
4个ST4.8×16十字圆头钻尾螺钉

⑥ 专用角码连接件与墙体连接节点

说明：当墙体不能连接时，采用专用角码连接件进行连接，每600mm布置一个。

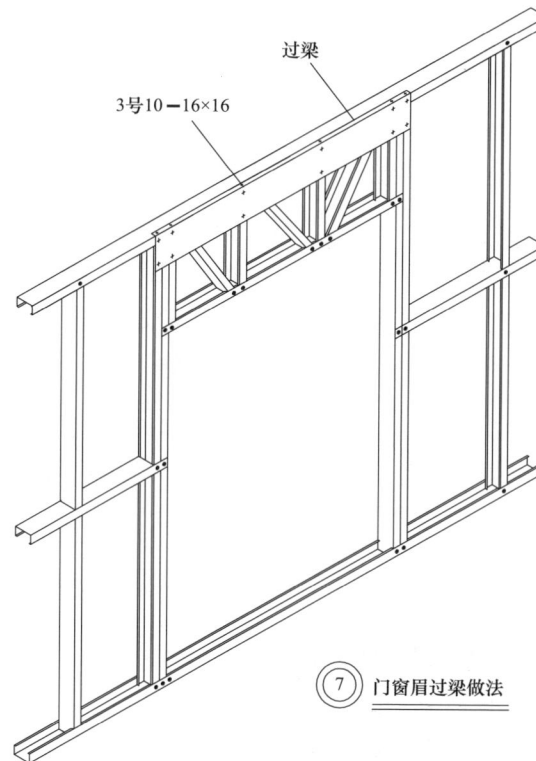

图 26-13　连接节点大样图二

第27章 装配式建筑物钢结构全栓接技术

27.1 技术简介

目前变电站内建筑物多采用钢结构体系,钢梁采用H形钢,钢柱采用H形或箱型截面柱。现有钢结构体系主体结构多采用栓-焊混合的连接方式,存在现场施焊的情况,全栓接技术是对二次加工和焊接的优化,以实现现场免焊。如图27-1所示,钢结构全栓接技术结构体系的梁—梁、梁—柱等连接节点采用高强度螺栓连接的技术,代替传统的焊接、埋入式等复杂施工形式,梁柱等构件均在工厂预制,现场通过高强度螺栓进行连接,充分利用高强度螺栓良好的承载力性能和安装快速便捷的特性,实现装配式变电站建筑无明火作业、零交叉施工、全预制建设,具有施工方便、缩短工期、减少工序等优点。综合施工难易、技术成熟程度等因素考虑,本章节的梁柱节点重点针对短梁式梁柱节点,即悬臂梁段与钢柱在工厂中提前焊接连接,施工现场只需悬臂梁段和中间梁段采用螺栓连接即可。主、次梁采用铰接,通过腹板与加劲板、节点板进行螺栓连接。

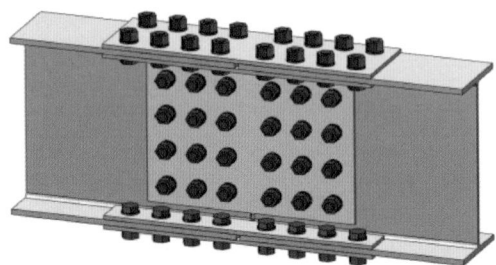

图 27-1 钢结构全栓接示意图

27.2 技术经济对比与低碳性能分析

钢结构全栓接节点相比于传统的混凝土梁柱节点和钢结构焊接节点,具有减少现场湿作业和明火作业、施工安全可控性高,质量把控更加直观、整

改便捷,安装工作面不受特种作业限制、工作面调配相对简单等优点,详见表27-1和表27-2。

表 27-1 建筑物预制钢框架结构与现浇混凝土结构对比

项目	建筑物预制钢框架结构	建筑物现浇混凝土结构
施工流程	基础验收—钢柱安装—钢梁安装—高强螺栓连接安装(焊缝连接安装)—钢柱地脚螺栓二次浇筑—楼板或屋面板浇筑—外墙板檩条安装—外墙板安装—内墙板安装—质量验收	基础工程—主体结构(柱梁板)—屋面板—填充墙—屋面工程—楼地面工程—内墙粉刷—门窗工程—外墙粉刷—零星工程—质量验收
节能减排	钢构件在工厂中预制,施工现场的扬尘和粉尘得到有效抑制;现场湿作业较少,节约水资源	现场湿作业较多,产生大量废水、废浆;建筑材料在运输、装卸、堆放、控料过程中,扬尘污染多
施工工期	大部分构件在工厂中预制完成,现场只需安装(焊接和螺栓连接)即可,操作人员劳动强度得到有效缓解,使工程施工周期缩短	施工人员的劳动强度较大,混凝土养护的时间较长,施工工期较长
经济对比	前者相比于后者整体造价减少约10%,但是前者对保管要求高,生产加工成本及运输保管成本可能略高于后者	

表 27-2 建筑物钢结构全栓接结构与常规焊接钢结构对比

类别	建筑物钢结构全栓接结构	建筑物常规焊接钢结构
节能减排	钢构件在工厂预制,施工现场的扬尘和粉尘得到了有效的抑制;现场湿作业少,节约水资源	现场明火作业,焊接的过程需要少量的水资源,产生了少量的碳排放,同时对作业人员的施工技术要求较高
施工工期	大致相近	
钢结构主材用量	全栓接结构单个梁柱节点的钢材用量,相比于常规焊接钢结构,增加20~40kg	
生产及运输费用	与各厂家的报价有关,但差异性相对较小。全栓接结构加工精度高,保管要求高,生产加工成本及运输保管成本可能略高于常规焊接结构	
安装费用	大致相近	

同时钢结构全栓接技术的采用能够有效降低建筑在物化阶段的碳排放，相比于传统的混凝土浇筑框架，能够降低二氧化碳排放量 15% 以上。

27.3　应用范围 / 适用条件

适用于结构类型采用钢结构框架的配电装置楼、运维楼以及辅助用房等变电站建筑。

27.4　应用案例

泉州惠安南山 110kV 变电站新建工程。

27.5　设计和安装要点

（1）主体结构和围护结构协同深化设计。钢结构全栓接节点的加工精度及安装精度要求更高。主体结构和围护结构厂家进行深化设计时，应考虑围护结构和主体结构各构件之间的协同，确保现场准确安装。

（2）注意成品保护及精确安装。高强度螺栓要有专人进行妥善保管，在整个钢结构安装的过程当中，不可以碰伤螺栓，并且不可以出现其他污染，以防止螺栓扭矩系数发生变化，而且保存的环境要防潮和防腐蚀。如果连接板螺孔的误差比较大，要检查分析并且予以处理。施拧需要满足以下要求：完成初拧后，待钢柱或钢梁轴线精准无误的时候，于当天之内完成终拧，以防出现遗漏。

（3）应注意与楼板施工的相互协调。由于全栓接节点断口处翼缘上侧的拼接板阻碍了钢筋桁架楼承板（组合楼板）的铺设，在铺设时应注意对压型钢板的处理，如根据拼接板的尺寸对压型钢板做相应的裁剪处理。

27.6　设计图纸

设计图如图 27-2～图 27-10 所示。

一、适用范围

（1）本图集依据省内常用的《国网输变电通用设计（2019年版）110kV智能变电站模块化建设》110-A2-4方案，分别在抗震设防烈度为6度（0.05g）、7度（0.10g）、8度（0.20g）进行设计，钢梁钢柱选用的H型钢依据GB/T 11263—2017《热轧H型钢和部分T型钢》，并参考《多、高层建筑钢结构节点连接（主梁的全栓拼接）》（04SG519-2）编制而成的适用于配电装置楼钢结构框架在不同抗震设防烈度条件下的钢结构全栓接梁柱节点设计图。

（2）本图集主要用于当框架梁与柱在工厂用焊缝刚性连接，其悬臂段与中间段的翼缘和腹板在工地均用高强度螺栓摩擦型拼接时，为了既能按不同内力设计值进行拼接和按梁的净截面等强度进行拼接，同时也考虑了在抗震结构中，当拼接位于框架梁塑性区段以内时等多种情况。

（3）本图集适用于非抗震和抗震设防烈度8度及其以下的110kV变电站（110-A2-4）的常用框架在工地的拼接。

二、设计依据

《建筑抗震设计规范》（GB 50011—2010）2016年版

《钢结构设计标准》（GB 50017—2017）

《高层民用建筑钢结构技术规程》（JGJ 99—2015）

《钢结构工程施工质量验收规程》（GB 50205—2020）

《建筑结构制图标准》（GB/T 50105—2001）

《建筑抗震设计规范》（GB/T 50011—2010）

三、结构抗震设计、荷载要求

（1）适用工程建筑的抗震设防类别为丙类，当结构抗震设防烈度为6度和7度时，钢结构框架的抗震等级为四级，当结构抗震设防烈度为8度时，钢结构框架的抗震等级为三级。

（2）风荷载：基本风压按照50年重现期的风压值0.85kN/m²，地面粗糙度为A类，体型系数为1.3。

（3）计算案例的楼面和屋面活荷载的标准值如下（按GB 50009—2012《建筑结构荷载规范》）：

用途	活荷载（kN/m²）	恒荷载（kN/m²）
不上人屋面	0.5	3.0（附加恒载）

四、材料选用

（1）结构钢材：本图集所选用的结构钢材牌号为Q345，其钢材质量等级由具体设计选定，其技术要求符合GB/T 700—2006《碳素结构钢》和GB/T 1591—2018《低合金高强度结构钢》的规定。

（2）拼接材料：

1）拼接板钢材应具有不低于与被拼接构件相同牌号的钢性能指标。

2）高强度螺栓采用10.9级（10.9S）摩擦型高强度螺栓。

（3）钢板偏差应满足GB/T 709—2019《热轧钢板和钢带的尺寸、外形、重量及允许偏差》的C类偏差。板厚等于或大于40mm，并承受沿板厚方向拉力时（如柱翼缘与梁翼缘直接焊接并承受梁翼缘传来的拉力），为防止层状撕裂，要求板厚方向断面收缩率不小于国家标准GB/T 5313—2010《厚度方向性能钢板》中的Z15级规定的容许值。

（4）所有国产、进口钢材均为焊接结构用钢，均应抗拉强度，伸长率，屈服强度和碳，硫，磷的含量及冷弯试验的合格保证。钢材的屈服强度实测值与抗拉强度实测值的比值不应大于0.85；钢材应有明显的屈服平台，且伸长率不应小于20%；钢材应有良好的焊接性和合格的冲击韧性。

五、采用全栓拼接时的注意事项

（1）拼接所用螺栓及其连接方式：只能采用高强度螺栓摩擦型连接。在具体的工程设计中，应按照现行有关规范的有关规定注明高强度螺栓的性能等级、螺栓预拉力及对应的抗滑移系数的摩擦面所采用的处理方法。

（2）在高强度螺栓摩擦型连接中的螺栓孔应采用钻孔，其孔径为：当螺栓公称直径的 <M20 时，孔径比螺栓公称直径大1.5mm；当螺栓公称直径的 ≥M20 时，孔径比螺栓公称直径大2.0mm。

（3）由于全栓接节点断口处翼缘上侧的拼接板阻碍了钢筋桁架楼承板（组合楼板）的铺设，在铺设时应注意对压型钢板的处理，如根据拼接板的尺寸对压型钢板做相应的裁剪处理等。

图 27-2 装配式建筑物钢结构全栓接设计总说明

変坡处宜设置双面横向加劲肋，其
外伸宽$b_s \geqslant h_w/30+40$mm
肋厚$t_s \geqslant b_s/15$

柱中心线

对应于每个梁翼缘的位置
均应设置柱的水平加劲肋

梁拼接位置

梁拼接位置

t_s

H_{jy}

1
3

L_{jy}

L_b

L_b

L_b应为梁净跨长的1/10
或2倍梁截面高度范围之外

L_b应为梁净跨长的1/10
或2倍梁截面高度范围之外

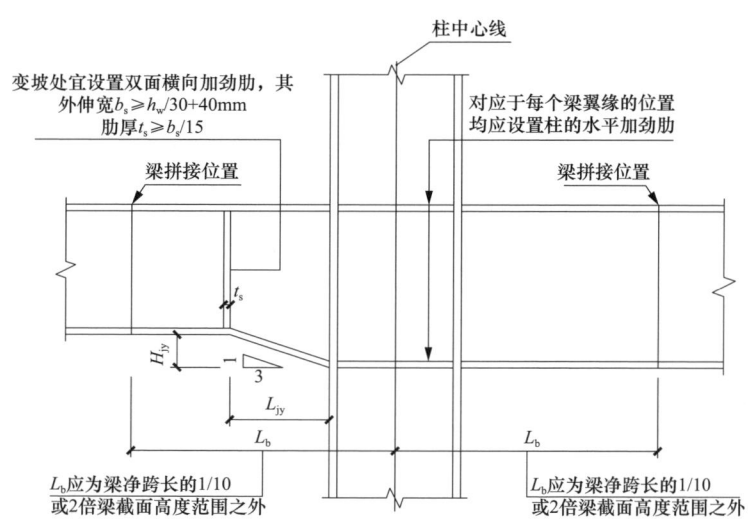

梁与柱刚性连接构造(短梁拼接)
当柱两侧的梁截面高度不等时短梁加腋的做法

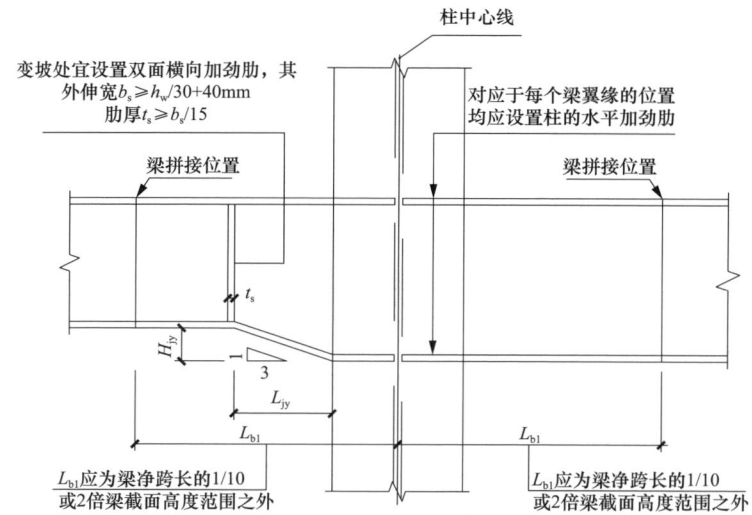

变坡处宜设置双面横向加劲肋，其
外伸宽$b_s \geqslant h_w/30+40$mm
肋厚$t_s \geqslant b_s/15$

柱中心线

对应于每个梁翼缘的位置
均应设置柱的水平加劲肋

梁拼接位置

梁拼接位置

t_s

H_{jy}

1
3

L_{jy}

L_{b1}

L_{b1}

L_{b1}应为梁净跨长的1/10
或2倍梁截面高度范围之外

L_{b1}应为梁净跨长的1/10
或2倍梁截面高度范围之外

梁与H型截面柱弱轴方向刚性连接构造(短梁拼接)
当柱两侧的梁截面高度不等时短梁加腋的做法

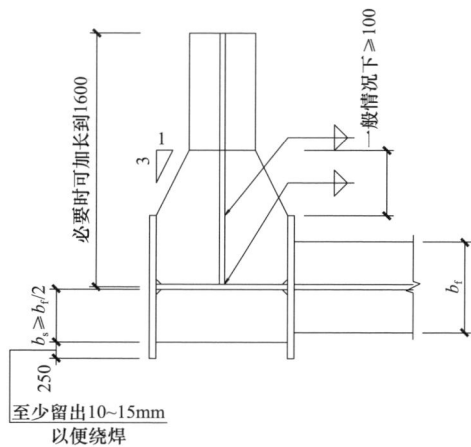

必要时可加长到1600

3
1

一般情况下 ≥100

$b_f/2$

$b_s \geqslant b_f/2$

250

至少留出10~15mm
以便绕焊

工字形柱加劲肋做法

图27-3　构件连接节点通用详图

连接类型	焊缝代号	坡口形状示意图	标注样式	焊透种类	焊接方法	板厚 t（mm）	焊接位置	坡口尺寸（mm）	备注
主要用于构件节点区及肋板焊接	①	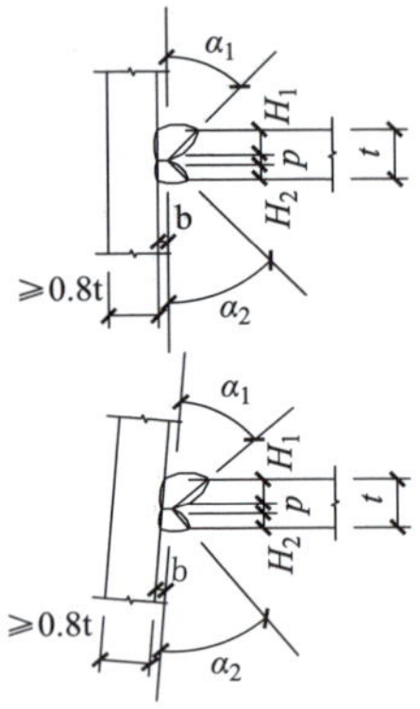		全焊透焊接	焊条手工电弧焊	≥16	F，H，V，O	b=0~3 H_1=2(t-p)/3 p=0~3 H_2=(t-p)/3 $α_1$=45° $α_2$=60°	清根T形
					气体保护焊自保护焊				
					埋弧焊	≥20	F	b=0 H_1=2(t-p)/3 p=5 H_2=(t-p)/3 $α_1$=45° $α_2$=60°	

图 27-4　焊接符号大样图

单边V形对接焊缝　　　　单边V形对接焊缝

上翼缘挑耳

上翼缘下夹板

40(45)　　40(45)

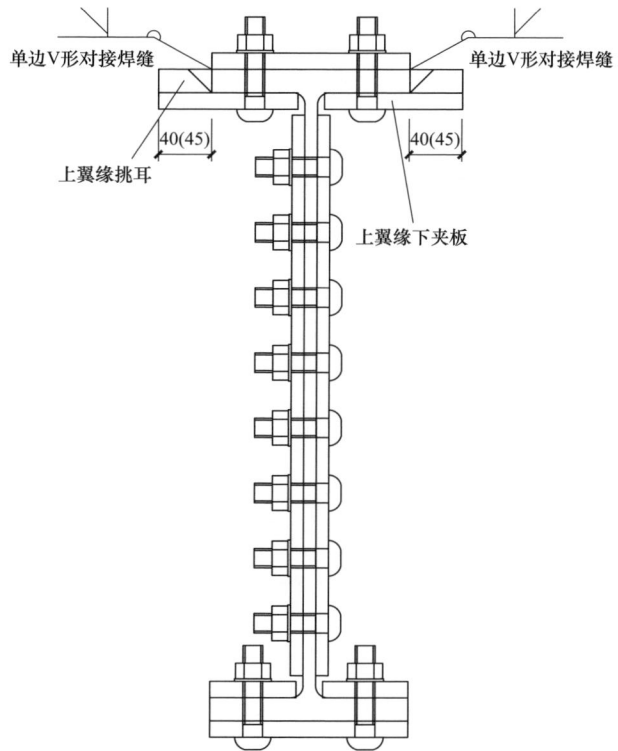

梁柱连接节点挑耳示意图

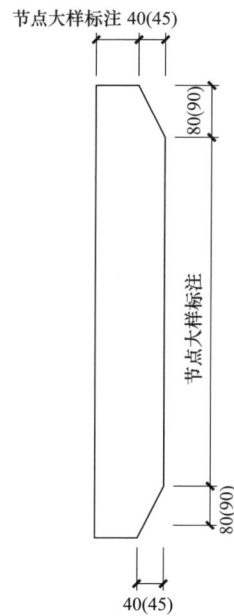

节点大样标注 40(45)

节点大样标注

80(90)

80(90)

40(45)

上翼缘下夹板示意图
板厚见节点具体标注

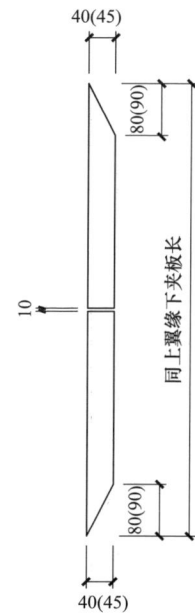

40(45)

80(90)

同上翼缘下夹板长

10

80(90)

40(45)

上翼缘挑耳示意图
板厚与上翼缘等厚

说明：对于抗震设防烈度为 6 度（0.05g）和 7 度（0.10g）区，上翼缘挑耳的宽度建议取 40mm。对于抗震设防烈度为 8 度（0.20g）区，上翼缘挑耳的宽度建议取括号内数值，即 45mm。

图 27-5　上翼缘加强构造详图

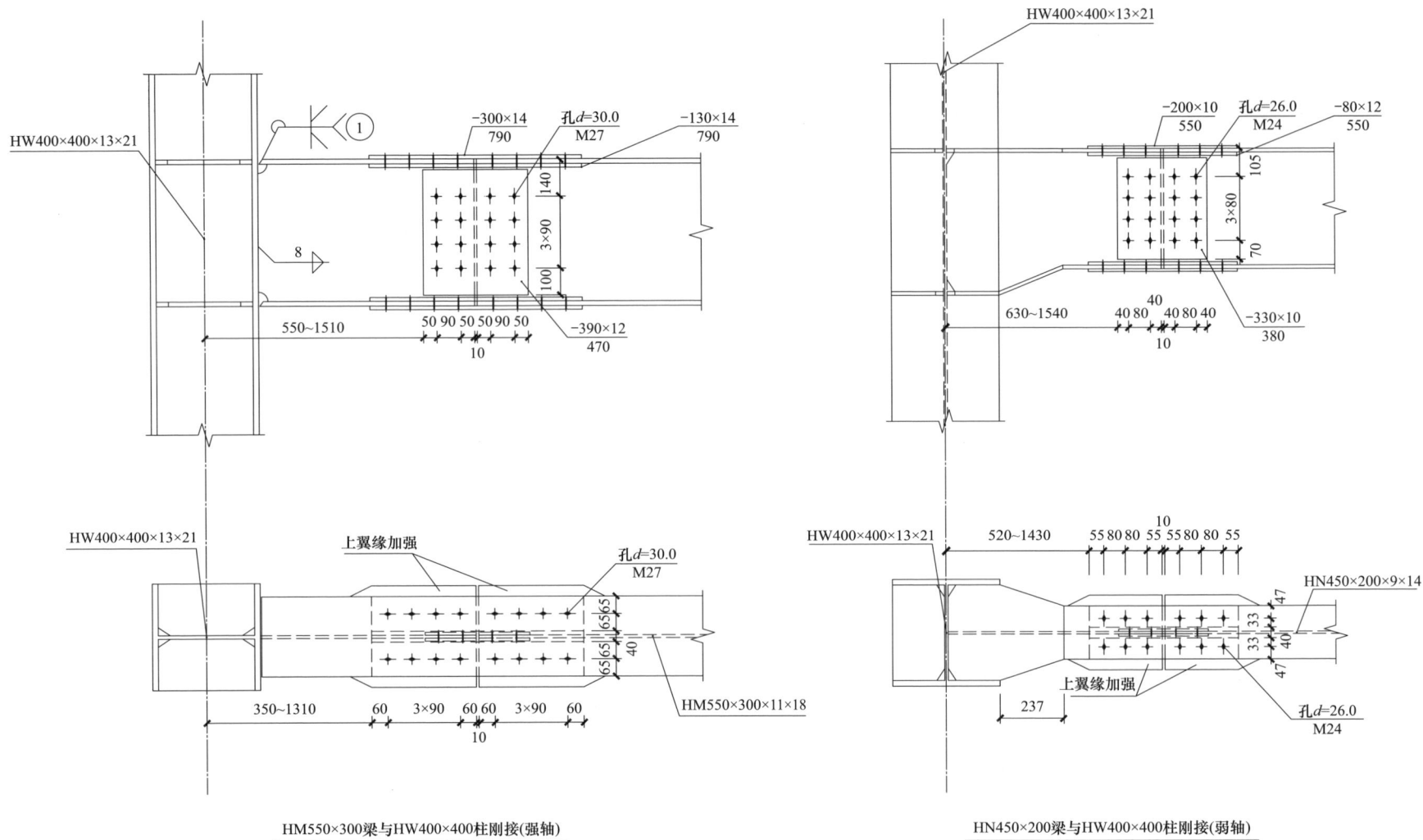

HW400×400×13×21

HW400×400×13×21

−300×14
790

孔d=30.0
M27

−130×14
790

140

3×90

100

8

550~1510

50 90 50 50 90 50

−390×12
470

10

HW400×400×13×21

上翼缘加强

孔d=30.0
M27

65 65

65 65

40

350~1310

60

3×90

60 60

3×90

60

HM550×300×11×18

10

HM550×300梁与HW400×400柱刚接(强轴)

HW400×400×13×21

−200×10
550

孔d=26.0
M24

−80×12
550

105

3×80

70

630~1540

40

40 80

40 80 40

−330×10
380

10

HW400×400×13×21

520~1430

10

55 80 80 55 55 80 80 55

HN450×200×9×14

47

33 33

33 33

40

47

237

上翼缘加强

孔d=26.0
M24

HN450×200梁与HW400×400柱刚接(弱轴)

说明：1. 深化设计时梁柱连接节点工厂焊接短梁尺寸可按避让次梁连接板及隔撑连接板位置适当调整。
　　　 2. 上翼缘加强详图见图27-5。

图 27-6　节点连接详图（抗震设防烈度为 6 度 0.05g）

左图标注：

HW400×400×13×21

$-300×14$ / 790　孔d=30.0 / M27　$-130×16$ / 790

114　4×90　70

550~1510　50 90 50 50 90 50 / 10　$-390×12$ / 500

上翼缘加强　孔d=30.0 / M27

65 65 / 65 65 / 40

350~1310　60 3×90 60 60 3×90 60 / 10

HM588×300×12×20

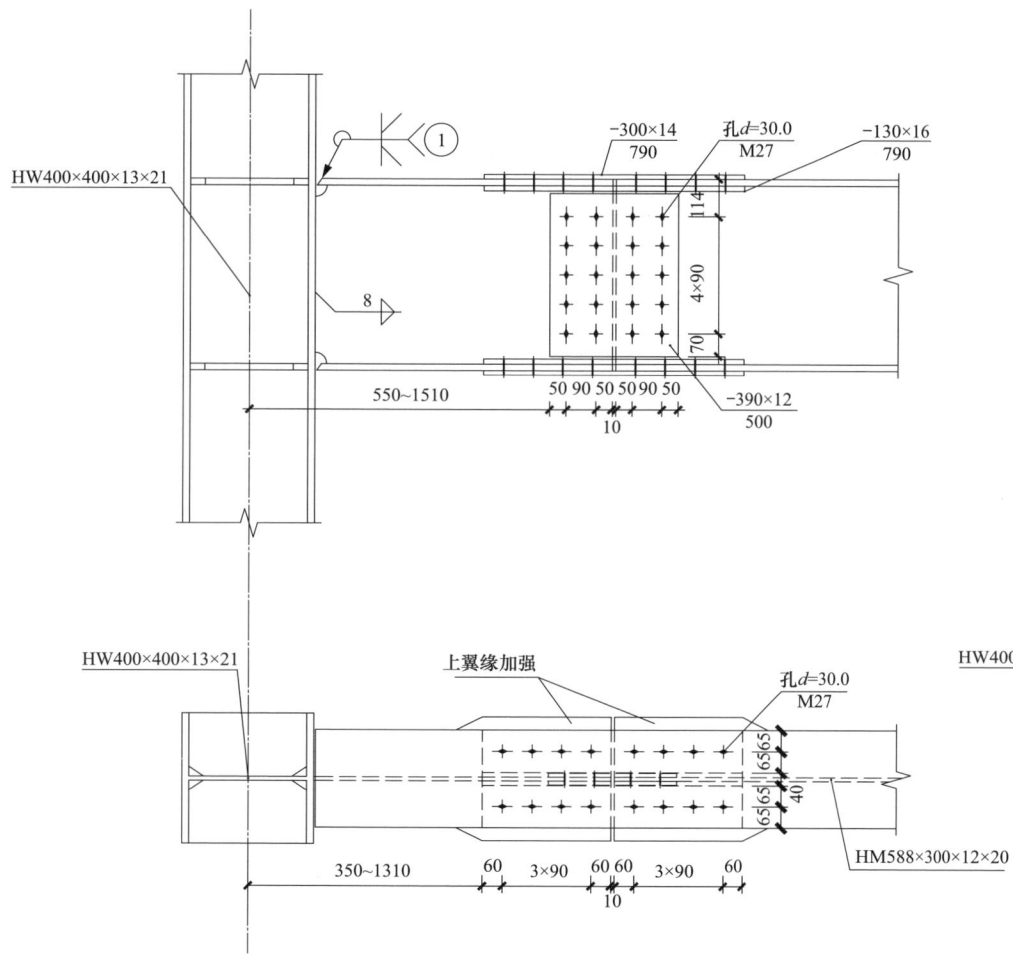

HM588×300梁与HW400×400柱刚接(强轴)

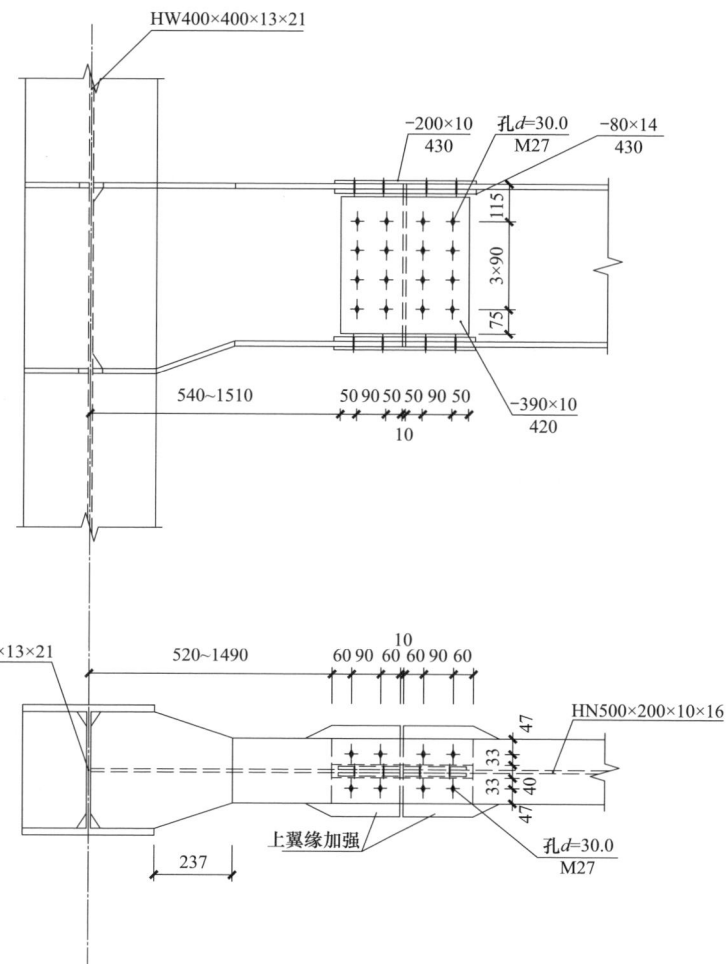

右图标注：

HW400×400×13×21

$-200×10$ / 430　孔d=30.0 / M27　$-80×14$ / 430

115　3×90　75

540~1510　50 90 50 50 90 50 / 10　$-390×10$ / 420

HW400×400×13×21　520~1490　10 / 60 90 60 60 90 60

47 / 33 33 / 40 / 33 33 / 47　HN500×200×10×16

上翼缘加强　孔d=30.0 / M27

237

HN500×200梁与HW400×400柱刚接(弱轴)

说明：1. 深化设计时梁柱连接节点工厂焊接短梁尺寸可按避让次梁连接板及隅撑连接板位置适当调整。
　　　2. 上翼缘加强详图见图27-5。

图 27-7　节点连接详图（抗震设防烈度为 7 度 0.10g）

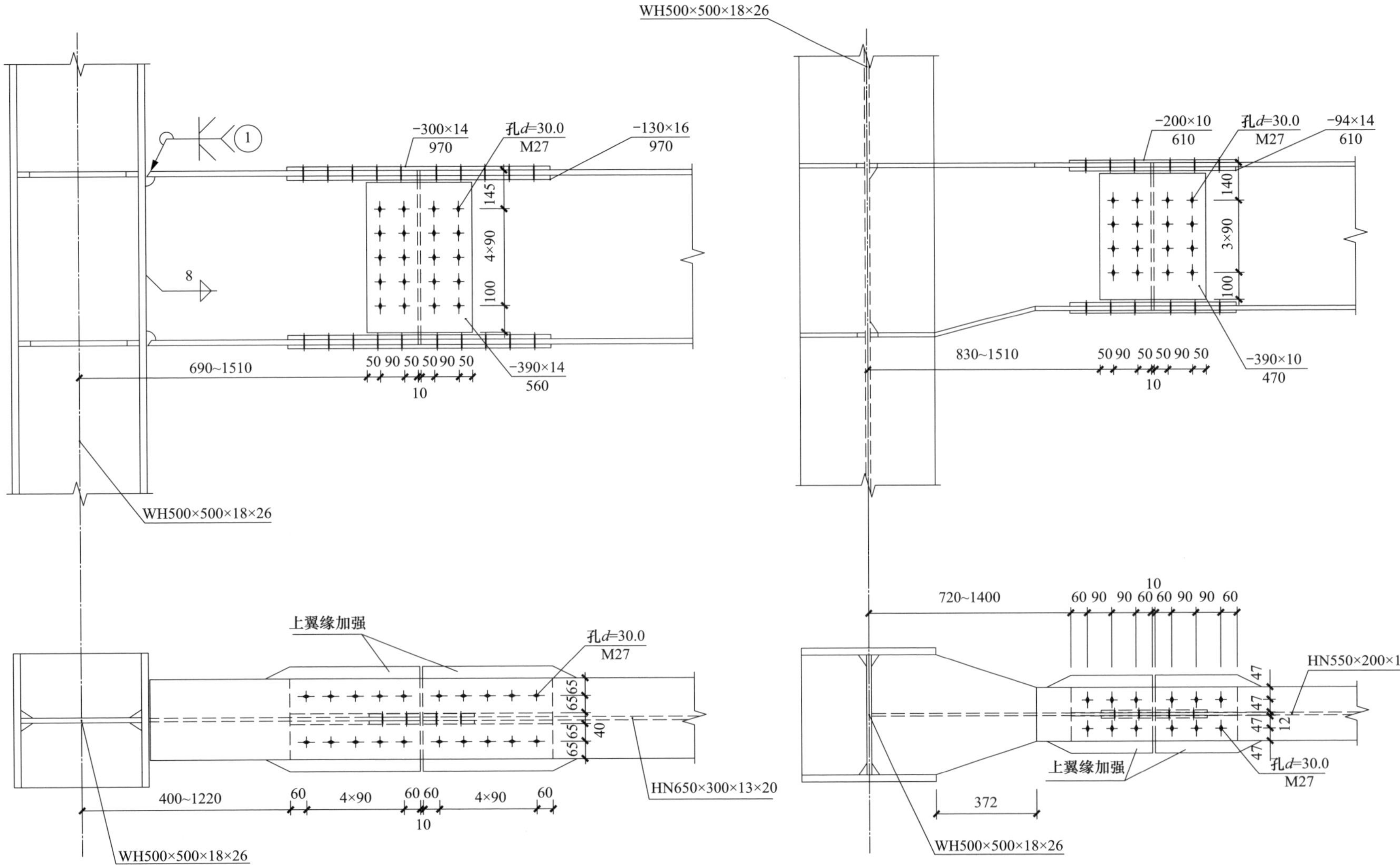

说明：1. 深化设计时梁柱连接节点工厂焊接短梁尺寸可按避让次梁连接板及隅撑连接板位置适当调整。
　　　 2. 上翼缘加强详图见图 27-5。

图 27-8　节点连接详图（抗震设防烈度为 8 度 0.20g）

图 27-9　主次梁栓接详图 1

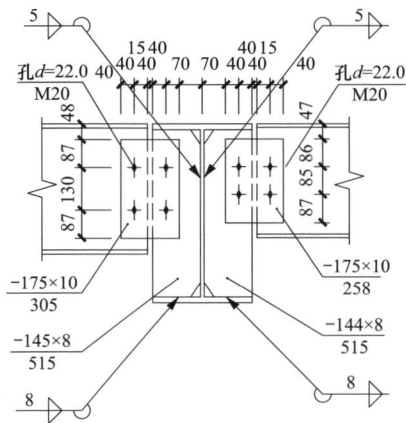

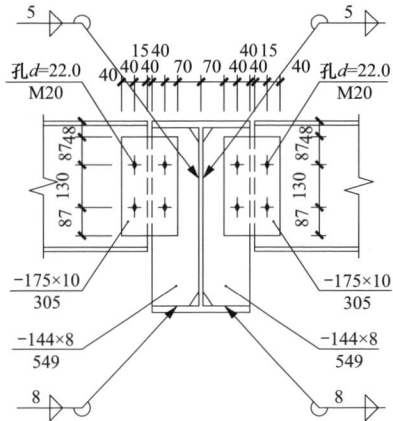

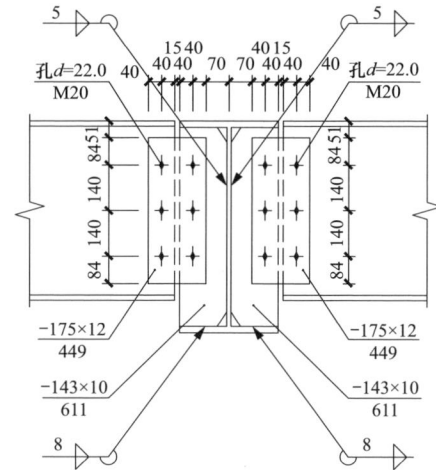

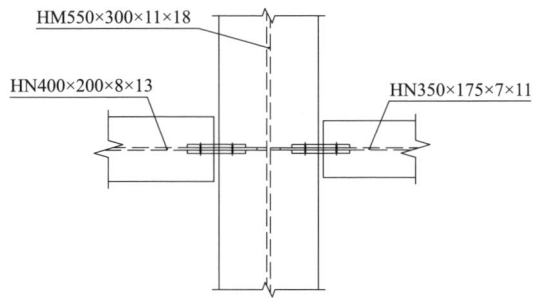

HN400×200/HN350×175与HM550×300铰接

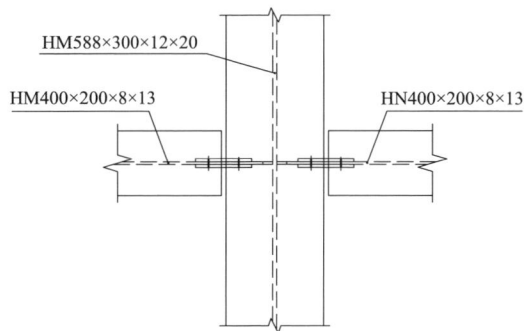

HN400×200与HM588×300铰接

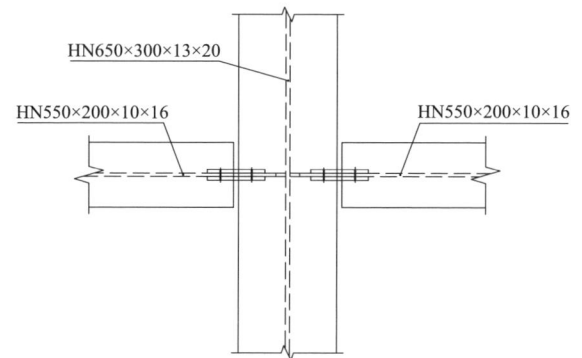

HN650×300与HN550×200铰接

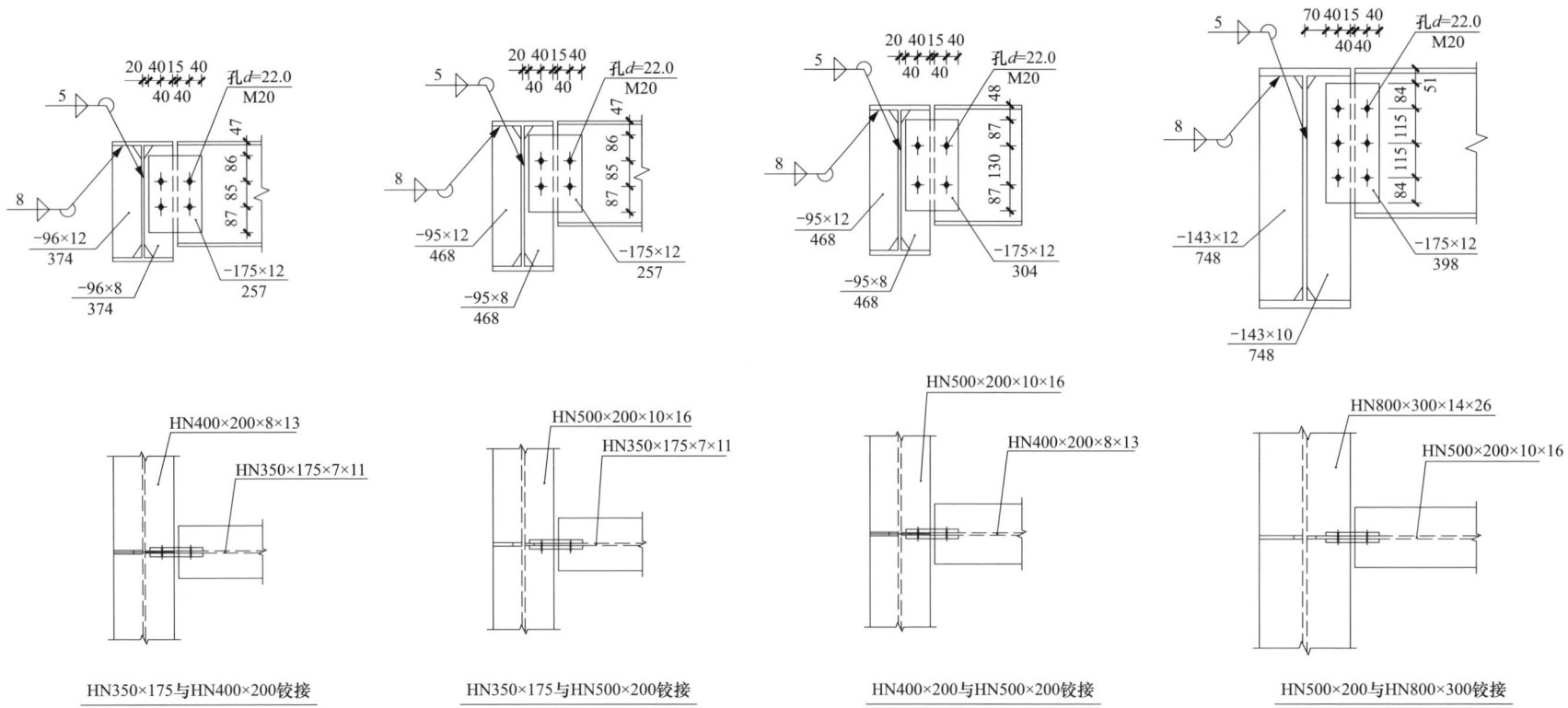

20 4015 40
40 40
孔d=22.0
M20
5
47
86 85 87
8
−96×12
374
−96×8
374
−175×12
257

20 4015 40
40 40
孔d=22.0
M20
5
47
86 85 87
8
−95×12
468
−95×8
468
−175×12
257

20 4015 40
40 40
孔d=22.0
M20
5
48
87 130 87
8
−95×12
468
−95×8
468
−175×12
304

70 4015 40
40 40
孔d=22.0
M20
5
51
84 115 115 84
8
−143×12
748
−143×10
748
−175×12
398

HN400×200×8×13
HN350×175×7×11

HN500×200×10×16
HN350×175×7×11

HN500×200×10×16
HN400×200×8×13

HN800×300×14×26
HN500×200×10×16

HN350×175与HN400×200铰接

HN350×175与HN500×200铰接

HN400×200与HN500×200铰接

HN500×200与HN800×300铰接

图 27-10 主次梁栓接详图 2

第 28 章 装 配 式 防 火 墙

28.1 技术简介

在设计方案研究中借鉴建筑行业房屋装配式叠合结构的理论，采取干、湿连接技术，在防火墙中间柱顶部、柱节点处采用现浇混凝土，形成梁、柱的刚性整体结构，柱与杯口基础、柱与板之间采用承插方式连接。该方案既确保防火墙整体性能安全可靠，使防火墙顶部构架与防火墙框架及基础形成一个受力整体，能有效抵抗构架导线水平拉力，又方便施工安装。同时防火墙预制墙板采用厚度 180 mm 的钢筋混凝土板，能满足防火墙 3h 的耐火极限要求。

装配式防火墙采用基础和梁柱节点现浇、预制抗风柱、分段预制基础梁、分段预制混凝土实心墙板的组合方案。中间柱采用工字型截面，边柱采用槽型截面，中间柱柱头截面放大与构架柱脚法兰相协调。工字型及槽型柱凹槽用于安装梁、墙板；柱顶预留顶梁高范围用于节点现浇；柱顶纵向钢筋按锚固要求预留锚固长度，现浇节点时锚入梁内。

防火墙在两个标高处设置梁，分别为基础梁和墙顶梁。基础梁采用预制钢筋混凝土结构，安装于基础杯口处。柱安装就位、基础回填后，将预制基础梁置于基础杯口上。墙顶梁以柱为节点采用分段预制梁。安装时梁、柱钢筋按抗震要求锚固至节点区，柱顶预埋铁须按要求进行预埋。梁、柱节点混凝土在以上工作完成后浇筑。

装配式防火墙如图 28-1 所示。

28.2 技术经济对比与低碳性能分析

装配式防火墙预制柱两边预留凹槽，预制钢筋混凝土墙板从上往下嵌入式安装，预制柱插入杯口式基础中。整个安装过程为无湿作业，达到绿色环保施工。装配式防火墙与传统防火墙的对比见表 28-1。

图 28-1 装配式防火墙

表 28-1 装配式防火墙与传统防火墙对比表

项目	装配式防火墙	传统防火墙
安装	工厂化加工预制，现场拼装、安装便捷	现场工序烦琐（绑扎钢筋、安装模板、拆除模板），人力、时间成本高
环境影响	节能环保、将降低环境成本、采取干法作业，避免了部分噪声、烟雾、粉尘、污水等污染	现场水泥砂浆搅拌、浇筑、振捣等程序，会造成剧烈振动、噪声、烟雾、粉尘、污水等污染
质量控制	工厂批量预制，质量控制有保证，能有效防止墙面产生裂纹、同时也能避免传统防火墙普遍存在的质量通病	传统防火墙混凝土养护时间较长、且在养护过程中墙体易出现空隙、开裂、质量较难控制
施工工期	相较于传统防火墙，施工工期短	施工工期较长
经济对比	装配式围墙造价比传统围墙高出约 800 元/m²	

28.3 适用范围

适用于半户内或全户外等有设置防火墙的工程中。

28.4 应用案例

福建金辉（集美）500kV 变电站工程。

28.5 设计要点

（1）柱安装前应对应图纸相应标示位置进行凿毛处理，粗糙面凹凸差不小于 6mm。

（2）装配式防火墙智能辅控等设施埋管均在工厂内一体化完成。

28.6 设计图纸

设计图如图 28-2～图 28-4 所示。

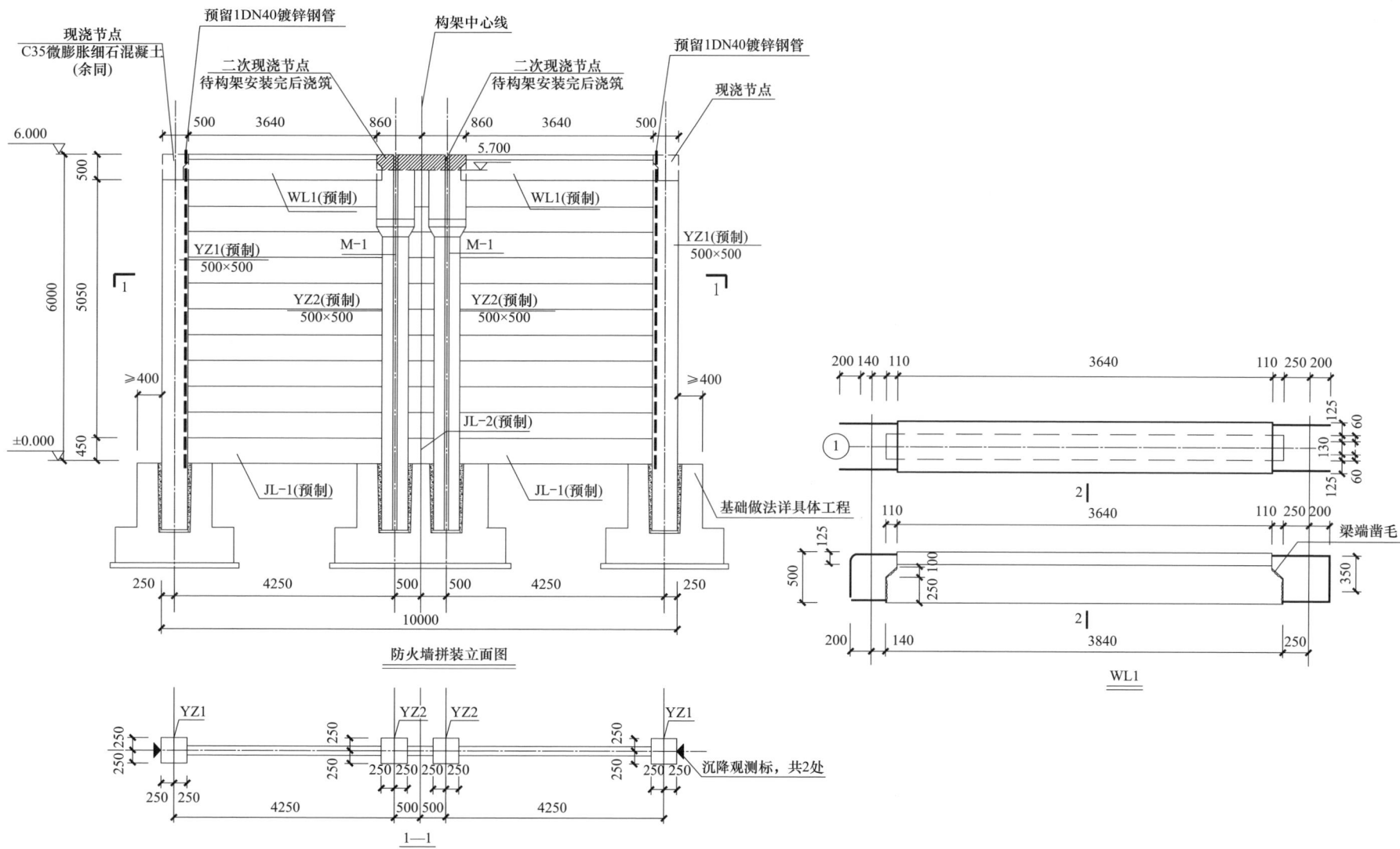

预留1DN40镀锌钢管

现浇节点
C35微膨胀细石混凝土
（余同）

构架中心线

预留1DN40镀锌钢管

二次现浇节点
待构架安装完后浇筑

二次现浇节点
待构架安装完后浇筑

现浇节点

500 3640 860 860 3640 500

6.000

500

5.700

WL1(预制)

WL1(预制)

6000 5050

YZ1(预制)
500×500

M—1

M—1

YZ1(预制)
500×500

≥400

YZ2(预制)
500×500

YZ2(预制)
500×500

≥400

JL-2(预制)

±0.000

450

JL-1(预制)

JL-1(预制)

基础做法详具体工程

250 4250 500 500 4250 250

10000

防火墙拼装立面图

200 140 110 3640 110 250 200

125 130 60 60 125

①

2

110 3640 110 250 200

梁端凿毛

500 125

250 100 250

350

200 140 3840 250

2

WL1

YZ1 YZ2 YZ2 YZ1

250 250 250 250 250 250 250 250

250 250 250 250

沉降观测标，共2处

250 250 4250 500 500 4250 250 250

1—1

说明：1. 墙板倾斜度不超过 5‰。

2. 防火墙高度高出主变压器高度不小于 1m，墙板预制柱尺寸可根据实际情况调整。

3. 防火墙可根据工程实际情况考虑是否需在中间设置拉梁。

4. 杯壁厚度不小于 400mm，柱深入杯口基础深度不小于 2.5 倍柱截面高度，杯壁配筋不小于柱纵筋纵筋数量，箍筋不小于 Φ 8@200。

图 28-2　装配式防火墙布置图

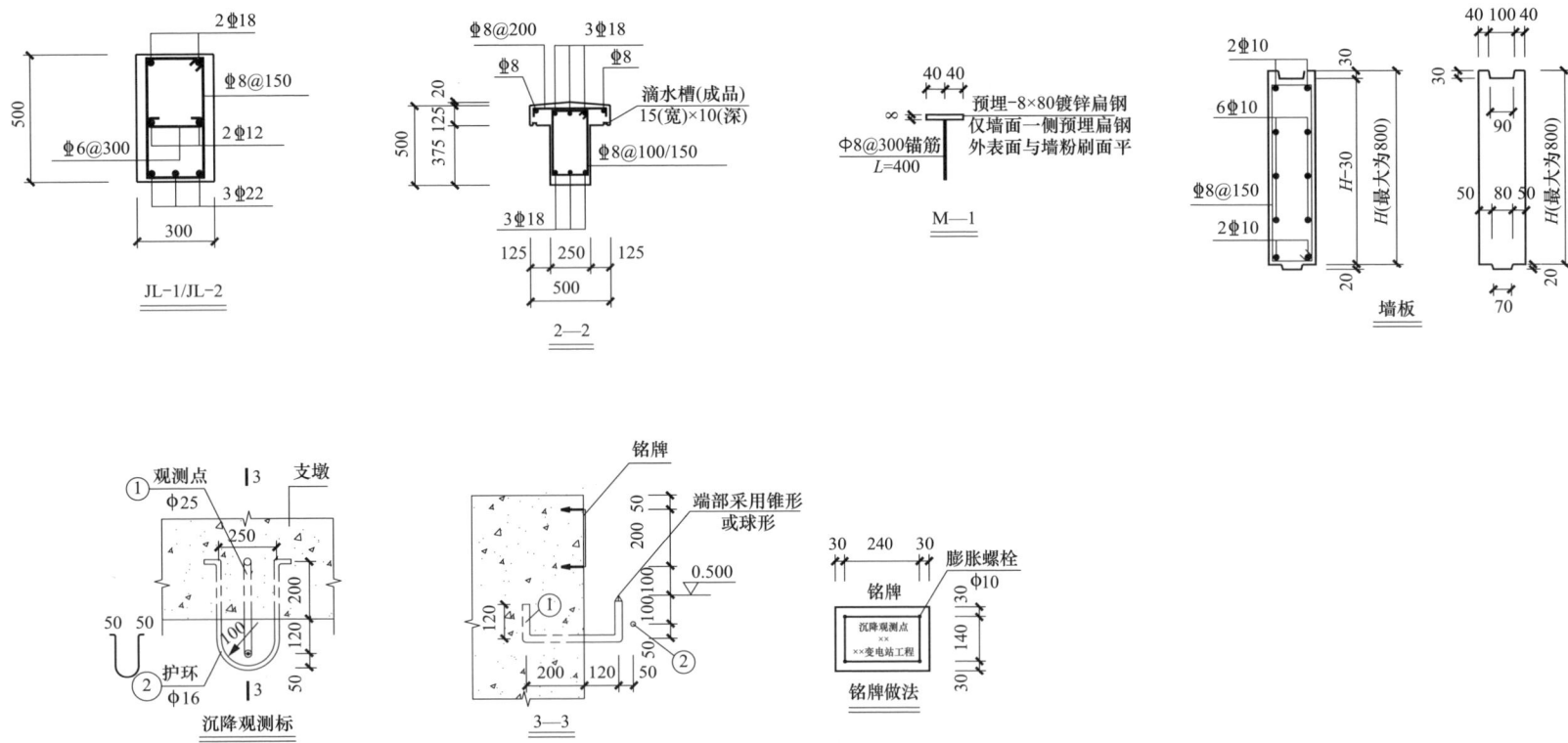

梁配筋图

2Φ18

Φ8@150

2Φ12

Φ6@300

3Φ22

500

300

JL-1/JL-2

Φ8@200 3Φ18

Φ8 Φ8

滴水槽(成品)
15(宽)×10(深)

Φ8@100/150

3Φ18

500 375 125 20

125 250 125

500

2—2

---

40 40

∞

Φ8@300锚筋
L=400

预埋-8×80镀锌扁钢
仅墙面一侧预埋扁钢
外表面与墙粉刷面平

M—1

2Φ10

6Φ10

Φ8@150

2Φ10

30

H-30

H(最大为800)

20

墙板

40 100 40

30

90

50 80 50

H(最大为800)

20

70

---

① 观测点
Φ25

3

支墩

250

200

200

50 50

100

护环

② Φ16

120

50 120

50

3

沉降观测标

铭牌

端部采用锥形
或球形

200 50

①

120 100 50

100

0.500

200 120 50

②

3—3

铭牌

30 240 30

膨胀螺栓
Φ10

铭牌

| 沉降观测点 |
| ×× |
| ××变电站工程 |

30 140 30

铭牌做法

说明：1. 位置详见平面图"▼"共2处。

2. 所有制品材料均采用不锈钢或铜。

3. 铭牌四周均采用硅酮胶进行打胶处理，宽度5mm，深度同不锈钢厚度。

4. 钢材：Φ为HPB300级钢，Φ为HRB400级钢，型钢、钢板为Q235B号钢，焊条为E43、E50型。

图28-3　梁配筋与沉降观测标图

柱顶凿毛

450

450

Φ8@100焊网4片
每开间距80

5050

1

1

500

杯口内柱段现场凿毛

1000

400 100

YZ1

110 300 110
100 100

柱顶凿毛

200 200

3

Φ8@100焊网4片
每开间距80

5050

2

2

500

杯口内柱段现场凿毛

1000

YZ2

900

200 200

3

5050

1000

1050

500

500

YZ1柱顶节点大样

135 450 135

MB

6.000
5.900

500

120

950

110 500 110

YZ2柱顶节点大样

12根M20地脚螺栓，均布

300 390

MB

480

a

a

500

720

A—A

120

1000 20

80 8

a—a

扩大柱头构造钢筋4Φ25

YZ1
18Φ25
Φ10@100

R20

150 200 150

500

100 300 100

500

1—1

YZ2
20Φ22
Φ10@100/150

R20

150 200 150

500

100 300 100

500

2—2

YZ2
20Φ22
Φ10@100/150

扩大柱头构造钢筋4Φ25

扩大柱头箍筋Φ10@100

扩大柱头构造钢筋4Φ25

150 200 150

500

210 300 210

720

3—3

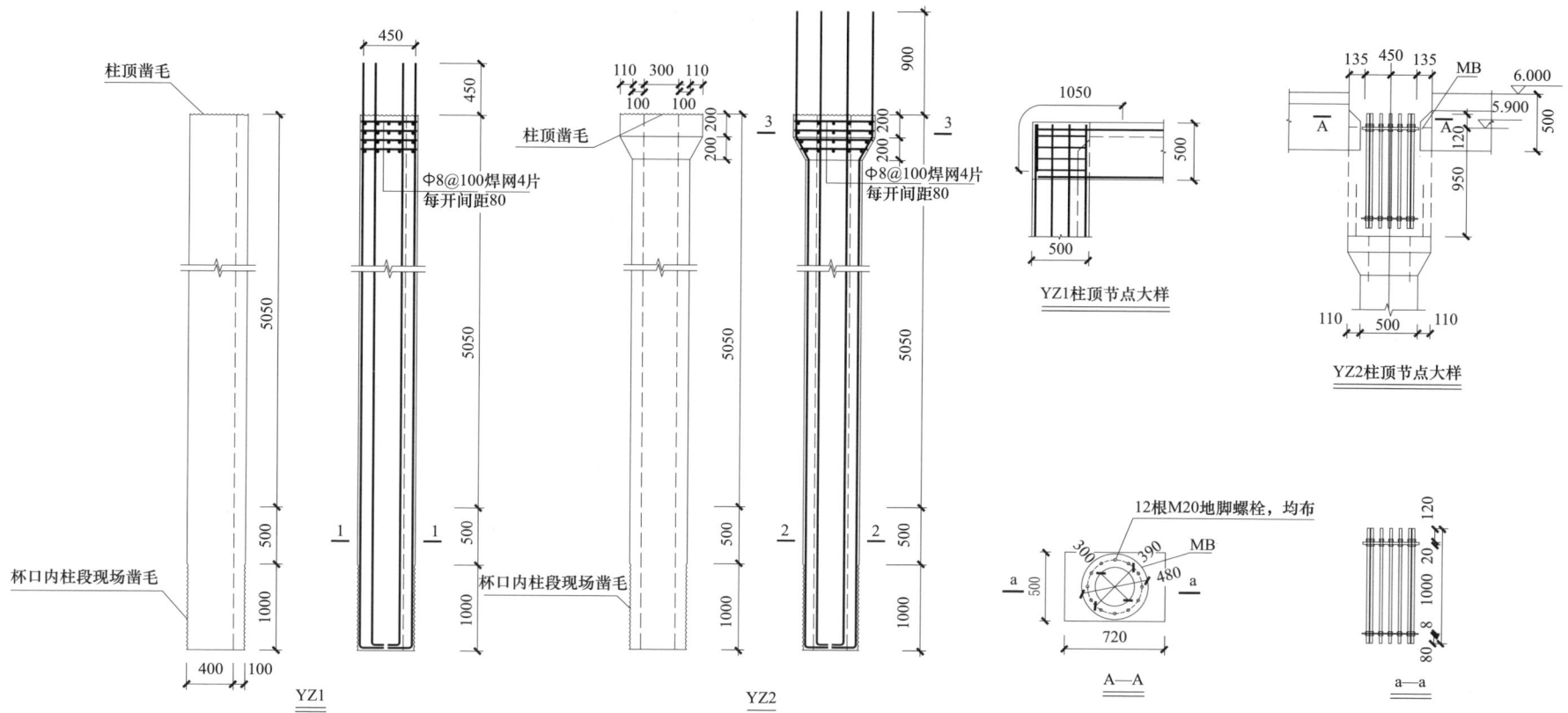

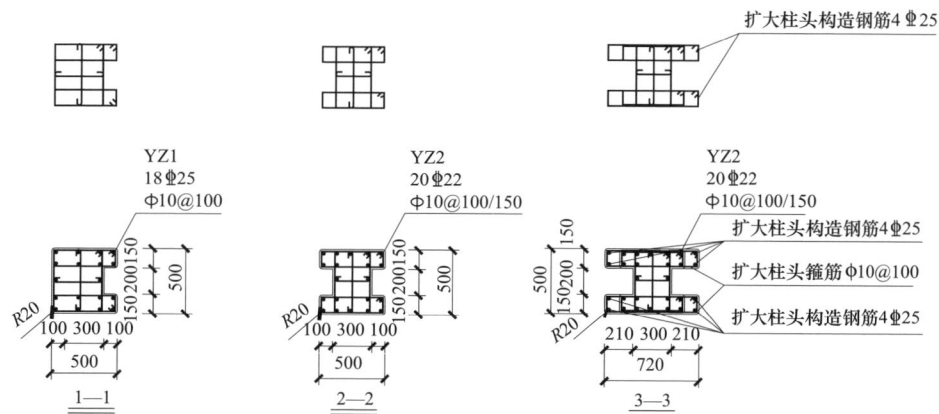

说明：1. 柱的吊装点由施工单位根据吊装方案确定，吊装时应保证不对柱的
外观和结构造成损伤。
2. 柱安装前应对图示位置进行凿毛处理，粗糙面凸凹差不小于6mm。
3. 钢材：Φ为 HPB300 级钢，Φ 为 HRB400 级钢，型钢、钢板为
Q235B 号钢，焊条为 E43、E50 型。

图 28-4　装配式防火墙详图

第 29 章 标准化预制小型构件

29.1 技术简介

标准化预制小型构件是指在工厂中通过标准化、机械化方式加工生产的混凝土部件，其主要组成材料为混凝土、钢筋、预埋件等。

标准化预制小型构件工业化程度高，成型模具和生产设备一次性投入后可重复使用，节约资源和费用。不采用湿作业，从而减少了现场混凝土浇捣和"垃圾源"的产生，有效降低碳排放量。

目前变电站常用的预制小型构件有预制混凝土散水、预制主变压器油池壁压顶、预制围墙压顶、预制电缆沟压顶、预制电缆沟盖板、预制灯具混凝土基础、预制电缆沟过水板、预制清水混凝土空调外机基础、预制卡槽式盖板等。

29.2 技术经济对比与低碳性能分析

标准化预制小型构件与现浇小型构件低碳性能与技术经济对比见表 29-1。

表 29-1 标准化预制小型构件与现浇小型构件对比表

名称	标准化预制小型构件	现浇小型构件
生产工艺	在工厂利用成型模具，完成钢筋绑扎，浇筑混凝土，养护等工序；相比现场浇筑或现浇预制大大提高构件质量和精度	采用现浇钢筋混凝土的作业方式现场预制
节能	预制构件工厂化制作，不产生落地灰、扬尘得到有效抑制；现场安装可避免或减轻施工对周边环境的影响；模具和生产设备投入后可重复使用，耗材少，节约资源和费用；机械化程度明显提高，减少现场作业人员	现场湿作业较多，产生大量废水、废浆；建筑材料在运输、装卸、堆放、控料过程中，扬尘污染多
施工工期	机械化程度明显提高，有效缩短施工周期	施工工期较长
经济对比	预制成品压顶类控制价 / 每延米 67.5 元	现浇主变压器基坑压顶 / 每延米 122 元，现浇电缆沟压顶 / 每延米 85 元，现浇围墙压顶 / 每延米 55 元

29.3 应用范围 / 适用条件

在新、改、扩建变电站工程中全范围适用。

29.4 应用案例

目前已实现全范围应用。

29.5 设计要点

同常规工程。

29.6 设计图纸

本技术设计图纸包括图 29-1 预制主变压器电缆沟卡槽式盖板图，其余图纸可直接引用《国家电网公司输变电工程标准工艺（六）——标准工艺设计图集（变电工程部分）》标准工艺图集，具体见表 29-2。

表 29-2 标准化预制小型构件引用标准工艺列表

序号	图纸名称	标准工艺编号
1	预制混凝土散水	0101011001
2	预制主变压器油池壁压顶	0101020403
3	预制围墙压顶	0101030107
4	预制电缆沟压顶	0101030803
5	预制电缆沟盖板	0101030804
6	预制灯具混凝土基础	0101031201
7	预制电缆沟过水板	0101030800-2
8	预制清水混凝土空调外机基础	0101011502

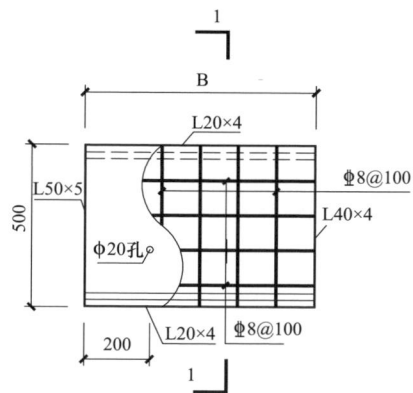

主变电缆沟卡槽式盖板平面图

（样式一）

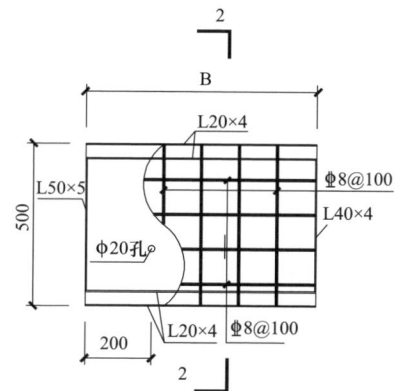

主变电缆沟卡槽式盖板平面图

（样式二）

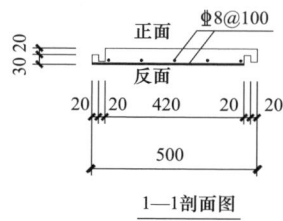

1—1剖面图

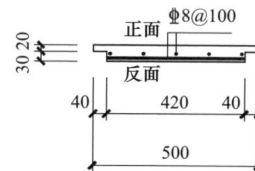

2—2剖面图

说明：1. 本图盖板为主变压器电缆沟卡槽式盖板，其搁置长度按电缆沟剖面。

2. 预制钢筋混凝土盖板采用清水混凝土工艺，C30细石混凝土。本电缆沟盖板配筋系按面载 4kN/m² 设计。

3. 包边角钢两头切割 45°，拼角焊接。采用热镀锌防腐后，边框应进行矫正。包边角钢也可采用整根火曲工艺的形式。

4. 盖板顶面根据需要设置防滑条纹或其他标志，具体详见个体工程。

5. 盖板长度 B：室外电缆沟 B= 电缆沟净宽 +500mm；室内电缆沟 B= 电缆沟净宽 +200mm。

图 29-1　预制主变压器电缆沟卡槽式盖板图